高等教育“十三五”规化教材
新编安全科学与工程专业系列教材
安全工程国家级实验教学示范中心资助
河南省研究生教育优质课程项目资助

安全学原理

主　编　牛国庆　杨　明　邓奇根
副主编　张飞燕　刘佳佳　郭飞鹏

中国矿业大学出版社
·徐州·

内 容 提 要

本书以事故理论为主线，系统阐述了事故与危险源、事故致因理论、典型事故后果分析与计算、事故调查与统计分析、事故预防理论与方法、事故预测理论与方法、事故应急救援等内容。全书在满足安全学原理课程教学基本要求的前提下，力求反映学科前沿进展。通过本课程的学习，使学生能够树立正确的安全观，掌握安全学基本原理，运用正确的方法开展安全工作及安全领域的科学研究。

本书适用于高等院校安全科学与工程、消防工程、采矿工程、公共安全管理等专业本科及研究生教学使用，也可供从事安全管理或安全技术工作的人员参考。

图书在版编目(CIP)数据

安全学原理 / 牛国庆，杨明，邓奇根主编. —徐州：中国矿业大学出版社，2018.9(2021.1 重印)

ISBN 978-7-5646-4134-4

Ⅰ. ①安… Ⅱ. ①牛… ②杨… ③邓… Ⅲ. ①安全科学 Ⅳ. ①X9

中国版本图书馆 CIP 数据核字(2018)第 225744 号

书　　名　安全学原理
主　　编　牛国庆　杨　明　邓奇根
责任编辑　陈红梅
出版发行　中国矿业大学出版社有限责任公司
　　　　　（江苏省徐州市解放南路　邮编 221008）
营销热线　(0516)83884103　83885105
出版服务　(0516)83995789　83884920
网　　址　http://www.cumtp.com　**E-mail**:cumtpvip@cumtp.com
印　　刷　江苏淮阴新华印务有限公司
开　　本　787 mm×1092 mm　1/16　**印张** 15.25　**字数** 381 千字
版次印次　2018 年 9 月第 1 版　2021 年 1 月第 2 次印刷
定　　价　34.00 元

前　言

安全是人类社会生存和发展的基础，是人民安康、社会进步、国家稳定的基石。安全生产是关系人民群众生命财产安全的大事，是经济社会协调健康发展的标志，也是党和国家对人民利益高度负责的要求。

党中央、国务院历来高度重视安全生产工作，党的十八大以来作出一系列重大决策部署，推动全国安全生产工作取得积极进展。同时也要看到，当前我国正处在工业化、城镇化持续推进过程中，生产经营规模不断扩大，传统和新型生产经营方式并存，各类事故隐患和安全风险交织叠加，生产安全事故易发多发，直接危及生产安全和公共安全。

党的十九大报告中指出：树立安全发展理念，弘扬生命至上、安全第一的思想，健全公共安全体系，完善安全生产责任制，坚决遏制重特大安全事故，提升防灾减灾救灾能力。新时代新征程对安全生产工作提出了新要求，安全生产工作要从治标为主向标本兼治、重在治本转变。从事后调查处理向事前预防、源头治理转变。不断夯实安全基础，提升全民安全素质，推进安全科技进步，强化安全风险防控，加快构建全方位立体化安全生产网，把事故消灭在发生之前，最大限度地保护人的生命和健康，是贯彻安全发展理念的必然要求。

国家对安全提出了更高的要求，社会各界对安全的重视也达到了前所未有的高度，提高全社会安全意识和从业人员安全技能，大力推进安全科技进步，充分运用现代技术增强安全保障能力显得尤为重要，而这一切都以安全工程专业高素质人才培养为基础。据初步统计，目前，全国开设安全工程专业本科教育的高校已达170余所、研究生教育的高校60余所，安全工程专业已成为我国高等教育中重要的新兴专业之一。

在社会对安全专业人才有大量需求的同时，也对安全科技工作者和安全教育工作者提出了更高的要求。开展安全工程专业的高等教育是培养安全类人才的主要途径，是安全科学发展的基础，也是搞好安全工作的重要保证。安全学原理就是安全工程专业一门十分重要的专业基础课程。

本书分为8章，以事故理论为主线，系统阐述了事故与危险源的基本概念、事故致因理论、典型事故后果分析与计算、事故调查与统计分析、事故预防理论与方法、事故预测理论与方法、事故应急救援等内容。全书既包括了已经成熟并被公认的安全理论与学术思想，又反映安全工程学科领域具有前瞻性与代表性的新理论、技术和方法。通过本课程的学习，使学生能够树立正确的安全观，掌握安全学基本原理，运用正确的方法开展安全工作及安全领域的科学研究。

本书由河南理工大学组织编写，具体分工如下：牛国庆负责课程大纲的编制、全书的审稿及统稿、定稿，并负责编写第1章和第4章部分内容；张飞燕负责编写第2章、第3章；刘佳佳负责编写第4章；杨明负责编写第5章；邓奇根负责编写第6章、第7章，并负责审核校对了全书；郭飞鹏负责编写第8章。在本书编写过程中，安全科学与工程学院研究生参与了部分文字录入、校对整理等工作，在此向他们表示感谢。

本书在编写过程中参阅了大量的文献，在此对所引用参考资料的原作者表示最诚挚的谢意！

书中不足之处在所难免，恳请安全工程领域的专家、学者和广大师生提出宝贵意见。

编者

2018年6月

目　录

第 1 章 绪 论

安全是人类永恒的主题，是人类生存和发展的基本要求，是人们生命与健康的基本保障，也是人民安康、社会进步、国家稳定的基石。人类生存、繁衍和发展离不开生产与安全。生产劳动是人类改造自然、征服自然、创造财富的社会活动，它既有给人类提供物质财富、促进社会发展的一面，但也有给人类带来灾难的一面。这是因为在生产劳动过程中，存在着各种不安全因素和潜在的职业危害，凡是人类生产和生活的活动时间与空间领域，都普遍存在着安全问题。因此，安全与人类利益联系密切。

第 1 节 安全的概念与特征

一、安全问题的产生及其认识过程

1. 安全问题的产生

任何事物的发展都有两个流向：一是自然流向，二是人为流向。

按事物本身的动力作用来说，它总要按自然状态发展，但也受随机因素的控制与调节。事物按其自然流向总有产生、发展、衰退和消亡的过程，部分事物在此过程中会产生危害、危险，从而产生了安全问题；同时，这种自然发展不会完全符合人们的需要，在生产力水平较低时，人们只能适应自然。

随着科学技术和生产力水平的发展，人类开始不满于现状，要设法遏制事物发展的自然流向，改变事物的发展过程，使其向有利于人类的方向流动，这就构成了事物发展的人为流向。但是，人类往往不能完全扭转事物发展的自然流向，于是出现了保持协调、相互适应的问题。人类处于不同的社会发展阶段，对自然界或生产、生活系统的改变是不同的，也就出现了不同的安全问题。

在远古的石器时代，生产力极为低下，人类祖先挖穴而居，栖树而息，是一种纯粹的“自然存在物”，完全依附于自然。当时的人类在自然界面前是软弱被动的，不仅受到雷电、风暴、地震和火灾等自然灾害的困扰，甚至野兽的侵袭也可以造成局部氏族的消亡。这一时期的安全问题主要来自于自然，比如水灾、野兽侵袭等。

在农业经济时代，人类开始逐渐摆脱大自然的桎梏，但在人类改造自然、创造人类文明的过程中，人为灾害就越来越多了。这一时期由于人类对客观世界的认识还十分肤浅，与大自然抗争的手段也十分简单、有限；同时，可利用的自然资源也极为有限，安全问题大多数仍来源于自然，只有少数的人为灾害，如人为引起的火灾、耕作中受到的伤害等。

到了工业时代，人类的科技水平和生产力水平飞速发展，工业技术的进步则给人类社会和自然界带来了翻天覆地的变化。人类利用技术开发资源、制造机器、生产物质财富，可以说技术无处不在。然而，技术给人类带来了文明和财富的同时，也随之带来了新的灾难。现代高科技的发展更是功过参半：人类在20世纪所创造的成就多于此前人类所创造的全部成就，但是科学技术的进步在很大程度上改变了灾害的原有属性，使得许多自然灾害成为人为灾害，使许多原本危害程度轻的灾害上升为人类无法控制、造成巨大损失的灾难。20世纪人类所经受的灾害事故也比历史上任何一个时期都更惨重，更从根本上危及了人类的生存。

现代安全问题可分为3大类：

一是对人的生命与健康的损害。在全球范围内，每年大约有400万人死于意外伤害事故，约占人类死亡总数的8%，是除自然死亡以外人类生命与健康的第一杀手。在很多发达国家，意外伤害事故已经成为人类非正常死亡的第一死因。据国际劳工组织报告，世界范围内的工矿企业，每年发生各种工业事故5 000万起，造成200多万人丧生，上千万人受伤致残。

二是对社会、企业、家庭财产的危害。统计表明，每年各类事故和灾害造成的经济损失高达国内生产总值(GDP)的3%～5%，为此人类要拿出国民生产总值(GNP)的3.5%用于应急救援。这是一个惊人的数字，有些专家估计在某些国家这个比例甚至更高。因此，生产事故和职业病会严重危及经济发展，特别是在那些最为贫困的国家，因为这些国家的工作场所往往存在一些风险隐患，而不幸的是这些地方的劳动监察力量也往往最薄弱。这些损失对于企业而言，可能意味着高昂的保费、企业形象及信誉的损毁、事故调查时间的消耗以及其他费用的支出。对于国家而言，则意味着经济发展的停滞、劳动监察及其他部门需承担更重的责任、社会保障和国家医疗费用的增加等。

三是对环境的破坏。化学工业的诞生极大地促进了人类社会生产力水平的提高，但是它给人类的生存环境也带来了巨大的破坏，污染了空气和水源，侵蚀了土壤，扰乱了地球的大气循环、化学循环和生物循环，使地球患上“综合不适症”。在已知的1 100万种化学品中，进入人类环境的化学物质约有9 600种之多。许多化学物质的生产、使用以及排放到环境中的量日益增多，环境质量变得越来越差，以至于现代的人类从胚胎到死亡，始终处于化学物质的包围之中。全世界55 000亿m^3左右的淡水被污染，水污染造成的疾病在发展中国家呈上升趋势。大量的动植物物种灭绝，遗传的多样性遭到破坏。从燃煤、燃油的工业烟囱中喷出的滚滚浓烟，把大量的烟尘和有毒气体排向空中，导致严重的环境污染。另外，还有噪声污染、电磁辐射污染、核污染等也是重要的污染源。近年来，人类的多发病病谱发生了显著变化，与环境条件有关的疾病(如心血管病、癌症、职业病、公害病等)已取代了生物性和营养性疾病，它们造成的死亡率已占总死亡率的90%以上。人类疾病病谱的变化，与环境污染有着密切的关系。

2. 人类对安全的认识过程

安全与人类所从事的各种活动是密不可分的，纵观人类社会的进步与发展，安全思想贯穿始终。人类对安全问题认识的历程大致可以分为以下5个阶段：

(1) 无知安全认识阶段。在远古的石器时代，人类完全依附于自然，生产力极为低下，人类几乎没有任何主动的安全意识，对自然灾害毫无反抗与预防能力，只有动物性的躲避灾害行为。

(2) 初级安全认识阶段。进入农业社会后，人类的生产力和科技水平有了较大的提高，对灾害有了防御的意识。由于生产力和仅有的自然科学都处于自然和分散发展的状态，人类对安全的认识停留在表面，是自发的、模糊的，从未探究过安全的内在规律，而采取的安全技术措施也是简单的、被动的。

(3) 局部安全认识阶段。大型动力机械和能源在生产中的使用，导致生产力和危害因素同步增长，迫使人们对这些局部人为危害问题不得不进行深入认识并采取专门的安全技术措施。这一时期各个行业经过无数次血的教训，逐渐形成了各自较为深入的安全理论与技术。但是，这些安全理论与技术都是局部的、分散的，以至于人们对安全规律的认识停留在相互隔离、分散和彼此缺乏有机联系的状态。

(4) 系统安全认识阶段。由于军事工业、航空工业，特别是原子能和航空技术等复杂的大型生产系统和机器系统的形成，局部的安全认识和单一的安全技术措施已经无法解决这类生产制造和设备运行系统的安全问题，所以必须通过深入揭示安全的本质规律并将其系统化、理论化，使之成为指导解决各种具体安全问题的科学依据，并发展与生产力相适应的生产系统和制定相应的安全技术措施。人们对安全的认识进入了系统的安全认识阶段。

(5) 动态安全认识阶段。当今生产和科学技术的发展，特别是高科技的发展，虽然极大地促进了生产力的发展，但由于系统的高度集成，一旦发生事故，带给人类的灾害也是相当严重的，加之系统是不断发展和变化的，静态的系统安全技术措施已不能满足人们对安全的需求。因此，人们要求对系统的运行进行动态掌握，以达到安全生产的目的，进而带动人们对安全的认识进入一个新阶段。

二、安全的概念及其属性

1. 安全的概念

"安全"是人们频繁使用的词汇，从词意和典故考虑的安全的原始含义，描述如下：

"安全"在希腊文之中的意思是"完整"，而在梵语中的意思是"没有受伤"或"完整"，在拉丁文中有"卫生"(salutem)之意。

"安"是指不受威胁、没有危险、太平、安全、安适、稳定等，可谓无危则安。"全"是指完美、完整，或指没有伤害、无残缺等，可谓无损则全。

安全，顾名思义，"无危则安，无缺则全"，即安全意味着没有危险，免受人员伤害、疾病或死亡，或引起设备、财产破坏或损失的状态，这是与人类的传统安全认识相吻合的。

随着人类对安全问题研究的逐步深入，对安全的概念也有了更深的认识，并从不同的角度给它下了各种定义。

其一，安全是指客观事物的危险程度能够为人们普遍接受的状态。

可以看出，该定义明确指出了安全的相对性及安全与危险之间的辩证关系，即安全与危险不是互不相容的。当系统的危险性降低到某种程度时，该系统便是安全的，而这种程度即为人们普遍接受的状态。如骑自行车的人不戴头盔并非没有头部受伤的危险，只是人们普遍接受了该危险发生的可能性；而对于自行车赛车运动员必须戴头盔的规定，也是国际自行车联合会在经历了一系列事故及伤害之后做出的决定。同样是骑车，环境不一样，要求也不一样，体现了安全与危险的相对性。

其二，安全是指免于造成死亡、伤害、职业病、设备或财产的损坏或损失，或对环境的危害的状况。

此定义来自美国军用标准《系统安全》(MIL-STD-882E)。该标准是美国军方与军品生产企业签订订购合同时约束企业保证产品安全性的纲领性文件，提供了一种标准的、通用的辨识、分级和减轻危险的方法，也是系统安全管理思想的典型代表。该标准从1964年问世以来，经历882、882A至882E若干个版本，对安全的定义也从开始是仅关注人身伤害，进而到关注职业病、财产或设备的损坏、损失直至环境危害，体现了人们对安全问题认识进化的过程，也从另外一个角度说明了人类对安全问题研究的不断扩展。系统安全创新了安全观念：提出了安全的相对性；安全应贯穿于系统的整个生命周期；危险源是事故发生的根本原因；系统可靠性和系统安全性相辅相成。

其三，安全是指不因人、媒介的相互作用而导致系统损失、人员伤亡，影响或造成时间的损失。

其四，安全是免除了不可接受的损害风险的状态。

安全是广义的，对于安全的概念还有很多的理解。由于人们主观上对安全的认识不同，判别安全或不安全也存在差异。

霍巴特大学的罗林教授提出，"所谓安全系指判明的危险性不超过允许的限度，所谓危险系指判明的危险发生概率以及有害性超过了允许限度"。那不勒斯大学的史密斯教授在日本机械学会建立80周年纪念国际会议上引用了罗林教授的关于安全的定义，并发表了《安全是人们的心理状态》的论文。

美国哈佛大学的劳伦斯教授认为，安全就是被判断为不超过允许限度的危险性，是指没有受到伤害或危险，或损害概率低的通常术语。

从以上的安全定义中可以看出，安全表述的是一个复杂物质系统的动态过程或状态。过程或状态的目标是使人、财、物、环境不会受到伤害或损失。安全还可表述的是人们的一种理念，即人、财、物、环境将不会受到伤害和损失的理想状态。安全也可表述为一种特定的技术状态，即满足一定安全技术指标要求的物态。

尽管有各种各样关于安全的定义和理解，从系统工程的观点，应给安全做如下定义：安全是指任何一个客体或系统在规定的条件下，使事故的风险控制在可接受的水平的一种状态。也就是说，安全是指在生产、生活过程中，能将人员、财产或环境的损失(害)控制在可以接受的水平的状态。安全并非是客观存在的系统无导致人员伤亡、疾病，无造成人类财产、生命及环境损失的条件，而意味着人员、财产或环境遭受损失(害)的可能性是可以接受的。如果这种可能性超过了可以接受的水平，即被认为是不安全的。

2. 安全的属性

安全属性是认识安全本质的基础，也是安全学理论最基本的内容。因此，对安全属性的认识在安全学中占有很重要的位置。由于安全的主体是人，从人的生存和生活方式来看，人的本性表现为自然属性和社会属性，而作为人的最基本的需要——安全，也就相应地具有自然属性和社会属性。因此，安全一词所涉及的纷繁复杂的因素与它的自然属性和社会属性有着密切的关系。但是，安全的这两个属性密切相关，要从整体的、系统的角度对这两个属性进行认识。

安全的自然属性是指安全属性中那些与自然界物质及其运动规律相联系的现象和过程。安全的自然属性可以从两个方面来讨论：

① 安全是人的生理与心理需要，或者说由生命及生的欲望决定了自我保护意识。按照马斯洛的需求层次论，人们对安全的需求属于五个层次的第二层次，属于低级别的需求，其

中包括对人身安全、生活稳定以及免遭痛苦、威胁或疾病等。因此，寻求安全的本能是天生的，也是安全存在的主动因素。

② 人类对天灾的无奈以及新陈代谢、生老病死等规律的不可抗拒，使人们不得不把生命安全经常提到议事日程，这虽然是被动因素，但它与前一个主动因素相结合，就决定了安全是自古以来人类生活、生存、进步的永恒主题。

安全的社会属性是指在安全社会实践活动的基础上人与人之间发生的各种关系。安全的社会属性也可以从两方面来阐述。自从人类有组织活动以来，社会安定、有序、进步始终是各社会阶段追求的目标，而这一目标实现的重要标志之一就是安全，这是社会促进安全的主动因素。但是，人类的社会活动如政治、军事、文化、社交等，有的对安全直接起破坏作用，有的间接影响着安全；人类的经济活动导致的安全问题，包括生产事故（职业病）、高技术灾害（化学品致灾、核事故隐患、电磁环境公害、航天事故、航空事故）、交通灾害等，则是自人类开展经济活动以来就存在的突出的安全问题。如今更加突出的一个安全问题是环境问题，环境恶化（包括自然环境和人为环境）是人类生活、生存安全的重要威胁。总之，人类的社会活动、经济活动一方面本身在不断制造事故，另一方面也通过技术和管理措施不断消除隐患，减少事故。出于受政治利益和经济利益的驱使，安全技术管理措施多数是被动的。

实际上，安全的自然属性与社会属性存在着辩证关系。安全的自然属性是社会属性的基础，同时自然属性又受社会属性的制约和指导，因此二者是不可分割的。故在安全要素中，不可能单独来研究某个要素，或者是它们之间的隔离的、静态的关系，只能用系统的观点来研究安全要素之间的动态的、有机的联系，才能正确地把握安全的发展动态及其规律。因此，安全的系统属性正是安全的自然属性和社会属性的耦合点。随着生产力水平的不断提高和科学技术的不断进步，人们解决安全问题的能力也在不断提高，安全的自然属性和社会属性在耦合的过程中，同安全系统的特点一样，也是在追求其在一定时期、一定条件下的可为人们所接受的耦合条件。

三、安全的基本特征

1. 安全的必要性和普遍性

安全是人类生存的基本前提，也是社会发展的基本要求。保障人类社会的安全发展是十分必要的，但是人和物遭遇到人为的或天然的危害或损坏却极为常见。因此，不安全因素是客观存在的。人类生存的必要条件首先是安全，如果生命安全都不能保障，生存就不能维持，繁衍也无法延续。实现人的安全又是普遍需要的，在人类活动的一切领域，人们必须尽力减少失误、降低风险，尽量使物趋向本质安全化、使人能控制和减少灾害，维护人与物、人与人、物与物相互间的协调运转，为生产活动提供必要的基础条件，发挥人和物的生产力作用。

2. 安全的动态性

“安全”一词描述的是一种状态，但这种状态也决非是一种确定的、静止不变的状态。平安也好，安全也好，其本身就带有很大的模糊性、不确定性，所以“安全状态”具有动态特征。也就是说，安全所描述的状态具有动态特征，它是随时间而变化的。安全取决于人、机、环境的关系协调，如果失调，就会出现危害或损坏。安全状态的存在和维持时间、地点及其动态平衡的方式都带有随机性。如果安全条件变化，人、机、环境之间的关系失调，事故会随时发生。

安全的动态特征还体现在安全描述的不只是一个相对稳定的状态特征，“安全”一词还可作为对事故安全过程的一种表征。过程表征和状态表征最本质的区别就在于前者描述的是事物的发展趋势，后者描述的是一种目标。从这个角度讲，“安全”一词表述的又可认为是动态过程。

3. 安全的相对性

安全状态绝非是一种事故为零的所谓“绝对安全”的概念。从科学的角度讲，“绝对安全”的状态在客观上是不存在的。世界上没有绝对安全的事物，任何事物中都包含有不安全的因素，具有一定的危险性。安全只是一个相对的概念，它是一种模糊数学的概念：危险性是对安全性的隶属度；当危险性低于某种程度时，人们就认为是安全的。安全性(S)与危险性(D)符合互补律，即 $S=1-D$。

从安全技术的角度讲，产品的安全性能是不断发展和完善的，其安全技术标准要求是不断提高的。因此，保障安全的条件是相对的，限定在某个时空内，条件变了，安全状态也会发生变化。对某一产品而言，也无绝对的安全。某一事物在特定条件下是安全的，但在其他条件下就不一定会是安全的，甚至可能是很危险的(即安全具有相对性)。绝对的安全，即100%的安全性是安全性的最大值(理想值)，这很难实现，甚至不可能达到，但却是社会和人们努力追求的目标。

在实践中，人们或社会客观上自觉或不自觉地认可或接受其一安全性(水平)。当实际状况达到这一水平，人们就认为是安全的；低于这一水平，则认为是危险的。安全的程度和标准取决于人们的生理和心理承受的程度、科技发展的水平和政治经济状况、社会的伦理道德和安全法学观念、人民的物质和精神文明程度等现实条件。对于同一事物是安全还是危险的认识，不同的人是不一样的；即使同一个人当其具有不同的心理状态、不同的立场、不同目的时，对危险的认识也是不同的。

研究表明，有许多因素影响着人们对危险的认识程度。一般来说，当人们进行某项活动时，可能获得的利益越多，所能承受的危险程度越高。如图 1-1 所示，处于 A 处且相对获得的利益较少的人认为是安全的，而处于 B 处且获利较多的人也认为是安全的。美国原子能委员会曾引用它的利益与危险关系图来说明人们从事非自愿活动所获得的利益与承受的危险之间的关系，如图 1-2 所示。

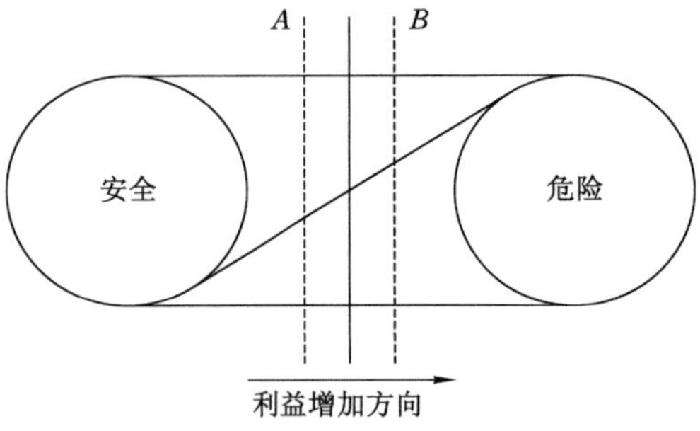

图 1-1　社会允许的危险

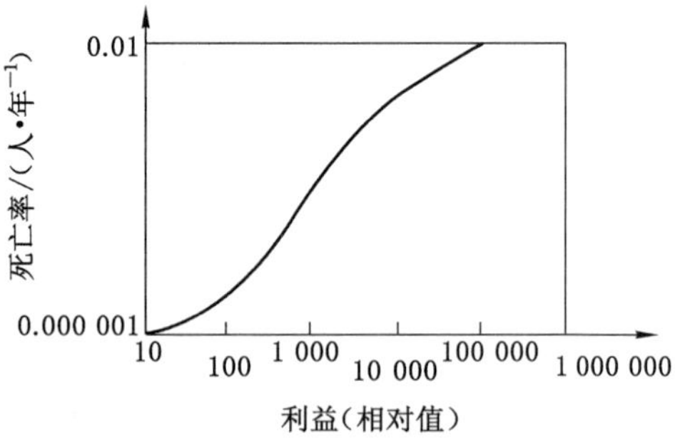

图 1-2　利益与危险关系

影响可接受危险程度的因素还包括：人们是否自愿从事某项活动，危险的后果是否立即出现，对危险的认识程度，等等。

4. 安全的局部稳定性

无条件地追求系统的绝对安全是不可能的，但有条件地实现局部安全是可以达到的。

要利用系统工程原理调节和控制安全的要素，就能实现局部稳定的安全。安全协调运转正如可靠性及工作寿命一样，有一个可度量的范围，其范围由安全的局部稳定性所决定。

5. 安全的经济性

安全是可以产生效益的，从安全的功能看，可以直接减轻或免除事故或危害事件给人、社会或自然造成的损伤，实现保护人类财富、减少无益损耗和损失的功能；同时还可以保障劳动条件和维护经济增值过程，实现其间接为社会增值的功能。

6. 安全的复杂性

安全与否取决于人、机、环境及其相互关系的协调，实际上形成了人—机—环境系统，这是一个自然与社会结合的开放性系统。系统中的人是安全的主体，由于人的主导作用和本质属性——生物性和社会性——包括了人的思维、行为、心理和生理等因素，使得安全问题具有极大的复杂性。

7. 安全的社会性

安全与社会的稳定直接相关，无论是人为的灾害还是自然的灾害，如生产中出现的伤亡事故，交通运输中的车祸、空难，家庭中的伤害及火灾，产品对消费者的危害，药物与化学产品对人健康的影响，甚至旅行娱乐中的意外伤害等，都将给个人、家庭、企事业单位或社会群体带来心灵和物质上的危害，成为影响社会安定的重要因素。安全的社会性的一个重要方面还体现在对各级行政部门以及对国家领导人或政府高层决策者的影响，如“安全第一、预防为主、综合治理”安全生产方针，反映在国家的法令、各部门的法规及职业安全与卫生的规范标准等，从而使社会和公众在安全方面受益。

8. 安全的潜隐性

对各类事物的安全本质和运动变化规律的把握程度，总是受人的认识能力和科技水平限制的。广义安全的含义，不仅考虑不死、不伤、不危及人的生命和躯体，还必须考虑不对人的行为、心理造成精神伤害。如何掌握伤害程度的界限及确定公众能接受的安全标准有待研究，各种产品（特别是化工产品）、医药、人工合成材料、生物工程产品、遗传工程产品等均有许多潜在危害，需要人去专门探讨。客观安全由明显的和潜隐的两种安全因素组成，它包括能识别、感知和控制的安全和无把握控制的模糊性安全。所谓安全的潜隐性，是指控制多因素、多媒介、多时空、交混综合效应而产生的潜隐性安全程度。人们总是努力使安全的潜隐性转变为明显性。因此，安全的潜隐性问题亟待人们研究，只有通过探索实践，才能找到实现安全的方法。

第2节　安全科学的产生和发展

一、安全科学的产生

科学是人类认识事物本质和规律的知识体系。安全问题自有人类以来就一直存在，但是安全作为科学却是新兴发展起来的。由于人类在不同历史时期对事物认识的局限性以及所处时代背景不同，需要解决的矛盾各异，历史上形成了自然科学和社会科学两大科学体系。随着科技进步和社会发展，各门类科学在纵向高度分化的同时，又形成了横向高度综合的趋势，导致自然科学和社会科学日趋交叉和融合。当代社会的纵横发展，拓展了人类对客观事物从宏观到微观的认识领域，提高了对事物本质的洞察力。与此同时，出现了学科间相互交叉、综合、渗透、重构的趋势，在各学科间的交叉地带孕育着新兴学科群。交叉科学的出现是历史的必然，这为安全科学的诞生创造了良好的条件。

随着科技进步和社会的飞速发展，当人们的物质生活水平日益提高的同时，也对自身的健康和安全、环境的质量提出了更高要求。要减少意外事故，保障安全、健康的生产条件和作业环境，亟须把有关安全的科学技术从众多学科中分化出来，形成与各工程学科不同的独立分支，如通风安全、电气安全、机械安全、防火防爆、锅炉与压力容器安全、工业防尘、工业防毒、噪声与振动控制以及矿业、交通、建筑、化工、航空、航天、农业、林业、能源、纺织、食品等产业安全技术。半个多世纪以来，各国为尽可能减少或消除事故和灾害对生产和人身安全的危害，科学地估量风险与评价灾害，进行了大量的防灾减灾、风险控制以及安全设计、施工、验收等工作。历史的教训和成功经验证明，要处理好生产和生活领域的重大安全问题，绝非某单一学科的理论或技术所能解决的。

为了适应现代工业发展的进程和国民经济发展的需要，减少灾害给人类带来的伤害和风险，世界各国均对原有学科体系进行调整，促使原来分散并寓于各学科的安全科学技术，在分化、独立的基础上，以人的安全为出发点，或者说以人的身心安全与健康为研究对象，重新进行高度综合与系统化，尤其是在联合国提出将 20 世纪 90 年代确定为“国际减灾十年”并提出总体规划要求后，世界各国加快了大安全学科的建设，力图以大安全观为主旨，反映安全的本质和运动规律，运用减灾的一切手段和方法，融合、协同构建综合的安全减灾交叉科学，这就是安全科学技术这一新兴学科产生的时代背景。

人们对安全的认识由感性上升到理性的时候，安全科学的产生是很自然的事情。人们开始把原来对部门的、行业的、就事论事的安全问题联系起来，逐步提升到用系统的、抽象的、综合的、科学的方法去认识和分析各类安全问题的时候，最终导致了安全科学的产生。

二、安全科学的发展

1. 国外安全科学技术的发展历程

安全与人类的生产、生活和生存是相伴相生的，在原始社会人类为了生存就与大自然进行抗争。原始人为了提高劳动效率和抵御猛兽的袭击，利用石器和木器制造了作为狩猎（即生产）和自卫（即安全）的工具，可以说这是最原始的“安全技术”措施。随着手工业生产的出现和发展，生产技术提高和生产规模逐步扩大，生产过程中的安全问题随之突出。因此，安全防护器械也随着工具的进步而发生了质的飞跃。

安全科学真正起源于工业革命，以安全技术为先导。科学技术的发展和应用以及带来的安全问题大大促进了安全科学的发展。16 世纪，西方开始进入资本主义社会。到了 18 世纪中叶，蒸汽机的发明给人类发展提供了新的动力，使人类从繁重的手工劳动中解脱出来，劳动生产率空前提高。但是，劳动者在自己创造的机器面前致死、致伤、致残的事故与手工业时期相比也显著增多。起初，资本所有者为了获得最高利润率，把保障工人安全、舒适和健康的一切措施视为不必要的浪费，甚至还把损害工人的生命和健康以及压低工人的生存条件本身看作不变资本使用上的节约，以此作为提高利润的手段。后来，由于工伤事故的频繁发生以及劳动者的斗争和大生产的实际需要，促使人们不得不重视安全工作。因此，人们开始认识到需要在技术上、设备上进行研究，采取措施，防止危害工人的人身安全，保证生产的顺利进行，于是相继发明了各种防护装置、保险设施、信号系统以及预防性机械强度检验方法等。这些伴随新的生产工具和生产技术发展而产生的安全技术，为防止工伤事故的发生、改善生产条件创造了前提。与此同时，根据安全工作的需要，许多国家制定一些有关劳动安全方面的法律、改善劳动条件的有关规定。例如：1833年，美国制定了《蒸汽船检验规则》，用来保障该行业设备和运行的可靠与安全；1867年，通过工厂检查员的法律；1893年，颁布了《铁路安全生产法》，用于铁路使用的安全；法国北部联邦于1869年制定了《工作灾害防止法案》等。在法律面前，资本所有者不得不拿出一定资金改善工人的劳动条件，同时也需要一些工程技术人员、专家和学者研究生产过程中不安全和不卫生的问题，这样逐渐形成了局部的安全技术理论。

真正从事安全技术研究，是在19世纪的下半叶。为了防止生产事故和职业病，许多国家也先后出现了防止生产事故和职业病的保险基金等组织，并资助建立无利润的科研机构。例如，德国于1863年建立的威斯特伐利亚采矿联合保险基金会，1887年建立的公用工程事故共同保险基金会和事故共同保险基金会联合会等。国家政府部门根据法律也相继建立了研究机构。又如，1871年德国建立的研究噪声与振动、防火与防爆、职业危害防护理论与组织等内容的科研机构。再如，1890年荷兰国防部支持建立了以研究爆炸预防技术与测量仪器，以及参加国际爆炸危险物质鉴定为宗旨的荷兰应用科学研究院工业技术实验室。

到20世纪初，许多西方国家建立了与安全科学有关的组织和科研机构(据1977年统计，德国36个，英国44个，美国31个，法国46个，荷兰13个)。从内容上看，有安全工程、卫生工程、人—机工程、灾害预防处理、预防事故的经济学、职业病理论分析和科学防范等。

在第二次世界大战时期和之后的军事尖端武器系统开发过程中，安全工程师发展了有效的系统安全管理方法，在早期工程的规划与设计阶段就查明、消除或控制危险。其中很重要的环节是危险分析，有计划地进行定期审查，提交危险分析、风险评价以及对总体系统的安全有效性评价。20世纪60年代中后期，美国安全科学进入了一个飞跃发展时期。1974年，美国南加州大学原安全与系统管理学院创办了《安全科学文摘》。该刊物收集和定期公布的信息就包含了“安全科学”的内容。以它为媒介，安全科学在美国和许多国家的学术界都引起了关注。麦金太尔在他的著作《安全思想综述》一书中，把1965—1975年定义为美国安全科学发展“黄金十年”。在这期间，美国各个阶层都关注安全，人们大力提倡“安全”。在安全科学领域，涌现了许多对安全的新型认知模式和理论，如1969年瑟利依据人的认知模式，提出R—O—R事故认知模型；著名安全理论家海因利希(H. W. Heinrich)出版了《工业事故预防》一书，形成了可应用于安全管理方法的确切的基本原则或“工业安全原理”，主要涉及事故致因理论(多米诺骨牌理论)、人机界面、管理者的作用和安全的经济性与功效的关系。系统安全分析或系统安全工程得以发展起来，是由于航天安全、飞行安全的需要，安全工程技术领域逐步发展并形成一些安全系统工程的分析方法和技术手段。在安全监管方面，提出了更为广泛的安全方面的法律，初步建立了安全监察机构体系。例如，在1970年美国尼克松总统签署了《职业安全卫生法》，随之依据此法于1971年成立了职业安全与健康管理局(OSHA)。从中可见美国公众对安全的关注度和要求、安全科学领域活跃的学术氛围以及政府对安全立法和安全监管的重视程度。

国外主要工业国家的职业安全与卫生法规基本上是在20世纪70年代趋于完整化、系列化、规范化的。随着职业安全与卫生立法的发展，国家职业安全与卫生的行政管理和监督机构逐步建立、健全起来，到20世纪80年代，美、英、法、联邦德国、日本等主要工业发达国家已建立起完善的职业安全与卫生监察体制。与此同时，工业安全生产需要大批专门从事职业安全与卫生的设计、咨询、管理、监察等工作的人员，因此有关职业安全与卫生人才培养专业也在大学应运而生。随着更多的人员从事安全管理和安全工程的工作，安全开始成为一个学科，很多高等学校设立了安全方面的独立教学与研究单位，如莫纳什大学的事故预防中心、伊利诺伊大学的安全健康科学系、俄克拉荷马大学的火灾与安全工程系等。从国际学术杂志 *Safety Science*《安全科学》、*Journal of Safety Research*《安全研究学报》、*Reliability Engineering & System Safety*《可靠性工程与系统安全》等的成熟与发展水平可以看出，安全科学与学科在西方或欧美国家已经趋于成熟。

在安全学科高等教育方面，美国的安全教育发展较快，到 20 世纪 70 年代末，一部分大学设立了卫生工程、安全工程、安全管理、毒物学和安全教育方面的硕士点和博士点。目前，美国有密西西比州立大学等 54 所高校设置了安全类专业，英国有伯明翰大学、爱丁堡大学等，日本有横滨国立大学、东京大学等大学设置了安全类专业，设置的专业与方向涉及安全管理、安全工程技术、职业卫生等各个方面。日本在安全方面的研究虽起步较晚，但发展较快，它注重吸收世界各国的经验和教训，在安全工程学这一科学技术层次上进行了研究和发展。由于坚持安全科学的研究和实践，日本近 20 年来产业事故频度率、死亡人数逐年下降，居世界最低水平，安全科学在日本日益受到人们的重视。

安全工程技术作为一门新兴的交叉学科，在进一步发展的同时，安全科学的理论体系、研究方法尚不完善，安全科学的基本理论研究还表现为分散状态。安全科学家、医学家、心理学家、管理学家、行为学家、社会学家和工程技术专业人员等分别从各自的研究立场，以自己的分析方法进行研究，在安全科学的研究对象、研究起点、研究前提、基本概念等方面缺乏一致性。进入 21 世纪后，安全科学正在重整自己的理论体系，夯实理论基础，试图在理论体系、方法论和研究内容等方面有所突破和创新，逐渐发展成为一门成熟的学科。

2. 我国安全科学技术的发展历程

中国对安全的研究具有悠久的历史，翻开《考工记》《左传》《战国策》《元史》《四库全书》等古籍，很容易发现许多的安全思想和方略。但有关中国古代的安全史研究还基本为空白，还有待安全科学研究者的努力。可喜的是，近年来有一些学者开始研究安全史学，如孙安弟先生所著的《中国近代安全史》，该书描述了从 1840 年鸦片战争到中华人民共和国成立之间的 109 年里，中国近代劳动安全卫生产生和发展的历史。鸦片战争后，随着中国工业的发展，大量的伤亡事故和职业疾病产生，为遏制和减少伤亡，中国劳动安全卫生事业不断发展，安全规章制度法律法规也经历了从无到有再到不断完善的过程。1949 年后，我国就开始了安全科学技术的研究和发展，我国“安全科学与工程”学科是从劳动保护学科逐渐发展起来的。

我国的劳动保护科学技术研究自中华人民共和国成立后就已经开始。中华人民共和国建立初期，中央人民政府就设立劳动部，劳动部下设劳动保护司，各地方劳动部门设劳动保护处、科，作为劳动保护工作的专管机构；政府许多产业部门相继在部内的生产或人事部门设立了专管劳动保护工作的机构。中华全国总工会在各级工会中设立了劳动保护部，工会基层组织一般设立了劳动保护委员会，以加强对企业劳动保护的监督。1950 年，国务院批准了《中央人民政府劳动部试行组织条例》《省、市劳动局暂行组织通则》等规定，各级劳动部门自建立伊始，即担负起监督、指导各产业部门和工矿企业劳动保护工作的任务。1951 年，中央人民政府燃料工业部制定了《改善现有矿井通风的规程》；一些从事劳动保护的研究人员从重点行业的劳动安全和卫生条件出发，并结合当时的形势，开始翻译当时苏联的著作；

与此同时，一些劳动保护科技工作者开始独立开展研究。

我国的劳动保护人才培养始于20世纪50年代。中华人民共和国成立以后，在安全问题比较突出的行业如冶金、煤炭等所属院校就组建了矿山通风与安全教研室，并开始从事有关矿山劳动保护的研究和培养研究生。安全工程本科专业确立于1984年，是在“工业安全技术”、“工业卫生技术”和“矿山通风与安全”本科专业基础上发展起来的。1981年11月，国务院批准北京市劳动保护科学研究所为我国首批“安全技术与工程学”硕士学位授予单位。“安全技术及工程”二级学科、专业博士点的建立在1986年，隶属于“地质勘探、矿业、石油”一级学科，之后又挂靠在“矿业工程”一级学科之下。有关学科专业尽管多次更名，但还是体现了安全学科的不断发展。我国安全科学与工程学科领域的几个里程碑大事件如下：

1997年，确立安全工程师职称，即由劳动部和人事部颁布《安全工程专业中、高级技术资格评审条件(试行)》文件。其中规定安全工程专业公共基础理论知识为安全科学技术基础、安全系统工程学、安全管理学、安全设备工程学、安全人机工程学5个方面。

2002年，又确立了注册安全工程师执业资格，即人事部与国家安全生产监督管理局颁布《注册安全工程师执业资格制度暂行规定》和《注册安全工程师执业资格认定办法》。

2006年，安全工程专业增设为全国工程硕士培养领域。

2008年，安全工程专业成为我国工程教育认证的10个试点认证专业之一。

2011年，国务院学位委员会和教育部在《学位授予和人才培养目录(2011年)》将安全科学与工程列为工学门类下的一级学科。

2012年，教育部在《普通高等学校本科专业目录》中将安全科学与工程列为工学门类下单独一类，安全工程本科专业隶属于该类。

截至2017年年底，全国开设安全工程专业的本科高校(不含独立学院)115所，安全科学与工程博士授予高校17所，安全科学与工程、安全工程硕士授予单位77个。

近年来，我国安全生产科技工作坚持科学发展观，贯彻执行“自主创新、重点跨越、支撑发展、引领未来”的新时期科学技术发展方针，实施“科技兴安”战略，在以下几个方面取得了长足进步：一是建立了一批专业科研院所，形成了一支具有一定规模和水平的安全生产科技队伍；二是在安全科学基础理论研究与应用、重大工业事故预防预警与应急救援、重大危险源监控、安全管理等方面取得了一系列科研成果；三是通过安全生产科技成果的应用示范，提高了企业的安全生产水平，产生了较好的经济和社会效益；四是安全生产科技成果转化和产业化工作取得重要进展；五是安全生产科技支撑和引领安全发展的作用日趋显著。

第3节 安全科学的定义及研究对象

一、安全科学的定义

由于安全科学本身是一个动态的、发展变化的科学体系，因而安全工作者对其定义各不相同。

德国学者库尔曼认为：安全科学的主要目的是保持所使用的技术危害作用绝对的最小

化，或至少使这种危害作用限制在允许的范围内。为实现这个目标，安全科学的特定功能是获取及总结有关知识，并将有关发现和获取的知识引入到安全工程中来。这些知识包括应用技术系统的安全状况和安全设计，以及预防技术系统内固有危险的各种可能性。库尔曼对安全科学的定义将安全科学的研究领域仅限于技术应用中的可能危险带来的安全问题，显然是不够的或者说是不全面的。

比利时学者J.格森定义：安全科学研究人及技术和环境之间的关系，以建立这三者的平衡共生态(equilibrated sysbiosis)为目的。此定义将安全科学的研究对象限定在技术的应用安全领域，从系统的角度来全面考察事故，明确指出安全科学以探索技术系统内各种组元运动规律为研究对象，其目标是保障人的安全，避免财产损失，并保护环境，实现人、技术和环境的和谐发展。

我国学者刘潜在《中国安全科学学报》中定义：安全科学是专门研究人们在生产及其活动中的身心安全(含健康、舒适、愉快乃至享受)，以达到保护劳动者及其活动能力、保障其活动效率的跨门类、综合性的横断科学。这一定义将安全科学的研究对象从技术的安全领域，延伸到人类一切活动中危及人的身心安全的其他因素。后来，刘潜教授根据安全、科学的定义，并根据科学技术学的原理，对安全科学的研究内容重新做了界定，将安全科学重新定义为："安全科学是一门专门研究安全的本质及其运动、转化规律与保障条件的科学。"

还有学者认为：研究生产中人—机—环境系统，实现本质安全化及进行随机安全控制的技术和管理方法的工程学称之为安全科学。

上述安全科学的定义分别从不同的角度揭示了安全科学某方面的内容。

安全科学以一切危险、异常、隐患、事故、灾害为研究对象。也就是说，安全科学是研究危险和事故规律的科学。规律是知识体系的核心，只有掌握了危险因素、危险状态及转化变化为事故的规律时，才能正确地解释事故现象、预测事故发生的规律，安全科学才能真正建立起来，揭示事故的本质，研究和掌握事故发生的规律，是安全科学的重要任务。

长期以来，发展安全技术的驱动力是人类在应用有关技术时从损害中获得的经验。然而，这种经验只在有限的认识能力范围内取得，它所感知的只是损害与原因之间简单的因果关系，而不是洞察许多不同现象之间普遍的因果关系。为了从简单的因果分析或仅以单一组元为对象的感知模式中解脱出来，安全科学要处理系统中包含的各种组元，不仅需要处理那些由人、机器、环境及其相互作用构成的安全技术、产业安全与污染控制的许多问题，还需要揭示人的身心免受外界因素危害的安全状态及保障条件的本质及其变化规律、影响因素及转化条件，研究消除或控制危险和转化条件的理论和技术，为人们提供安全科学的思想方法。由于安全问题的广泛性与过程的渗透性、过程突变性的特点，安全科学需要研究整个工程领域、生产领域的复杂大系统才能实现安全科学的任务。当今时代已经具备研究复杂现象、大系统的条件。过去人们只是研究单一的事故及其规律，研究某一行业、某些工程领域，如果不能按照哲学抽象的逻辑推理和分析的方法研究其共同规律，建立起理论科学体系，就不能实现这个目的。

现今定义：安全科学是研究事物的安全与危险矛盾运动规律的科学，研究事物安全的本质规律，揭示事物安全相对应的客观因素及转化条件；研究预测、清除或控制事物安全与危险影响因素和转化条件的理论与技术；研究安全的思维方法和知识体系。

从以上不同的定义可以看出，随着安全工作的深入，安全理论的不断完善和充实，将来肯定会有一个在内涵和外延上都很恰当的定义。

二、安全科学的研究内容

科学是人类对现实世界认识成果的系统总结，任何科学都有特定的研究对象。安全科学是研究事物安全与危险矛盾运动规律的学说。安全科学研究安全与危险的流变—突变过程，揭示事物安全与危险的原因及后果以及它们之间特有的相互关系，综合运用基础学科、工程学科等相关学科对事物或系统综合功能的丧失机理进行分析和研究，以灾害事故的预测、防治和评价为研究目标。具体地说，安全科学研究的内容归纳为如下几个方面：

1. 安全科学的哲学基础

马克思主义哲学是人类认识和解决问题的世界观和方法论，确立安全科学的哲学观是研究安全的基础，只有确立了正确的安全观和方法论，才能正确地分析安全问题、解决安全问题，建立起安全科学的本质规律，为人类社会所面临的安全问题提供科学的指导方法。

2. 安全科学的基本理论

人类面临的安全问题是各种各样的，各自都有自己的特殊规律，但在安全的本质问题上有其共性的规律。安全科学的基本理论就是在马克思主义哲学的指导下，应用现阶段各基础学科的成就，建立事物共有的安全本质规律。

3. 安全工程与技术

安全的工程技术问题，包括安全系统工程、安全控制工程、安全管理工程、安全信息工程、安全人机环境工程及各工程领域的安全工程问题等。

4. 安全科学的经济规律

安全经济基本理论、工程理论、损失理论、评价理论、管理与决策理论等。

三、安全科学研究对象

从灾害根源上看，事故灾害是人、技术、环境综合或部分欠缺的产物。从另一角度，人类安全活动所追求的是保护系统中的人、技术、设备及环境。从实现安全的手段上看，除了技术措施，还需要人的合作、环境的协同。因此，安全系统是由人(men)—技术(technology)—环境(environment)构成的复合系统。根据钱学森的系统论思想，有理由把安全系统看作是一个复杂的系统，可称为 MET 系统，见图 1-3。

MET 系统概括出了安全科学的研究领域，即安全系统包括了 7 个基本子系统，每一基本子系统提出的安全命题是：

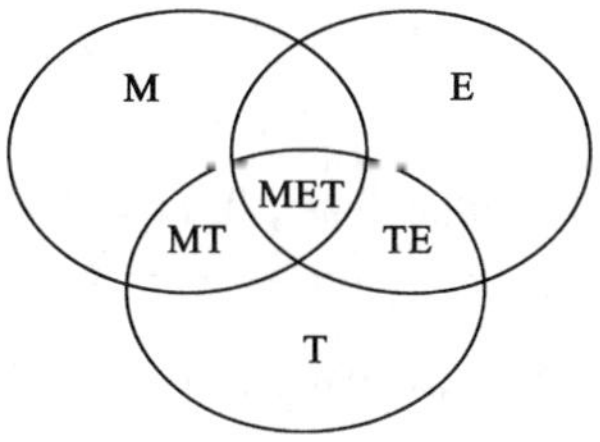

图 1-3 安全系统元素构成

M(人子系统)：安全心理，安全生理，安全教育，安全行为。

E(环境子系统)：物化环境(劳动卫生环境、防尘、防毒、噪声与振动控制、辐射防护、三废治理)，理化环境(社会环境、社会伦理、社会经济、体制与管理等)。

T(技术子系统)：可靠性理论(本质安全化)，安全技术(防火、防爆、机电安全、运输安全等)。

MT(人机子系统)：人机关系，人机设计。

ME(人环境子系统)：人环境关系，职业病理环境标准(环境风险)。

ET(机环境子系统)：环境监测，自动报警与监控，技术风险。

MET(人机环境子系统)：安全系统工程，安全管理工程，安全法学，安全经济学。

四、安全科学的哲学基础

1. 安全与危险的统一性和矛盾性

安全与危险在所要研究的系统中是一对矛盾体。安全是相对的，危险是绝对的。安全的相对性表现在三个方面：首先，绝对安全的状态是不存在的，系统的安全是相对于危险而言的；其次，安全标准是相对于人的认识和社会经济的承受能力而言，抛开社会环境讨论安全是不现实的；再次，人的认识是无限发展的，对安全机理和运行机制的认识也在不断深化，即安全对于人的认识而言具有相对性。危险的绝对性表现在事物一诞生危险就存在，中间过程中危险势可能变大或变小，但不会消失，危险存在于一切系统的任何时间和空间中。不论我们的认识多么深刻，技术多么先进，设施多么完善，危险始终不会消失，人、机和环境综合功能的残缺始终存在。

安全与危险具有矛盾的所有特性。一方面，双方互相反对、互相排斥、互相否定，安全度越高，危险势就越小；安全度越小，危险势就越大。另一方面，安全与危险二者互相依存，共同处于一个统一体中，存在着向对方转化的趋势。安全与危险这对矛盾体的运动、变化和发展推动着安全科学的发展和人类安全意识的提高。

2. 安全科学的联系观和系统观

客观世界普遍联系的观点是唯物辩证法总的特征之一。在系统中对安全与危险造成影响的因素很多，因果关系错综复杂，安全科学欲反映其内在规律性，必须全面地分析各要素，利用各个学科已取得的研究成果，对开放的大系统进行分析和综合，找出安全的客观规律和实现途径。在多种原因中，要注意区分主要原因和次要原因、内因和外因、直接原因和间接原因、客观原因和主观原因等。在全面分析因果联系的基础上，应集中力量抓住事物内部的主要矛盾进行分析和研究。

根据安全科学自身的特点，我们必须用系统的观点进行分析。系统最大的特点是其整体性、有机性、层次性。整体的运动特征应在比其组成要素更高的层次上进行描述，整体的功能不等于各组成要素的性质和功能的简单叠加，而是大于部分之和，它具有其要素所不具有的性质和功能。尤其对危险而言，一危害因子与另一危害因子相加不是两个危害因子。系统的整体性是由各个要素综合作用决定的，是系统内部各要素相互作用、相互联系产生某种协同效应。系统整体性的强弱，要由要素之间协同作用的大小决定。在安全领域中，各种安全和危险要素很多，叠加在一起整体影响力会大大增加。所以，为了实现系统总体功能向有利的方向发展，我们必须对各要素统筹兼顾，增加安全因子的整体功能，削弱危险因子的整体功能。决不能头痛医头、彼此隔离，那样会大大降低系统的安全功能。

要素以一定的结构形成系统，各要素在系统中的地位会有一定的差异，尤其在复杂系统中各要素的地位就更加复杂，如在人的生命系统中，一根神经和一根头发在人体中的地位和对人体的贡献大不相同。头发掉了并不影响整体，神经断了就会丧失相应的功能，中枢神经如果出了问题，就会危及整体。所以，安全这个复杂的大系统中，有些要素处于主导地位和支配地位，有些要素处于从属地位和被支配地位，应注意各要素关系，以利于实现系统的整体安全。

3. 安全中的质变与量变

哲学中的量变与质变，在安全科学中表现为流变与突变。安全科学的流变与突变现象普遍存在。历史上人们往往只习惯于流变，而不习惯于突变。因为流变对人的感觉不明显，而突变会对人造成严重的冲击和伤害。

恩格斯在《自然辩证法》中研究了流变和突变的范畴，认为流变是一种缓慢的变化过程，突变则是流变过程的中断，是质的飞跃。流变和突变是量变和质变在自然界中的具体表现。因此，流变和突变的范畴与量变和质变的范畴属于不同的层次。一般来说，流变相当于量变，突变相当于质变。由此可见，无论是量变还是质变，都可能出现流变和突变两种形式，都是流变和突变的统一。其统一性主要表现在3个方面：

(1) 流变与突变的相对性。作为一对对立的概念，流变与突变是相互依存的。在安全科学的研究中，没有绝对的流变和突变。离开了流变，就无所谓突变；离开了突变，流变也无从谈起。事实上，要把影响安全的质划分出流变和突变的界限是很困难的，因为事物的发展总保持自身的连续性，总在一切对立概念所反映的客观内容之间存在中间过渡环节。所以，从这个意义上讲，一切对立都是相对的。如河流的水位总在一定的范围内变化，没有超过河床，就什么事也不会发生；河水溢出了河床，就成了洪水。总之，在空间规模、时间速度、结构、形态及能量变化程度上或采取的形式上，流变与突变都只有相对意义。

(2) 流变和突变的层次性。在讨论事物安全度的流变和突变时，总是联系某一具体的物质层次上。在同一物质层次，流变和突变有其具体的表现形式，可以严格地界定。在这个意义上讲，不同物质层次的流变和突变有其不同的表现形式和质的规定。某种具体的安全变化过程，在低层次可以称为突变，而在高层次则属于流变。如人体某一器官损伤，针对小区域来说，是一次突变事件；对整个人体而言，是综合功能的流变。

(3) 流变和突变的相互转化。在一定条件下，流变可以转变为突变，突变也可以转变为流变。例如，生物演化过程是一个缓慢的流变过程，但几百年来因人类砍伐森林、捕杀动物、使用农药和排放废物，造成了几次大量生物物种灭绝的突变事件。又如，人类依靠科学技术，采取了种种措施，有效地避免了许多危及人类生存和发展的自然界突变事件或减弱了突变事件的强度(洪水、泥石流、风暴、动植物病虫害等)。

流变表现为事物微小而缓慢的量的变化，突变表现为显著而迅速的质的飞跃。在流变中往往也有部分质变，在质变中也伴随着量的变化。在质变发生之后，又会出现流变和突变的新周期，事物就是如此循环往复以至无穷地变化和转化。

流变向突变的转化，往往是在事物达到极端状态后出现的质变过程。看似完善的事物，由于某种随机因素的影响，猛然间会发生雪崩式的变化。突变向流变的转化与流变向突变的转化不同，突变向流变的转化往往是在事物发生突变后，在新质的规定下，出现平稳的变化状态，开始新的变化周期，这时微小的扰动和涨落，对事物没有明显的影响。事物的流变和突变具有复杂性和多样性，在研究和处理时切忌千篇一律，要用不同的方法进行具体研究。

4. 安全问题的简单性和复杂性，精确性和模糊性

客观世界是复杂的，同时又是简单的。安全科学所要研究的系统也是复杂和简单的统一体。一方面，系统中包含无穷多层次的安全和不安全矛盾，相互间形成极为复杂的结构和功能，同时与外部世界又有多种多样的联系，存在多种相互作用；另一方面，系统又是可以分解的，任何复杂多样的系统都可以分为简单要素、元素、单元，可以看作许多单一的集合，内、外部的联系和所遵循的基本规律往往又是简单的。

安全科学的认识总是从模糊走向精确，模糊和精确是辩证统一的。安全与危险之间没有精确的界限，是个模糊概念，但模糊又可用精确的数字来更好地进行解释。精确和模糊是一个问题的两个方面，模糊性可以说明精确性，适当的模糊反而精确。无疑定性描述可指导

实施建设性的和组织上的安全措施，并已对安全工程的不断完善做出了很大贡献。但是，就对技术装备的了解来说，模糊定性描述的边界太广，在具体情况下，这种边界将会降低安全程度，从而不能应用明确的相关准则。安全方面的欲求状态因此不能精确地确定，还会导致欲求状态和实际状态之间的界限模糊。这就是人们在观察同一实际情况时，有的认为是安全的，有的认为是不安全的。因此，在具体情况下，有必要处理好精确性和模糊性的关系。

5. 安全事件的必然性和偶然性

必然性就是客观事物的联系和发展中不可避免、一定如此的趋势。偶然性是在事物发展过程中由于非本质的原因而产生的事件，它在事物的发展过程中可能出现，也可能不出现；可以这样出现，也可以那样出现。比如，具有自燃倾向的煤在富氧和蓄热的条件下必然自燃，但条件的具备带有很大的偶然性，这种偶然性完全服从于火灾系统内部隐藏的必然性。

必然性和偶然性不仅相互联系、相互依赖，而且在一定的条件下可以相互转化。在矿井通风中通风机房的反风门，正常情况下是可以上下提升的安全门，灵巧自如地运转具有必然性，灾害时不能调节的情况是偶然的。但是，由于疏于管理、未按规定维修、滑轮生锈，框架变形等原因，灾害时这一安全措施不能正常发挥作用成为必然，偶然性转化为必然性。所以，在处理系统安全问题时，对于有利的偶然因素我们应创造条件促使其发生，不能抱着“守株待兔”的侥幸心理；对于有害的偶然因素我们应尽可能地减弱和避免其影响，并做好应付突发事件的一切准备，做到有备无患。

马克思主义哲学既是世界观又是认识世界、改造世界的方法论，是最高层次的思维方法，它提供了处理主观思维与客观规律的最高理论和原则。安全科学作为一门新兴的交叉学科，在分析与认识问题上要以它作为理论指导：

第一，一切从实际出发，以客观对象的全部事实及事实之间的相互关系为认识的出发点。每一次灾害的前因后果都要客观地分析，达到主观与客观的统一，印证事件从发生、发展到灭亡的全部过程。

一切从实际出发，首先必须找准历史方位。近年来，由于党中央对安全生产工作空前重视，安全生产改革发展不断推进，事故起数和死亡人数连年下降，安全生产形势持续稳定好转，安全生产工作进入了新的发展时期，这是安全生产工作的新方位、新起点。当前我国安全生产形势虽有很大改善，但突发性、复杂性仍然突出，把握性、可控性仍然不强，特别是重特大事故多发势头仍未得到有效遏制，这就是我国安全生产工作的实际，也是制定各项政策和采取各项措施的立足点。

第二，在普遍联系中把握事物的本质。任何一个事件的发生都不是孤立的，它同周围事件有着密切联系。这其中包括横纵向联系、间接联系、内外部联系、本质与非本质联系、必然联系和偶然联系。要正确认识安全问题，就必须全面了解和具体分析事物客观存在的复杂联系，在众多的联系中找出事物直接的、内部的、本质的、必然的联系，从而把握安全活动规律。

第三，在动态中把握安全运动规律。唯物辩证法不仅是联系的学说，而且也是运动发展的学说，绝对静止和不变的事物是不存在的，整个世界就是一个川流不息的运动发展过程。因此在安全学研究中，必须加入时间的概念，在动态中加以认识，打破僵化的思维模式和各种陈腐陋习，善于抓住安全度发展的趋势和苗头，不断研究新情况和新问题，紧紧抓住对事物的未来分析，以加深对事物安全的现状认识。

因此，要加强调查研究，深入把握规律，强化统筹谋划，与时俱进地不断改进提升，着力解决影响安全生产工作的突出问题，努力推动安全生产治理体系和治理能力现代化。

第四，矛盾分析法。矛盾分析法就是运用唯物辩证法关于矛盾学说的观点，对客观事物的矛盾进行辩证分析的方法。安全科学就是讨论安全与危险这一对矛盾运动变化发展规律的科学。区分主要矛盾和次要矛盾、矛盾的主要方面和次要方面十分必要。矛盾在不同时期有各自不同的特殊性，这就使安全的发展显示出过程性和阶段性。在这里必须用质和量的两个方面加以分析，矛盾的质发生变化，事物的安全状态也要发生根本性变化；矛盾的质没有发生变化，但量发生了变化，使同一事件的发展显示出阶段性。如果能深刻认识安全领域中的各种矛盾，并能正确地解决矛盾，就会促进安全科学的迅速发展。

做好安全生产工作，必须把握主要矛盾。我国社会的主要矛盾已经转化为人民日益增长的美好生活需要和不平衡不充分的发展之间的矛盾，但我国仍处于并将长期处于社会主义初级阶段的基本国情没有变，我们要充分运用这一矛盾论来审视和分析安全生产工作中的问题和不足。深刻理解安全是满足人民美好生活需要的内涵要义和基础保障，人民群众美好生活需要的日益增长，首先是安全和健康需要的日益增长，但当前我国安全生产形势依然严峻，不平衡不充分问题仍然突出，在经济社会发展中仍是短板和薄弱环节。我们要坚持辩证唯物主义和历史唯物主义，准确把握主要矛盾“变化”和历史阶段“没有变”对安全生产的新要求，着力找差距、补短板、上水平，努力为保障人民群众平安幸福地享有发展成果做出贡献。

第4节　新时代我国安全生产工作

一、新时代安全生产工作的新要求

党中央、国务院历来高度重视安全生产工作，坚持“安全第一、预防为主、综合治理”的方针，推动全国安全生产工作取得积极进展，大力提升了我国安全生产整体水平。安全生产工作也随着中国特色社会主义进入新时代、开启新征程。同时也要看到，当前我国正处在工业化、城镇化持续推进过程中，生产经营规模不断扩大，传统和新型生产经营方式并存，各类事故隐患和安全风险交织叠加，安全生产基础薄弱、监管体制机制和法律制度不完善、企业主体责任落实不力等问题依然突出，生产安全事故易发多发，尤其是重特大安全事故频发势头尚未得到有效遏制，一些事故发生呈现由高危行业领域向其他行业领域蔓延趋势，直接危及生产安全和公共安全。

党的十九大报告中指出，要树立安全发展理念，弘扬生命至上、安全第一的思想，健全公共安全体系，完善安全生产责任制，坚决遏制重特大安全事故，提升防灾减灾救灾能力。党中央对安全生产工作的部署要求，集中体现了我们党全心全意为人民服务根本宗旨和以人民为中心发展思想，为做好安全生产工作指明了方向。

安全生产工作必须坚持以习近平新时代中国特色社会主义思想为指导，加强调查研究，深入把握规律，强化统筹谋划，与时俱进地不断改进提升，着力解决影响安全生产工作的突出问题，努力推动安全生产治理体系和治理能力现代化。首先，必须准确把握新时代新征程对安全生产工作的新要求：

从治标为主向标本兼治、重在治本转变。当前我国安全生产形势虽有很大改善，但突发性、复杂性仍然突出，把握性、可控性仍然不强，特别是重特大事故多发势头仍未得到有效遏制，主要原因就在于安全基础总体薄弱。要在毫不放松隐患治理、应急处置、调查处理等治标工作的同时，高度重视并坚持不懈地推进治本工作，不断夯实安全基础，提升全民安全素质，推进安全科技进步，强化安全风险防控，加快构建全方位立体化安全生产网。

从事后调查处理向事前预防、源头治理转变。把事故消灭在发生之前、最大限度地保护人的生命和健康，是安全发展理念的必然要求。要把安全生产工作的着力点，更多地放到事前预防和源头治理上，严格安全生产市场准入，把安全生产贯穿到城乡规划建设和企业生产经营全过程，全面排查管控安全风险，深化事故隐患排查治理，严防风险演变、隐患升级导致生产安全事故发生，不断增强安全生产工作主动权。

从行政手段为主向依法治理转变。当前安全生产工作仍然主要依靠审批、核准、检查、督查等行政手段，与全面依法治国、全面依法行政的要求不相适应。要在继续强化必要的行政手段同时，大力弘扬法治精神，加强安全监管执法队伍建设，完善安全生产法律法规标准体系，严格规范执法，全面提高安全生产法治化水平，更多运用法治思维和法治方式研究解决安全生产问题。

从单一安全监管向综合治理转变。安全生产问题不是孤立的，而是各个方面问题和各种致灾因素相互作用的结果。治理安全生产问题，必须充分发挥社会主义制度的优越性，积极调动各方面力量，综合施策、多方发力、齐抓共管。要严密层级治理和行业治理、政府治理、社会治理相结合的安全生产治理体系，综合运用法律、行政、经济、市场等手段，落实人防、技防、物防措施，实现安全生产共建共治共享。

从传统监管方式向运用信息化、数字化、智能化等现代方式转变。现代信息技术的发展，给社会经济结构、生产方式和生活方式带来深刻变化。安全监管监察工作必须主动顺应发展趋势，积极运用互联网、大数据等新技术，加强安全监管监察信息化建设，强化互联互通和信息共享，深化安全生产规律性研究、关联性分析，加强重大危险源和隐患监测监控、预测预警，运用现代管理方式提升安全监管效能。

二、我国安全生产科技支撑体系

为进一步加强安全生产工作，大力提升我国安全生产整体水平，中共中央国务院印发《关于推进安全生产领域改革发展的意见》，第六部分“加强安全基础保障能力建设”中指出，建立安全科技支撑体系。优化整合国家科技计划，统筹支持安全生产和职业健康领域科研项目，加强研发基地和博士后科研工作站建设。开展事故预防理论研究和关键技术装备研发，加快成果转化和推广应用。推动工业机器人、智能装备在危险工序和环节广泛应用。提升现代信息技术与安全生产融合度，统一标准规范，加快安全生产信息化建设，构建安全生产与职业健康信息化全国“一张网”。加强安全生产理论和政策研究，运用大数据技术开展安全生产规律性、关联性特征分析，提高安全生产决策科学化水平。

2016 年国家安全生产监督管理总局印发《关于推动安全生产科技创新的若干意见》，包括：(一)指导思想和工作目标；(二)夯实安全生产科技创新基础；(三)强化安全生产科技攻关；(四)加快科技成果转化推广；(五)加强安全生产科技创新人才队伍建设；(六)营造充满活力的科技创新环境。其中，强化安全生产科技攻关主要内容如下：

加强安全生产基础理论创新；以安全发展、安全监管、事故防范基础理论研究为突破口，加大安全生产基础研究投入，组织实施一批安全生产基础理论课题。围绕安全生产长效机制，重点开展安全生产发展战略、法规标准、安全行为、安全文化、安全经济、安全产业、安全管理、监督执法等理论研究，为安全监管监察和企业安全生产提供科学指导。围绕工矿商贸企业典型重大事故风险辨识、致灾机理、演化过程、多灾耦合，重点开展深部开采煤岩动力孕灾机理、隐蔽地质异常体煤岩致灾机理、超大超深金属非金属矿山完整性安全开采理论、尾矿高应力多场耦合作用下致灾机理、多因素耦合驱动下典型易燃易爆危险品起爆机理及演化规律、地下综合管廊内部多灾种耦合事故致灾及演化机理、可燃性粉尘爆炸机理等研究，揭示各类事故发生发展规律。

推进安全生产重大共性关键技术攻关；建立主动预防型的安全生产科技研发机制，积极争取在国家科技计划（专项、基金等）项目中开展安全生产共性关键技术攻关和重大智能装备研发。矿山领域重点开展煤矿隐蔽致灾因素动态智能探测、软岩巷道支护、超深矿井重大灾害防控、煤矿智能开采安全技术、露天矿山高陡边坡安全监测预警、高尾矿库溃坝灾害监测预警、海洋石油天然气开采事故防控、矿山安全生产物联网等关键技术与装备研发。危险化学品领域重点开展化工园区多灾种耦合事故防控、典型化学品爆炸事故防控、重大危险源事故预警与防控、危险化学品道路运输过程安全保障等关键技术与装备研发。冶金等工贸领域重点开展高温熔融金属作业事故预防、粉尘爆炸事故防控等关键技术与装备研发。职业病危害防治领域重点开展作业场所粉尘、毒物、噪声、振动等职业病危害防护技术与装备研发。城市安全领域重点开展市政管网（地下综合管廊）运行安全保障、城镇安全风险评估等技术与装备研发。应急救援领域重点开展矿山、危险化学品事故及城市安全事故应急救援、院前医疗救护技术与装备研发。

攻克安全生产亟须破解的技术难题；坚持问题导向，强化同类多发和典型重特大生产安全事故技术原因分析，对于亟须破解的技术难题，采取自上而下的方式，组织科研团队、集中优势资源进行攻关。近期重点破解煤矿综放工作面自动化放煤、快速掘进工作面随掘随探、主运输系统无人值守及机器人巡检，金属非金属矿山危险岗位无人操作值守、未知空区探测、超深矿井热害控制与地压监控、无轨运输防碰撞，油气长输管线泄漏智能化检测与监测，危险化学品泄漏高效灭火，“两客一危”车辆防碰撞和城镇地下管网安全保障等方面的技术难题。

复习思考题

1. 谈谈你对安全的认识？人们对安全的认识可以分为几个阶段？
2. 安全有哪些基本特征？
3. 安全科学的主要研究内容是什么？
4. 安全科学的研究领域包括哪些方面？
5. 学习安全科学的哲学基础，对我们正确认识安全及做好安全工作有何指导意义？

本章参考文献

[1] 金龙哲，杨继星. 安全学原理[M]. 北京：冶金工业出版社，2010.
[2] 李树刚，安全科学原理[M]. 西安：西北工业大学出版社，2008.

[3] 周世宁，林柏泉，沈斐敏. 安全科学与工程导论[M]. 徐州：中国矿业大学出版社，2005.
[4] 甘心孟，沈斐敏. 安全科学技术导论[M]. 北京：气象工业出版社，2000.
[5] 何学秋. 安全科学与工程(上)[M]. 徐州：中国矿业大学出版社，2008.
[6] 林柏泉. 安全学原理[M]. 北京：煤炭工业出版社，2002.
[7] 张景林. 安全学[M]. 北京：化学工业出版社，2009.
[8] 隋鹏程，陈宝智，隋旭. 安全原理[M]. 北京：化学工业出版社，2005.
[9] 吴超. 安全科学方法学[M]. 北京：中国劳动社会保障出版社，2011.
[10] 罗云. 风险分析与安全评价[M]. 2 版. 北京：化学工业出版社，2010.
[11] 徐志胜，姜学鹏. 安全系统工程[M]. 2 版. 北京：机械工业出版社，2013.

第 2 章 事故和危险源

第1节 事　故

一、事故的定义

各国学者对事故给出了各种各样的定义，其涉及法律、医学、科学、安全、经济等各个方面。综合他们对事故的各种看法，可将其定义为：事故是在人们生产、生活活动过程中突然发生的、违反人们意志的、迫使活动暂时或永久停止，可能造成人员伤害、财产损失或环境污染的意外事件。

事故是一种发生在人类生产、生活活动过程中的特殊事件，人类的任何生产、生活活动过程中都可能发生事故。因此，人们若想把活动按自己的意图进行下去，就必须努力采取措施来防止事故的发生。

事故是一种突然发生的、出乎人们意料的意外事件。这是由于导致事故发生的原因非常复杂，往往是由许多偶然因素引起的，因而事故的发生具有随机性质。在一起事故发生之前，人们无法准确地预测在什么时候、什么地方、发生什么样的事故。由于事故发生的随机性质，使得认识事故、弄清事故发生的规律及防止事故发生成为一件非常困难的事情。

事故是一种迫使进行着的生产、生活活动暂时或永久停止的事件。事故中断、终止活动的进行，必然给人们的生产、生活带来某种形式的影响。因此，事故是一种违背人们意愿的事件，是人们不希望发生的事件。

事故这种意外事件除了影响人们的生产、生活活动顺利进行之外，还可能造成人员伤害、财产损失或环境污染等其他形式的后果。

值得注意的是，事故和事故后果是互为因果的两件事情，即由于事故的发生产生了某种事故后果。但在日常生产、生活中，人们往往把事故和事故后果看作一件事件，这是不正确的。之所以产生这种认识，是因为事故的后果，特别是引起严重伤害或损失的事故后果给人的印象非常深刻，相应地人们就注意了带来某种严重后果的事故；相反地，当事故带来的后果非常轻微，没有引起人们注意的时候，人们也就忽略了事故。

二、事故的特征

1. 事故的普遍性

自然界中充满着各种各样的危险，人类的生产、生活过程中也总是伴随着危险，所以发生事故的可能性普遍存在。危险是客观存在的，在不同的生产、生活活动过程中，危险性各不相同，事故发生的可能性也就存在着差异。

2. 事故的因果性

事故是由系统中相互联系、相互制约的多种因素共同作用的结果。导致事故的原因多种多样，总体上事故原因可分为人的不安全行为、物的不安全状态、环境的不良刺激作用；逻辑上又可分为直接原因和间接原因等。这些原因在系统中相互作用、相互影响，在一定的条件下发生突变，即酿成事故。通过事故调查分析，探求事故发生的因果关系，搞清事故发生的直接原因、间接原因和主要原因，对于预防事故发生具有积极作用。

3. 事故的偶然性

从本质上讲，事故的发生是一个随机事件，即使完全掌握了事故的原因，也不可能保证绝对不发生事故。这种偶然性表现在：

(1) 对特定的事故，其发生的时间、地点、状态等均无法预测。

(2) 事故是否产生后果，以及后果的大小如何都难于预测。

(3) 反复发生的同类事故并不一定产生相同的后果。

4. 事故的必然性

危险是客观存在的，而且是绝对的。因此，人们在生产、生活过程中必然会发生事故，只不过是事故发生的概率大小、人员伤亡的多少和财产损失的严重程度不同而已。人们采取措施预防事故，只能延长事故发生的时间间隔，降低事故发生的概率，而不能完全杜绝事故。

(1) 事故的必然性中包含着规律性。既然为必然，就有规律可循。

(2) 必然性来自因果性，深入探查、了解事故因果关系，就可以发现事故发生的客观规律，从而为预防事故发生提供依据。

5. 事故的突变性

系统由安全状态转化为事故状态实际上是一种突变现象。事故一旦发生，往往十分突然，令人措手不及。因此，制订事故预案，加强应急救援训练，提高作业人员的应急反应能力和应急救援水平，对于减少人员伤亡和财产损失尤为重要。

6. 事故的潜在性

事故的发生具有突发性，但在事故发生之前存在一个量变过程，亦即系统内部相关参数的渐变过程，也就是说事故具有潜伏性。一个系统可能长时间没有发生事故，但这并非就意味着该系统是安全的，因为它可能潜伏着事故隐患。这种系统在事故发生之前所处的状态不稳定，为了达到系统的稳定态，系统要素在不断发生变化。当某一触发因素出现，即可导致事故。事故的潜在性往往会引起人们的麻痹思想，从而酿成重大恶性事故。

7. 事故的再现性

事故一经发生，就成为过去。时间一去不复返，完全相同的事故不会再次显现。然而，如果没有真正地了解事故发生的原因，并采取有效措施去消除这些原因，就会再次出现类似的事故。人们应当致力于消除事故的这种再现性，这是能够做到的。

8. 事故的可预测性

事故是可以预测的。人们根据对过去事故所积累的经验和知识以及对事故规律的认识并使用科学的方法和手段，可以对未来可能发生的事故进行预测。事故预测就是在认识事故发生规律的基础上，充分了解、掌握各种可能导致事故发生的危险因素以及它们的因果关系，推断它们发展演变的状况和可能产生的后果。事故预测的目的就在于识别和控制危险，预先采取对策，最大限度地减少事故发生的可能性。

三、事故的发展阶段

如同一切事物一样，事故亦有其产生、发展和消除的过程。一般事故的发展可归纳为 3 个阶段，即孕育阶段、生长阶段和损失阶段，各阶段具有自己的特点。

1. 孕育阶段

孕育阶段为事故发生的最初阶段，此时事故处于无形阶段，人们可以感觉到它的存在，而不能指出它的具体形式。

2. 生长阶段

由于基础原因的存在，出现管理缺陷，不安全状态和不安全行为得以发生，构成了生产中的事故隐患，即危险因素。

此时，事故处于萌芽状态，人们可以具体指出它的存在。企业中有经验的安全工作者在此阶段已经可以预测事故的发生。

3. 损失阶段

当生产中的危险因素被某些偶然事件触发时，就要发生事故，进而造成人员伤亡和经济损失。

人们研究事故的发展阶段就是为了识别和控制事故。

四、事故的主要影响因素

影响事故是否发生与扩大的因素有 5 项：人、物、环境、管理和事故处理。其中最主要的因素是前 4 项：

1. 人的因素

在生产活动中，来自人员自身或人为性质的危险和有害因素。具体包括操作工人、管理人员、事故现场的在场人员和有关人员的心理、生理性危险和有害因素、行为性危险和有害因素等。人的不安全行为是事故的重要致因。

2. 物的因素

机械、设备、设施、材料等方面存在的危险和有害因素。包括原料、燃料、动力、设备、工具、防护设备的物理性危险和有害因素、化学性危险和有害因素、生物性危险和有害因素等。物的不安全状态是构成事故的物质基础，它构成生产中的事故隐患和危险源。

3. 环境因素

生产作业环境中的危险和有害因素。主要指自然环境异常和生产环境不良等，包括室内作业场所环境不良、室外作业场地环境不良、地下(含水下)作业环境不良、其他作业环境不良。不安全的环境是引起事故的物质基础，也是事故的直接原因。

4. 管理因素

管理和管理责任缺失所导致的危险和有害因素。管理的缺陷，主要指技术缺陷以及劳动组织、现场指导、操作规程、教育培训、人员选用等问题，包括组织机构不健全、责任制未落实、管理规章制度不完善、投入不足、管理不完善、其他管理因素缺陷。管理的缺陷是事故的间接原因，也是事故的直接原因得以存在的条件。

物的不安全状态、人的不安全行为以及环境的恶劣状况都是导致事故发生的直接原因。

第2节 事故的分类

一、按致伤原因分类

根据《企业职工伤亡事故分类标准》(GB 6441—86)，按致害原因可将伤亡事故类别分为20类：

物体打击、车辆伤害、机械伤害、起重伤害、触电、淹溺、灼烫、火灾、高处坠落、坍塌、冒顶片帮、透水、放炮、火药爆炸、瓦斯爆炸、锅炉爆炸、容器爆炸、其他爆炸、中毒和窒息、其他伤害。

1. 物体打击

由失控物体的重力或惯性力引起伤害的事故。

适用范围：由落下物、飞来物、滚石、崩块等引起的伤害，但不包括因爆炸或机械运转飞出物引起的物体打击。

2. 车辆伤害

由运动中的机动车辆和运输、斜井提升机械引起伤害的事故。

适用范围：由机动车辆及斜井提升机械(不含立式提升机械)挤、压、轧、碾、撞、摔、倾覆等引起的伤害。适用于机车车辆、企业内机动车辆、汽车、索道运输设备、井巷运输设备、斜井提升机、翻斗车、轨道车、电瓶车、拖拉机等。

3. 机械伤害

机械设备与工具引起伤害的事故。

适用范围：在用、维修机械设备和工具过程中引起的绞、碾、碰、割、戳、切、轧等伤害。适用于机床、工程机械、装载机、铲运机、履带拖拉机、传送带等各种机械设备。

4. 起重伤害

指各种起重机械设备，客、货电梯，升降机，自动扶梯等在生产经营活动中发生的伤害事故。

适用范围：安装、使用检修各种起重机械(不含斜井提升机械)过程中引起的伤害。适用于桥式起重机、龙门起重机、塔式起重机、悬臂起重机、桅杆起重机、履带起重机、铺轨架桥机、卸煤机、圆木抓、汽车吊、轨道吊、叉车、电动葫芦、千斤顶、罐笼、电梯等。

5. 触电

电流流经人体或电弧烧灼，造成生理伤害的事故(分电击和电伤两大类)。

适用范围：人体接触带电设备金属外壳、裸露线头、带电导体，起重作业时吊臂等误触高压线或感应带电，雷击伤害，触电后坠落，电灼伤等。

6. 淹溺

人落入水中，水侵入呼吸系统造成呼吸阻塞，导致急性缺氧引发的伤害事故。

适用范围：失足落水、落入盛水容器等。

7. 灼烫

因接触酸、碱、蒸汽、热水或因火焰、高温引起皮肤及其他器官、组织损伤的事故。

适用范围：烧灼伤、烫伤、化学物质灼伤、放射性灼伤等。不包括因失火造成的烧伤、电烧伤。

8. 火灾

因失火造成伤害的事故。

适用范围：因易燃品燃烧并释放有毒有害气体、引发爆炸及造成建筑物、构造物倒塌等导致的人身伤害。

9. 高处坠落

人因在高处作业失去平衡，在重力作用下坠落（坠落高度超过 2 m）造成伤害的事故。

适用范围：从脚手架、平台、房顶、桥面、山崖等高处落至地面、机械设备上；失足落入洞、坑、沟、升降口、漏斗等造成的伤害。不包括触电后、受打击后、被设备或车辆冲撞后等引发的坠落。

10. 坍塌

建筑物、构筑物、堆置物等的倒塌以及土石塌方引起的事故。

适用范围：房屋、墙壁、脚手架等建筑物、构筑物倒塌，开挖沟、坑、洞、隧道、涵洞过程中发生的不属于冒顶片帮的土石垮落，堆积的土石砂、物料坍塌。不包括因爆炸引起的塌方和隧道、矿山冒顶片帮。

11. 冒顶片帮

矿井、隧道、涵洞开挖、衬砌过程中因开挖或支护不当，顶部或侧壁大面积垮塌造成的事故。

12. 透水

矿山地下开采、隧道开挖过程中，因突水等造成的事故。

适用范围：适用于井巷、隧道与含水岩层、地下含水带、溶洞或与被淹巷道、地面水域相通时，涌水成灾造成的伤害事故。不包括地面作业造成的水害。

13. 放炮（爆破）

施工中爆破作业造成伤害的事故。

适用范围：采石、采矿、开山、修路、平整场地、拆除建筑物等进行爆破作业，因爆炸或土石飞溅造成伤害的事故。

14. 火药爆炸

在火药、雷管、鞭炮、发令纸等生产、运输、储藏、使用过程中的违反人们意愿的爆炸并造成伤害的事故。

适用范围：火药、雷管、鞭炮、发令纸等在加工、运输、储藏、使用过程中由于遇明火、震动、遇热、挤压、摩擦、静电作用或处理不当等发生的爆炸。

15. 瓦斯（煤尘）爆炸

瓦斯（煤尘）含量达到爆炸界限，遇明火（高温）发生爆炸造成伤害的事故。

适用范围：主要适用于矿山开采、隧道施工过程中，或空气不流通的空间，瓦斯、煤尘积聚并爆炸。

16. 锅炉爆炸

固定式锅炉爆炸引起的伤害事故。

17. 容器爆炸

各种压力容器爆炸引起的伤害事故（见《特种设备安全监察条例》）。

适用范围：各种承压容器如气瓶、气筒、罐车、盛装容器、换热容器、分离容器等发生的爆炸。

18. 其他爆炸

凡不属于火药、瓦斯煤尘、锅炉爆炸、容器爆炸的爆炸事故均属于其他爆炸。

适用范围：各种化学品爆炸，炉膛、钢水包爆炸，亚麻粉尘(不含煤尘)爆炸等。

19. 中毒和窒息

接触有毒物质，引起人体急性中毒或窒息，以及缺氧造成的事故。

适用范围：煤气、油气、沥青、一氧化碳、二氧化碳、化学品等中毒或缺氧，危及生命急需抢救的事故。不适用于病理变化导致中毒的情况，也不适用于慢性中毒的职业病。

20. 其他伤害

凡不属于上述伤害事故的均称为其他伤害。

适用范围：扭伤，跌伤，冻伤，野兽或家禽咬伤或踢伤，毒虫叮咬，蜂蜇，钉子扎，利器划，电弧造成眼睛或皮肤弧光炎，人力车、畜力车在运动中造成伤害等。

二、按伤害程度分类

国家标准 GB 6441—86 中，把受伤害者的伤害分成 3 类：

1. 轻伤

损失工作日低于 105 日的失能伤害。

2. 重伤

指造成肢体残缺或视觉、听觉等器官受到严重损伤，一般能引起人体长期存在功能障碍，或劳动能力有重大损失的伤害。损失工作日等于或大于 105 日的失能伤害。

3. 死亡

发生事故后当即死亡，包括急性中毒死亡，或受伤后在 30 日内死亡的事故。死亡损失工作日为 6 000 日。

三、按事故严重程度分类

为了研究事故发生原因，便于对伤亡事故进行统计分析和调查处理，国家标准 GB 6441—86将事故按严重程度分为 3 类：

1. 轻伤事故

只发生轻伤的事故。

2. 重伤事故

只有重伤无死亡的事故。

3. 死亡事故

其中，重大伤亡事故指一次事故中死亡 1 至 2 人的事故；特大伤亡事故指一次事故死亡 3 人以上(含 3 人)的事故。

四、事故的其他分类方法

1. 按事故的属性分类

1）自然事故

自然事故是指由自然灾害造成的事故，如地震、洪水、旱灾、山崩等引起的事故，这类事故只能通过预测预报技术减轻灾害造成的破坏和损失。

2）人为事故

人为事故指由人为因素而造成的事故，这类事故能够预防。

2. 按事故的发生情况分类

1）未遂事故

未遂事故是指有可能造成严重后果，但由于其偶然因素，实际上没有造成严重后果的事件。

也就是说，未遂事故的发生原因及其发生、发展过程与某个特定的会造成严重后果的事故是完全相同的，只是由于某个偶然因素，没有造成该类严重后果。

2）二次事故

二次事故是指由外部事件或事故引发的事故。所谓外部事件，是指包括自然灾害在内的与本系统无直接关联的事件。

二次事故可以说是造成重大损失的根源，绝大多数重特大事故主要是由于事故引发了二次事故造成的。例如某企业厂房发生火灾后，上百名职工清理火灾现场时，厂房因经火后强度大大降低而坍塌，造成数十人丧生。

3）非工作事故

非工作事故，即员工在非工作环境中，如旅游、娱乐、体育活动及家庭生活等诸方面活动中发生的人身伤害事故。

虽然这类事故不在工伤范围之内，但由于这类事故引起的员工缺工，对于企业的劳动生产率有很大影响，因失去关键岗位的员工所需的再培训对于企业的损失将会更大。对于这类事故，一个最值得关注的因素就是员工们在企业的安全管理制度约束下，有较好的安全意识，但在非工作环境中，他会产生某种“放纵”，加上对某些环境的不熟悉，操作的不熟练等都成为了事故滋生的土壤。

3. 按事故伤害的对象分类

1）伤亡事故

伤亡事故是指企业职工在生产劳动过程中，发生人身伤害、急性中毒等突然使人体组织受到损伤或某些器官失去正常机能，致使负伤机体立即中断工作，甚至终止生命的事故。

2）非伤亡事故

非伤亡事故是指企业在生产活动中，由于生产技术管理不善、个别职工违章、设备缺陷及自然因素等原因，造成的生产中断、设备损坏等，但是无人员伤亡的事故。

4. 按造成的人员伤亡或者直接经济损失分类（事故等级）

根据《生产安全事故报告和调查处理条例》规定，事故一般划分为 4 个等级，即：

1）特别重大事故

特别重大事故，是指造成死亡≥30 人，或重伤≥100 人，或者直接经济损失≥1 亿元以上的事故。

2）重大事故

重大事故，是指造成 10 人≤死亡＜30 人，或者 50 人≤重伤＜100 人，或 5 000 万元≤直接经济损失＜1 亿元的事故。

3）较大事故

较大事故是指造成 3 人≤死亡＜10 人，或者 10 人≤重伤＜ 50 人，或者 1 000 万元≤直接经济损失＜ 5 000 万元的事故。

4）一般事故

一般事故是指造成死亡＜3 人，或重伤＜10 人，或者直接经济损失＜1 000 万元以下的事故。其中，事故造成的急性工业中毒的人数，也属于重伤的范围。

事故造成的伤亡人数越多、直接经济损失越大，事故的等级也就越高。

第3节 危险源

一、危险源定义

人们在系统安全研究中，认为危险源的存在是事故发生的根本原因，防止事故就是消除、控制系统中的危险源。“危险源”一词译自英文 hazard，按英文辞典的解释“a source of danger”，即危险的根源的意思。

哈默(Willie Hammer)将“危险源”定义为可能导致人员伤亡或物质损失事故的潜在的不安全因素。因此，各种事故致因因素都是危险源。

二、危险源分类

根据危险源在事故发生、发展中的作用，把危险源划分为两大类，即第一类危险源和第二类危险源。

1. 第一类危险源

根据能量意外释放论，事故是能量或危险物质的意外释放，作用于人体的过量的能量或干扰人体与外界能量交换的危险物质是造成人员伤害的直接原因。于是，把系统中存在的、可能发生意外释放的能量或危险物质称作第一类危险源。常见的第一类危险源如下：

(1) 产生、供给能量的装置、设备。

(2) 使人体或物体具有较高势能的装置、设备、场所。

(3) 能量载体。

(4) 一旦失控可能产生巨大能量的装置、设备、场所，如强烈放热反应的化工装置等。

(5) 一旦失控可能发生能量蓄积或突然释放的装置、设备、场所，如各种压力容器等。

(6) 危险物质，如各种有毒、有害、可燃烧爆炸的物质等。

(7) 生产、加工、储存危险物质的装置、设备、场所。

(8) 人体一旦与之接触将导致人体能量意外释放的物体。

2. 第二类危险源

在生产和生活中，为了利用能量，让能量按照人们的意图在系统中流动、转换和做功，必须采取措施约束、限制能量，即必须控制危险源。约束、限制能量的屏蔽应该可靠地控制能量，防止能量意外释放。实际上，绝对可靠的控制措施并不存在。在许多因素的复杂作用下，约束、限制能量的控制措施可能失效，能量屏蔽可能被破坏而发生事故。导致约束、限制能量的措施失效或破坏的各种不安全因素称为第二类危险源。

人的不安全行为和物的不安全状态是造成能量或危险物质意外释放的直接原因。从系统安全的观点来考察，使能量或危险物质的约束、限制措施失效、破坏的原因，即第二类危险源，包括人、物、环境 3 个方面的问题。

第二类危险源往往是一些围绕第一类危险源随机发生的现象，它们出现的情况决定事故发生的可能性。第二类危险源出现得越频繁，发生事故的可能性越大。

3. 危险源与事故

一起事故的发生是两类危险源共同起作用的结果。第一类危险源的存在是事故发生的前提，没有第一类危险源就谈不上能量或危险物质的意外释放，也就无所谓事故。另一方面，如果没有第二类危险源破坏对第一类危险源的控制，也就不会发生能量或危险物质的意外释放。第二类危险源的出现是第一类危险源导致事故的必要条件。

在事故的发生、发展过程中，两类危险源相互依存、相辅相成。第一类危险源在事故时释放出的能量是导致人员伤害或财物损坏的能量主体，决定事故后果的严重程度；第二类危险源出现的难易决定事故发生的可能性的大小。两类危险源共同决定危险源的危险性。

三、三类危险源

2006 年，田水承在前面两类危险源研究的基础上，基于煤矿调研，提出了三类危险源的观点。在调研过程中，没有发现与人、组织的不安全行为无关的伤亡事故，且事故案例与安全研究表明：一方面，随着科技的发展，设备的可靠性不断提高，安全生产硬支撑总体上得到了较大的改善；另一方面，由于现代工业生产和组织的复杂性以及人在生理、心理、社会和精神等方面的特点存在较大的可塑性、不可靠性（与机器相比）和难控性，更重要的是企业没有建立起完善而有效的安全生产自我约束机制，因而必须分类区别繁杂多样的事故因素，以便更加准确迅速地进行危险源辨识，更加科学有效地进行危险控制。

田教授指出，原先陈宝智先生提出的是"两分法"两类危险源，一个是指能量和危险物质，另外一个是指导致事故发生的条件，约束失败，从而引起事故的发生。他认为，三类危险源应该是这样划分：第一类危险源是指能量载体，或者是危险物质，这是事故发生的物质性前提，它影响事故发生的后果的严重程度，是事故发生的物质根源；第二类危险源包括物的故障、物理性的环境因素、个体人的失误，这类危险源是事故发生的触发条件、必要条件；第三类危险源是指不符合安全的组织因素，包括组织程序、组织文化、规则、制度等，它不同于个体的人，个体的人是在第二类危险源里，第三类危险源是第一类，尤其是第二类危险源之后的深层原因，是事故发生的一个组织性前提。以汽车为例，高速行驶的汽车本身就是危险源，它里面的汽油等是第一类危险源；司机的违章，比如汽车的部件失灵，天气不好，能见度比较差，这属于第二类危险源；如果说安全文化理念方面缺失，或者是有关的交通规则或者是安全培训缺失、交通安全管理松懈，或者是司机的单位对汽车的维护管理或者是司机的挑选、考核、配备等方面的问题，这些就称为第三类危险源。

提出第三类危险源，有以下几方面的意义：一方面，可以督促和激发组织领导层对安全生产的重视和关心，而且三类危险源的分法突破了危险源物与非物的界限。另一方面，提出三类危险源、研究三类危险源可以加强企业安全管理，激励和约束两方面结合起来，科学的安排有关的制度，让人说真话，不偷懒，这是从企业微观的方面来看的。另外，从宏观方面来看，第三类危险源的提出和研究可以加强宏观的安全管理，使监督检查变得更科学。

四、事故隐患

在我国长期的事故预防工作中经常使用事故隐患一词。所谓隐患，是指隐藏的祸患，事故隐患即隐藏的、可能导致事故的祸患，这是一个在长期工作实践中大家形成的共识用语。2007 年，《安全生产事故隐患排查治理暂行规定》（国家安全生产监督管理总局令第 16 号）中定义：安全生产事故隐患是指生产经营单位违反安全生产、职业卫生法律、法规、规章、标准、规程和管理制度的规定，或者因其他因素在生产经营活动中存在可能导致事故发生或导致事故后果扩大的物的危险状态、人的不安全行为和管理上的缺陷。

事故隐患分为一般事故隐患和重大事故隐患。一般事故隐患是指危害和整改难度较小，发现后能够立即整改排除的隐患。重大事故隐患是指危害和整改难度较大，应当全部或者局部停产停业，并经过一定时间整改治理方能排除的隐患，或者因外部因素影响致使生产经营单位自身难以排除的隐患。

五、重大危险源及分类

《安全生产法》第一百一十二条规定:“重大危险源,是指长期地或者临时地生产、搬运、使用或者储存危险物品,且危险物品的数量等于或者超过临界量的单元(包括场所和设施)。”其中,危险物品是指易燃、易爆物品、危险化学品、放射性物品等能够危及人身安全和财产安全的物品。

按照上述危险源的概念,可将重大危险源理解为超过一定量的危险源。确定重大危险源的核心因素是危险物品的数量是否等于或者超过临界量。所谓临界量,是指对某种或某类危险物品规定的数量。若单元中的危险物品数量等于或者超过该数量,则该单元应定为重大危险源。具体危险物质的临界量由危险物品的性质决定。

重大危险源共有 5 大类:

(1) 危险化学品。

(2) 企业危险建(构)筑物。

(3) 压力管道。

(4) 锅炉。

(5) 压力容器。

第四节 危险源辨识

一、危险源辨识

危险源辨识(hazard identification)是指发现、识别系统中的危险源。以前,人们主要根据以往的事故经验进行危险源辨识。例如,海因里希建议通过与操作人员交谈或到现场安全检查、查阅以往的事故记录等方式发现危险源;日本中央劳动灾害防治协会推广危险预知活动进行危险源辨识。

20 世纪 60 年代以后,国外开始根据法规、标准和安全检查表进行危险源辨识。例如,美国职业安全与健康局(OSHA)等安全机构制定、发行了各种安全检查表。安全检查表是集合以往的事故分析、找出的问题形成的,其优点是简单易行,其缺点是重点不突出,又难免挂一漏万。这类方法的最大缺点是过去没有经验的问题无法列入其中。

随着系统安全工程的兴起,系统安全分析方法逐渐成为危险源辨识的主要方法。系统安全分析是从安全的角度进行的系统分析,它通过揭示系统中可能导致系统故障或事故的各种因素及其相互关联来辨识系统中的危险源。它既可以用来辨识可能带来严重后果的危险源,又可以用来辨识没有事故先例的系统的危险源。系统越复杂,就越需要利用系统安全分析方法辨识危险源。目前,常用的系统安全分析方法有:预先危害分析(PHA);事故后果分析;故障类型和影响分析(FMEA);危险性和可操作性研究(HAZOP);事件树分析(ETA);故障树分析(FTA);管理疏忽和危险树(MORT)。

1. 危险源辨识内容

(1) 辨识危险源种类、危害性质。

(2) 辨识危险源的数量。

(3) 辨识危险源的分布,危险源可能发生的时间、地点。

2. 危险源辨识方法

(1) 现场观察法。

(2) 查阅有关事故和职业病记录。

(3) 文献、资料查阅、专家咨询。

(4) 工作任务危害分析。

(5) 系统安全分析方法:安全检查表法、预先危险分析法、故障类型及影响分析法、事件树分析法、事故树分析法等。

3. 危险源辨识程序

危险源辨识的程序分为辨识方法及辨识单元的划分、辨识和危害后果分析两个步骤。危险源辨识的工作程序包括以下几个方面:

(1) 对辨识对象应有全面和较为深入的了解。

(2) 找出辨识区域存在的危险物质、危险场所。

(3) 对辨识对象的全过程进行危险危害因素辨识。

(4) 根据相关标准对辨识对象是否构成重大危险源进行辨识。

(5) 对辨识对象可能发生事故的危害后果进行分析。

(6) 对构成重大危险源的场所进行重大危险源的参考分级,为各级安全生产监管部门的危险源分级管理提供参考依据。

(7) 划分辨识单元,并对所划分的辨识单元中的细节进行详尽分析。

(8) 为应急预案的制订、控制和预防事故发生,降低事故损失率提供基础依据。

二、重大危险源辨识

1. 危险化学品重大危险源辨识

1) 适用范围

《危险化学品重大危险源辨识》(GB 18218—2009)适用范围:危险化学品的生产、使用、储存和经营等各企业或组织,以及采矿业中涉及危险化学品的加工工艺和储存活动。

《危险化学品重大危险源辨识》(GB 18218—2009)不适用范围:

(1) 核设施和加工放射性物质的工厂,但这些设施和工厂中处理非放射性物质的部门除外。

(2) 军事设施。

(3) 采矿业,但涉及危险化学品的加工工艺及储存活动除外。

(4) 危险化学品的运输。

(5) 海上石油天然气开采活动。

2) 危险化学品重大危险源相关定义

根据《危险化学品重大危险源辨识》(GB 18218—2009),危险化学品重大危险源(major hazard installations of dangerous chemicals)的定义:长期地或临时地生产、加工、使用或储存危险化学品,且危险化学品的数量等于或超过临界量的单元。其中,危险化学品、临界量和单元的定义如下:

(1) 危险化学品(dangerous chemicals)。具有易燃、易爆、有毒、有害等特性,会对人员、设施、环境造成伤害或损害的化学品。

(2) 临界量(threshold quantity)。对于某种或某类危险化学品规定的数量,若单元中的危险化学品数量等于或超过该数量，则该单元定为重大危险源。

(3) 单元(unit)。一个(套)生产装置、设施或场所，或同属一个生产经营单位的且边缘距离小于500 m的几个(套)生产装置、设施或场所。

3) 危险化学品重大危险源辨识依据

危险化学品重大危险源的辨识依据是危险化学品危险特性及其数量。《危险化学品重大危险源辨识》(GB 18218—2009)中的表1列出了危险化学品的类别、危险化学品名称和说明、临界量，表2列出了危险化学品的类别、危险性分类及说明、临界量。

4) 危险化学品重大危险源辨识标准

单元内存在危险物质的数量等于或超过标准表1和标准表2规定的临界量，即被定义为重大危险源。

单元内存在的危险物质为单一品种，则该物质的数量即为单元内危险物质的总量；若等于或超过相应的临界量，则被定义为重大危险源。

单元内存在的危险物质为多品种时，则按式(2-1)计算；若满足式(2-1)，则定义为重大危险源：

$$\frac{q_1}{Q_1}+\frac{q_2}{Q_2}+\cdots+\frac{q_n}{Q_n}\geqslant 1 \tag{2-1}$$

式中 $q_1,q_2,\cdots,q_n$——每种危险物质实际存在量，t；

$Q_1,Q_2,\cdots,Q_n$——与标准表1和标准表2中各危险物质相对应的临界量，t。

2. 企业危险建(构)筑物重大危险源辨识

1) 煤矿(井工开采)

符合下列条件之一的矿井：

① 高瓦斯矿井。

② 煤与瓦斯突出矿井。

③ 有煤尘爆炸危险的矿井。

④ 水文地质条件复杂的矿井。

⑤ 煤层自然发火期不大于6个月的矿井。

⑥ 煤层冲击倾向为中等及以上的矿井。

2) 金属、非金属地下矿山

符合下列条件之一的矿井：

① 瓦斯矿井。

② 水文地质条件复杂的矿井。

③ 有自然发火危险的矿井。

④ 有冲击地压危险的矿井。

3) 尾矿库

全库容≥100万 m^3 或者坝高不小于30 m的尾矿库。

3. 锅炉、压力容器、压力管道重大危险源辨识

属锅炉、压力容器、压力管道的重大危险源，依据国家安全生产监督管理总局安监管协调字〔2004〕56号《关于开展重大危险源监督管理工作的指导意见》，以重大危险源的申报范围作为"临界量"进行辨识。

1) 锅炉重大危险源辨识

关于锅炉重大危险源的申报范围为：

① 蒸汽锅炉：额定蒸汽压力大于 2.5 MPa，且额定蒸发量大于等于 10 t/h。

② 热水锅炉：额定出水温度大于等于 120 ℃，且额定功率大于等于 14 MW。

2）压力容器重大危险源辨识

关于压力容器重大危险源的申报范围：

① 介质毒性程度为极度、高度或中度危害的三类压力容器。

② 易燃介质，最高工作压力≥0.1 MPa，且 pV≥100 MPa·m^{3}的压力容器(群)。

3）压力管道重大危险源辨识

关于工业压力管道重大危险源的申报范围：

① 输送 GBZ 230—2010 中毒性程度为极度、高度危害气体、液化气体介质，且公称直径≥100 mm 的管道。

② 输送 GBZ 230—2010 中毒性程度为极度、高度危害液体介质、GB 50160 及 GB 50016 中规定的火灾危险性为甲、乙类可燃气体，或甲类可燃液体介质，且公称直径≥100 mm，设计压力≥4 MPa 的管道。

③ 输送其他可燃、有毒流体介质，且公称直径≥100 mm，设计压力≥4 MPa，设计温度≥400 ℃的管道。

三、重大危险源的监督与管理

1. 重大危险源的分级

根据《关于规范重大危险源监督与管理工作的通知》(安监总协调〔2005〕125 号)，重大危险源的监督与管理的主要工作内容是重大危险源的分级与管理。按照重大危险源的种类和能量在意外状态下可能发生事故的最严重后果，重大危险源分为以下 4 级：

一级重大危险源：可能造成特别重大事故的。

二级重大危险源：可能造成重大事故的。

三级重大危险源：可能造成较大事故的。

四级重大危险源：可能造成一般事故的。

1）危险化学品重大危险源分级方法

根据 2011 年国家安全生产监督管理总局令第 40 号《危险化学品重大危险源监督管理暂行规定》，危险化学品重大危险源分级方法如下：

(1) 分级指标。采用单元内各种危险化学品实际存在(在线)量与其在《危险化学品重大危险源辨识》(GB 18218—2018)中规定的临界量比值，经校正系数校正后的比值之和 R 作为分级指标。

(2) R 的计算方法

$$R = \alpha\left(\beta_1 \frac{q_1}{Q_1} + \beta_2 \frac{q_2}{Q_2} + \cdots + \beta_n \frac{q_n}{Q_n}\right) \tag{2-2}$$

式中　$q_1, q_2, \cdots, q_n$——每种危险化学品实际存在(在线)量，t；

$Q_1, Q_2, \cdots, Q_n$——与各危险化学品相对应的临界量，t；

$\beta_1, \beta_2, \cdots, \beta_n$——与各危险化学品相对应的校正系数；

α——该危险化学品重大危险源厂区外暴露人员的校正系数。

(3) 校正系数 β 的取值。根据单元内危险化学品的类别不同，设定校正系数 β 值，见表 2-1和表 2-2。

表 2-1 校正系数 β

危险化学品类别	毒性气体	爆炸品	易燃气体	其他类危险化学品
β	见表 2-2	2	1.5	1

注:危险化学品类别依据《危险货物品名表》中分类标准确定。

表 2-2 常见毒性气体校正系数 β

毒性气体名称	一氧化碳	二氧化硫	氨	环氧乙烷	氯化氢	溴甲烷	氯
β	2	2	2	2	3	3	4
毒性气体名称	硫化氢	氟化氢	二氧化氮	氰化氢	碳酰氯	磷化氢	异氰酸甲酯
β	5	5	10	10	20	20	20

注:未在表 2-2 中列出的有毒气体可按 $\beta=2$ 取值,剧毒气体可按 $\beta=4$ 取值。

(4) 校正系数 α 的取值。根据重大危险源的厂区边界向外扩展 500 m 范围内常住人口数量,设定厂外暴露人员校正系数 α 值,见表 2-3。

表 2-3 校正系数 α

厂外可能暴露人员数量	α	厂外可能暴露人员数量	α
≥100 人	2.0	1～29 人	1.0
50～99 人	1.5	无	
30～49 人	1.2		

(5) 分级标准。

根据计算出来的 R 值,按表 2-4 确定危险化学品重大危险源的级别。

表 2-4 危险化学品重大危险源级别和 R 值的对应关系

危险化学品重大危险源级别	R 值	危险化学品重大危险源级别	R 值
一级	$R\geqslant 100$	三级	$10\leqslant R<50$
二级	$50\leqslant R<100$	四级	$R<10$

2) 危险化学品重大危险源分级程序

重大危险源的评价分级程序如图 2-1 所示。如果一种危险物质具有多种事故形态,按照后果最严重的事故形态考虑,即遵循“最大危险原则”。各类重大危险源具体事故情景选择、后果计算及死亡概率计算过程参见典型事故后果分析与计算(第 4 章)有关内容。

2. 重大危险源可容许风险限值标准

2011 年,国家安全生产监督管理总局第 40 号令规定,通过定量风险评价确定的重大危险源的个人和社会风险值,不得超过规定的个人和社会可容许风险限值标准。超过个人和社会可容许风险限值标准的,危险化学品单位应当采取相应的降低风险措施。

风险(risk)是事故发生的可能性和其后果的乘积,它是危险源危险程度的衡量。

个人风险是指因危险化学品重大危险源各种潜在的火灾、爆炸、有毒气体泄漏事故造成区域内某一固定位置人员的个体死亡概率,即单位时间内(通常为年)的个体死亡率,通常用

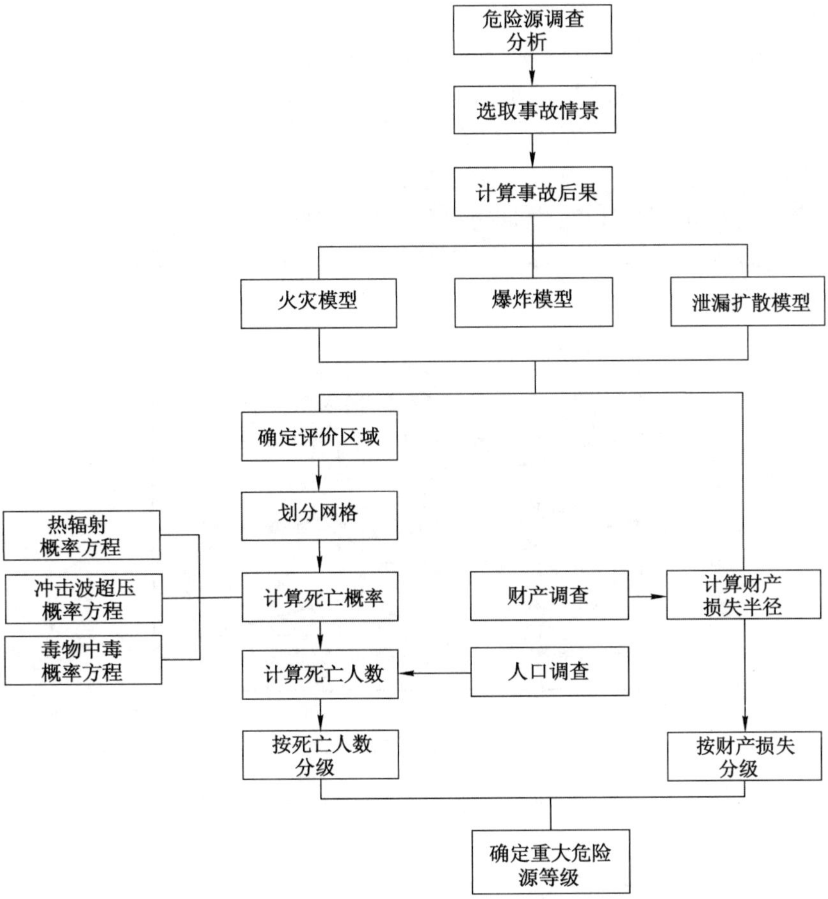

图 2-1　危险化学品重大危险源评价分级程序

个人风险等值线表示。

通过定量风险评价，危险化学品单位周边重要目标和敏感场所承受的个人风险应满足表 2-5 中可容许风险标准要求。

表 2-5　可容许个人风险标准

危险化学品单位周边重要目标和敏感场所类别	可容许风险/年
1. 高敏感场所（如学校、医院、幼儿园、养老院等）； 2. 重要目标（如党政机关、军事管理区、文物保护单位等）； 3. 特殊高密度场所（如大型体育场、大型交通枢纽等）	$<3\times10^{-7}$
1. 居住类高密度场所（如居民区、宾馆、度假村等）； 2. 公众聚集类高密度场所（如办公场所、商场、饭店、娱乐场所等）	$<1\times10^{-6}$

社会风险是指能够引起大于等于死亡人数（N）的事故累积频率（F），也即单位时间内（通常为年）的死亡人数，通常用社会风险曲线（$F-N$ 曲线）表示。

可容许社会风险标准采用 ALARP(as low as reasonable practice)原则作为可接受原则。ALARP 原则通过两个风险分界线将风险划分为 3 个区域：不可容许区、尽可能降低区

(ALARP)和可容许区。

(1) 若社会风险曲线落在不可容许区,除特殊情况外,该风险无论如何不能被接受。

(2) 若落在可容许区,风险处于很低的水平,该风险是可以被接受的,无须采取安全改进措施。

(3) 若落在尽可能降低区,则需要在可能的情况下尽量减少风险,即对各种风险处理措施方案进行成本效益分析等,以决定是否采取这些措施。

通过定量风险评价,危险化学品重大危险源产生的社会风险应满足图 2-2 中可容许社会风险标准要求。

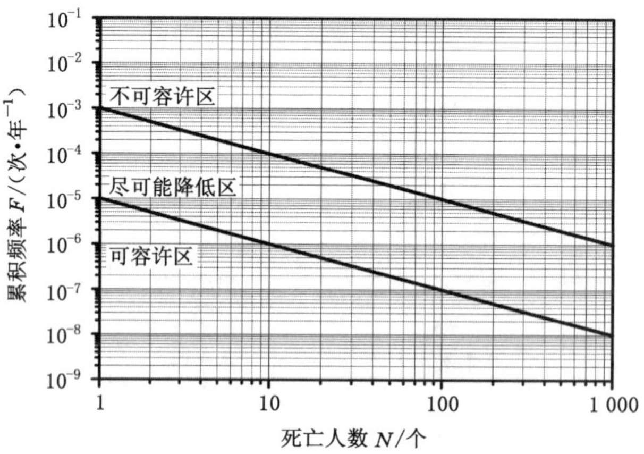

图 2-2 可容许社会风险标准(F—N)曲线

3. 生产经营单位的管理职责

(1) 生产经营单位要加强对重大危险源的安全管理与监测监控,建立健全重大危险源安全管理规章制度,制订重大危险源安全管理与监控的实施方案。生产经营单位的主要负责人对本单位重大危险源的安全管理与检测监控全面负责。

(2) 生产经营单位要对本单位的重大危险源进行登记建档,建立重大危险源管理档案,并按照国家和地方有关部门重大危险源申报登记的具体要求,在每年 3 月底将有关材料报送当地县级以上人民政府安全生产监督管理部门备案。

(3) 生产经营单位对新构成的重大危险源,要及时报告当地县级以上人民政府安全生产监督管理部门备案;对已不构成重大危险源的,生产经营单位应及时报告核销。生产经营单位存在的重大危险源在生产过程、材料、工艺、设备、防护措施和环境等因素发生重大变化,或者国家有关法规、标准发生变化时,生产经营单位要对重大危险源重新进行安全评估,并及时报告当地县级以上人民政府安全生产监督管理部门。

(4) 生产经营单位的决策机构及其主要负责人、个人经营的投资人要保证重大危险源安全管理与检测监控所必需的资金投入。

(5) 生产经营单位要对从业人员进行安全生产教育和培训,使其熟悉重大危险源安全管理制度和安全操作规程,掌握本岗位的安全操作技能等。

(6) 生产经营单位要将重大危险源可能发生事故时的危害后果、应急措施等信息告知周边单位和人员。

(7) 生产经营单位至少每 3 年要对本单位的重大危险源进行一次安全评估。按照国家有关规定，已经进行安全评价并符合重大危险源安全评估要求的，可不必进行安全评估。安全评估报告要做到数据准确，内容完整，方法科学，建议措施具体可行，结论客观公正。从事重大危险源安全检测检验和安全评估业务的中介机构要具备国家规定的资质条件，并对其做出的检测检验和安全评估结论负责。

(8) 生产经营单位要在重大危险源现场设置明显的安全警示标志，并加强重大危险源的现场检测监控和有关设备、设施的安全管理。

(9) 生产经营单位要对重大危险源的安全状况以及重要的设备设施进行定期检查、检测、检验，并做好记录。

(10) 对存在事故隐患的重大危险源，生产经营单位必须立即整改。要制订整改方案，落实整改资金、责任人、期限等。整改期间要采取切实可行的安全措施，防止事故发生。

(11) 生产经营单位要制定重大危险源应急救援预案，配备必要的救援器材、装备，每年进行一次事故应急救援演练。重大危险源应急救援预案必须报送当地县级以上人民政府安全生产监督管理部门备案。

重大危险源应急救援预案应当包括以下内容：

① 企业危险源基本情况及周边环境概况。

② 应急机构人员及其职责。

③ 危险辨识与评价。

④ 应急设备与设施。

⑤ 应急能力评价与资源。

⑥ 应急响应、报警、通信联络方式。

⑦ 事故应急程序与行动方案。

⑧ 事故后的恢复与程序。

⑨ 培训与演练。

4. 重大危险源的监督管理

(1) 县级以上人民政府安全生产监督管理部门要建立重大危险源信息管理系统，并设置专门的管理人员，加强对重大危险源各类信息的管理。

(2) 县级以上人民政府安全生产监督管理部门要加强对存在重大危险源的生产经营单位的监督检查，督促生产经营单位加强对重大危险源的安全管理与监控，重点监督检查的内容包括：

① 贯彻执行国家有关法律、法规、规章和标准的情况。

② 预防安全生产事故措施的落实情况。

③ 重大危险源的登记建档等情况。

④ 重大危险源的安全评估、检测、监控情况。

⑤ 重大危险源设备维护、保养和定期检测情况。

⑥ 重大危险源现场安全警示标志设置的情况。

⑦ 从业人员的安全培训教育情况。

⑧ 应急救援组织建设和人员配备的情况。

⑨ 应急救援预案和演练工作的情况。

⑩ 配备应急救援器材、设备及维护、保养的情况。

⑪ 重大危险源日常管理的情况。

⑫ 法律、法规规定的其他事项。

(3) 县级以上人民政府安全生产监督管理部门在监督检查中发现重大危险源存在事故隐患,应当责令生产经营单位立即排除;在隐患排除前或者排除中无法保证安全的,应当责令生产经营单位从危险区域内撤出作业人员,暂时停产、停业或者停止使用;重大事故隐患排除后,经审查同意,方可恢复生产经营和使用。

四、重大危险源控制

控制重大危险源是企业安全管理的重点,控制重大危险源的目的,不仅是预防重大事故的发生,而且是要做到一旦发生事故,能够将事故限制到最低程度,或者说能够控制到人们可接受的程度。重大危险源总是涉及易燃、易爆、有毒的危害物质,并且在一定范围内使用、生产、加工、储存超过了临界量的这些物质。由于工业生产的复杂性,特别是化工生产的复杂性,决定了有效地控制重大危险源需要采用系统工程的理论和方法。

复习思考题

1. 试述事故的概念和特征。
2. 事故的影响因素有哪些?
3. 两类危险源与三类危险源的内容包含什么?二者之间的区别是什么?
4. 危险源辨识的内容与方法有哪些?
5. 危险源辨识的基本原则是什么?
6. 重大危险源辨识的内容有哪些?

本章参考文献

[1] 景国勋,施式亮. 系统安全评价与预测[M]. 徐州:中国矿业大学出版社,2009.
[2] 隋鹏程,陈宝智,隋旭. 安全原理[M]. 北京:化学工业出版社,2005.2.
[3] 陈宝智. 危险源辨识、控制及评价[M]. 成都:四川科学技术出版社,1996.
[4] 吴宗之. 工业危险辨识与评价[M]. 北京:气象出版社,2002.
[5] 陈宝智. 安全原理[M]. 北京:冶金工业出版社,2004.
[6] 田水承,李红霞,王莉. 3类危险源与煤矿事故防治[J]. 煤炭学报,2006,31(6):706-710.
[7] 李树刚. 安全科学原理[M]. 西安:西北工业大学出版社,2008.
[8] 田水承,景国勋. 安全管理学[M]. 北京:机械工业出版社,2009.8.
[9] 中国就业培训技术指导中心,中国安全生产协会. 安全评价师:国家职业资格三级[M]. 北京:中国劳动社会保障出版社,2010.

第3章 事故致因理论

第1节 事故致因理论的由来和发展

随着社会的发展和科技的进步，工业革命以后工业事故频繁发生。特别是20世纪初期，资本主义工业的飞速发展，使得蒸汽动力和电力驱动的机械取代了手工作坊中的手工工具，这些机械的使用大大提高了劳动生产率，但也增加了事故发生率。因为当时设计的机械很少或者根本不考虑操作的安全和方便，几乎没有什么安全防护装置。工人没有受过培训，操作不熟练，加上长时间的疲劳作业，伤亡事故自然频繁发生。例如，1909年美国工业死亡事故高达3万起，百万工时死亡率多达150～200人；美国的宾夕法尼亚钢铁公司，1901—1904年2 200名员工中竟有1 600人在事故中受到伤害。

人们在与各种事故斗争的实践中不断总结经验，探索事故发生的规律，相继提出了阐明事故为什么发生，事故怎样发生的，以及如何防止事故发生的理论。由于这些理论着重在解释事故发生的原因，以及针对事故致因因素如何采取措施防止事故，所以被称为事故致因理论。

第一阶段：早期是以技术致因主导的单因素论，认为事故是由单一因素的个体行为导致，主要应对措施是对个体因素的行为进行控制。

第二阶段：逐步意识到事故形成同操作者、设备、环境等因素有一定依存关系，事故是多种因素的耦合结果，形成了以行为致因主导的综合成因论。

第三阶段：研究者和从业人员认识到处于高危行业的员工执行任务时，不只是单纯与工具、设备及仪表等技术因素打交道，而实际情况是以团队形式相互协作来完成任务，会受到情绪化和社会化因素影响，进而对事故致因的认识拓展到人的意识层面，也即文化致因主导的事故成因论。

第四阶段：对事故成因的认识从“简单范式”向“复杂范式”转变，认为事故成因于系统的物质层、行为层及思想意识层的相关因素的复杂交互作用所产生的行为偏差的合成作用。

1919年格林伍德（M. Greenwood）和1926年纽博尔德（M. Newbold）分别提出了事故频发倾向理论。他们认为事故在人群中并非随机地分布，某些人比其他人更容易发生事故；个别人具有容易发生事故的、稳定的、个人的内在倾向。

1936年，美国安全工程师海因里希提出了多米诺骨牌理论，统计了55万件机械事故，其中死亡、重伤事故1 666件，轻伤48 334件，其余为无伤害事故，从而得出一个重要结论，即1∶29∶300事故法则。

1939年，法默（Farmer）和钱伯（Chamber）认为，一个有事故倾向的人具有较高的事故率，而与工作任务、生活环境和经历等无关，意为一切事故责任均归咎于个人性格。

1949年，葛登（Gorden）利用流行病传染机理来论述事故的发生机理，提出了“用于事故的流行病学方法"理论。葛登认为,流行病病因与事故致因理论之间具有相似性,可以参照分析流行病的方法分析事故。

1951 年,阿布斯和克利克的研究指出,个人的事故率具有明显的不稳定性,对事故倾向的个性类型很难量度,广泛的批评使事故倾向素质论排出主导地位。

1953 年,巴克尔提出事件链,认为事故是一系列事件的连锁反应,是事故致因理论的基础。

1957 年,科尔提出社会—环境两因素模型,认为一个有益的工作环境能增进安全。

20 世纪 60 年代初期,美国发表了弹道导弹的系统安全工程的说明书,表明西方各国开始利用安全系统工程来完善系统,降低事故率。

1961 年,吉布森提出能量转移理论,并于 1966 年由哈登(Haddon)引申。他们认为事故是一种不正常的,或是不希望的能量释放,各种形式的能量是构成伤害的直接原因。应该控制能量或者控制作为能量达及人体媒介的能量释放载体来预防事故的发生。根据这个理论,可以利用各种屏蔽来防止能量的意外释放。

1965 年,科罗敦(Kolodner)在安全定量化的论文中介绍了 FTA(fault tree analysis)。故障树分析或者叫作事故树分析。它是从一个可能的事故开始一层一层的逐步寻找引起事故的触发事件、直接原因和间接原因,并分析事故原因之间的相互逻辑关系,用逻辑树图把这些原因以及它们的逻辑关系表示出来。

1969 年,瑟利提出了人行为系统模型,即瑟利模型,在 20 世纪 70 年代初得到发展,是以人对信息的处理过程为基础,描述事故发生因果关系的一种事故模型。

1970 年,海尔(Hale)提出了类似于瑟利模型的新模型——海尔模型。

1971 年,邵合塞克尔主张事故倾向素质论仅用来工种考选的参考,但丝毫无意涉及个性倾向性。

1972 年,威格斯沃思(Wigglesworth)提出了以人的失误为主因的事故模型。

1972 年,本纳(Benner)提出了起因于"扰动"而促成事故的理论,即 P 理论(perturbation occurs),进而提出了"多重线性事件过程图解法"(multiliner events sequencing charting methods)。

1974 年,劳伦斯(Lawrence)根据威格斯沃思和瑟利两人提出的原理,提出了适用于复杂自然条件、连续作业情况下的矿山以人失误为主因的事故模型,在南非金矿试用。

1975 年,约翰逊(Johnson)研究了管理失误和危险树(MORT),这是一种系统安全逻辑树图的新方法,也是一种全面理解事故现象的图表模型。

1978 年,安德森(R. Anderson)对瑟利模型进行了修正,得出了新的模型。1998 年,安德森综合了 3 个事故序列信息模型,提出了新的安德森模型,把安全信息方面的事故致因理论向前推进了一大步。

1980 年,泰勒斯(Talanch)在《安全测定》一书中介绍了变化论模型;1981 年,佐藤吉信提出了作用—变化与作用连锁模型,从动态和变化的观点阐述了事故的致因,认为"事故是一个连续的过程"。

1983 年,瑞典工作环境基金会(WEF)对 1969 年瑟利提出的人行为系统模型进行了修改,提出了一个修改模型,即 WEF 模型。

1992 年,瓦格纳(Wagenaar)提出防止人失误的促导安全行为的 6 种方法;依此,1998 年 Jop. Groeneweg 提出了对人失误加强管理的事故因果模型。

1995 年，陈宝智等人提出了两类危险源理论。认为一起伤亡事故的发生往往是两类危险源共同作用的结果。把能量源或拥有能量的能量体看作第一类危险源；把导致能量或危险物质约束或限制措施失效的各种因素称为第二类危险源。

1995 年，钱新明提出了事故致因的突变模型。认为事故的发生是由于人的因素（人的心理与生理状态、安全意识、安全教育、管理水平、应变能力、身体素质等）和物的因素（工作条件、机器故障、自动化程度、保护装置等）共同作用的结果。把人的因素 H 和物的因素 M 作为两个控制变量，把生产能力或系统功能 F 作为状态参数。

1998 年，中国矿业大学何学秋教授提出了安全流变一突变理论。认为“安全流变与突变”就是事物在发展过程中安全与危险的矛盾的运动过程。这一矛盾随时间的运动过程就决定了事物发展各个阶段的安全状态。

2004 年，美国麻省理工学院莱维森（Leveson）教授从系统理论角度提出了新的系统理论事故模型和过程（systems-theoretic accident modeling and processes，STAMP），以满足复杂系统的安全性分析需求。

2006 年，道格拉斯 A・维格曼，斯科特 A・夏佩尔基于里森的人的失误模型得出人的因素分析与分类系统（HFACS）理论模型。飞行事故中人的失误是一个高度复杂又常常模糊不清的因素，为了研究好这一因素，实现显著提高航空安全的目的，就有了 HFACS 框架的建立。HFACS 解决了人的失误理论研究和实践应用长期分离的状态，针对飞行事故人的失误调查也有了可操作的步骤，填补了人的失误领域一直没有操作性强的理论框架的空白。该理论框架在美国海军大量飞行事故调查研究的基础上提出，经过了大量的案例检验，目前已被美国陆、海、空三军和民航组织广泛采用，在调查飞行事故人的失误方面逐渐树立起权威。

第 2 节　事故频发倾向理论

一、理论体系的发展史

第一阶段：20 世纪 20～50 年代。1918 年，美国工程师弗农（Vernon）最早提出，并由格林伍德、法默和钱伯提出了本阶段的论点，事故频发倾向是指个别容易发生事故的稳定的内在倾向，而工厂中少数工人具有事故频发倾向，是事故频发的主要原因。这一阶段的最显著特点是：所有的研究都围绕劳动者个体，而非某种生理、心理现象而展开。学者们的主要任务在于回答事故倾向者究竟是否存在的问题，即事故是否集中于少数人的问题。

第二阶段：20 世纪 60 年代至今。该理论体系的关注重点从人的个体，缩小到人格的某一方面。要回答的问题也变成了：人的某种性格是否跟事故的发生有关？理论的存在价值已经从甄别事故人格，转换到了确定并干预人的因素对事故的影响这个层面上。

二、事故频发倾向论

所谓事故频发，是指个别人容易发生事故的、稳定的、个人的内在倾向。根据该理论，如果工厂里减少了事故频发倾向者，就可以减少工业事故，这是防止事故的基本措施。

事故频发倾向论是阐述企业工人中存在着个别人容易发生事故的、稳定的、个人的内在倾向的一种理论。1919 年，格林伍德和伍兹对许多工厂里伤害事故发生次数资料按以下 3

种统计分布进行统计检验。

1）泊松分布

当员工发生事故的概率不存在个体差异时，即不存在事故频发倾向者时，一定时间内事故发生次数服从泊松分布。在这种情况下，事故的发生是由工厂里的生产条件、机械设备方面的问题以及一些其他偶然因素引起的。

2）偏倚分布

一些工人由于存在着精神或心理方面的毛病，如果在生产操作过程中发生过一次事故，则会造成胆怯或神经过敏。当再继续操作时，就有重复发生第二次、第三次事故的倾向。造成这种统计分布的是人员中存在少数有精神或心理缺陷的人。

3）非均等分布

当工厂中存在着许多特别容易发生事故的人时，发生不同次数事故的人数服从非均等分布，即每个人发生事故的概率不相同。在这种情况下，事故的发生主要是由人的因素引起的。

1926 年，纽鲍尔德进行了检验。检验发现：前后三个月发生事故次数呈正相关。纽鲍尔德研究了大量工厂中事故发生次数的分布，证明事故发生概率极小，且个人发生事故概率不等的统计分布。

随后，马勃跟踪了有 3 000 人的工厂，得到如表 3-1 统计的数据。

表 3-1　　统计事故发生次数相关数据

第一年发生事故次数	0	1	2
以后年平均发生次数	0.30～0.60	0.86～1.17	1.04～1.42

表 3-1 这些数据证明了存在着事故频发倾向。

1939 年，法默和钱伯明确提出了事故频发倾向的概念，认为事故频发倾向者的存在是工业事故发生的主要原因。

对于发生事故次数较多、可能是事故频发倾向者的人，可以通过一系列的心理学测试来判别，或者通过对日常工人行为的观察来发现事故频发倾向者。

例如，日本曾采用内田—克雷贝林测验测试人员大脑工作状态曲线，采用 YG 性格测验测试工人的性格来判别事故频发倾向者。另外，也可以通过对日常工人行为的观察来发现事故频发倾向者。一般来说，具有事故频发倾向的人在进行生产操作时往往精神动摇，注意力不能经常集中在操作上，因而不能适应迅速变化的外界条件。

事故频发倾向者的性格特点：

（1）感情冲动，容易亢奋。

（2）脾气暴躁。

（3）厌倦工作，没耐心。

（4）慌慌张张。

（5）喜怒无常、感情多变。

（6）极度喜悦和悲伤。

（7）缺乏自制力。

（8）动作生硬而工作效率低下。

(9) 处理问题轻率、冒失。

(10) 理解能力低、判断和思考能力差。

(11) 运动神经迟钝,动作不灵活等。

三、事故倾向论证

支持事故倾向的例子都发生在以个人能力作为职业活动的主要动力的行业。设备的操控与工作方式的选择都具有强烈的个人色彩,从业者的支配权相当突出。劳动者的素质也在更大的程度上影响着该行业的安全状况。这种劳动组织方式中,高科技设备只是一种人体体力的拓展与替代物,而人的双手仍然是生产过程的根本控制力。由于它有着手工业时代的影子,不妨命名为人本工业。

反对事故倾向的例子的通性在于:首先,这些行业的生产动力都是远远高于人力的巨大能量。其次,由于这些行业运行方式的庞大与复杂,个人因素相对于设备因素和环境因素而言,变得相对渺小。高科技装备所扮演的角色,除了人体体力的拓展和替代物之外,还以控制系统的形式与人的意识对接,在一定程度上扮演着控制者与指挥者的角色,而劳动者的地位则由直接控制者变成了监督者和调节者。这种以生产系统为主导的生产方式,命名为系统工业。

关于学派分歧论证,不宜简单的一概而论判断为正确或错误。对于属于人本工业领域的行业,或综合性行业中带有人本工业性质的工种,事故频发倾向理论具有极高的指导意义。对于系统工业领域,事故遭遇倾向理论就有很强的适用性。

但是,学者们多年的研究结果证明:"事故频发倾向理论"是错误的,实际上并不存在所谓的事故频发倾向者。因此,这一理论基本被排除在事故致因理论当代研究范围之外。

四、事故遭遇倾向论

第二次世界大战后,人们认为大多数工业事故是由事故频发倾向者引起的观念是错误的,有些人较另一些人容易发生事故,这是与他们从事的作业有较高的危险性有关。因此,不能把事故的责任简单地归结为工人的不注意,应该强调机械的、物质的危险性质在事故致因中的重要地位。于是,出现了事故遭遇倾向理论,是指某些人员在某些生产作业条件下容易发生事故的倾向。事故遭遇倾向理论就是事故频发倾向理论的修正。

许多研究结果表明,前后不同时期里事故发生次数的相关系数与作业条件有关。

罗奇(Roche)曾调查发现,工厂规模不同,生产作业条件也不同,大工厂的场合相关系数大约在 0.6,小工厂则或高或低,表现出劳动条件的影响。

高勃(P. W. Gobb)考察了 6 年和 12 年间两个时期事故频发倾向的稳定性,结果发现前后两段时间内事故发生次数的相关系数与职业有关,变化在 0.08～0.72 范围。当从事规则的、重复性作业时,事故频发倾向较为明显。

明兹(A. Mintz)和布卢姆(M. L. B)建议用事故遭遇倾向取代事故频发倾向的概念,认为事故的发生不仅与个人因素有关,而且与生产条件有关。据此,克尔(W. A. Kerr)调查了 53 个电子工厂中 40 项个人因素及生产作业条件因素与事故发生频度和伤害严重度之间的关系,发现影响事故发生频度的主要因素有搬运距离短、噪声严重、临时工多、工人自觉性差等;与事故后果严重度有关的主要因素是工人的"男子汉"作风,其次是缺乏自觉性、缺乏指导、老年职工多、不连续出勤等,证明事故发生情况与生产作业条件有着密切关系。

因此,许多研究结果证明:事故频发倾向者并不存在。事故遭遇倾向理论主要论点为:

(1) 当每个人发生事故的概率相等且概率极小时，一定时期内发生事故次数服从泊松分布。根据泊松分布，大部分工人不发生事故，少数工人只出 1 次，只有极少数工人发生 2 次以上事故，大量事故统计资料是服从泊松分布的。

(2) 许多研究结果表明，某一段时间里发生事故次数多的人，在以后的时间里往往发生事故次数不再多了，并非永远是事故频发倾向者。

(3) 根据事故频发倾向理论，防止事故的重要措施是人员选择。但是，许多研究表明，把事故发生次数多的工人调离后，企业的事故发生率并没有降低。

第 3 节　事故因果连锁理论

一、事故因果类型

发生事故的原因和结果之间，关系错综复杂，因与果的关系类型分为连锁型、集中型、复合型。

(1) 连锁型：各因素彼此互为因果，互为连锁导致事故发生，如图 3-1 所示。

(2) 多因致果集中型：即集中型，各种原因相互独立，在同一时间共同发生，造成一个事故后果，如图 3-2 所示。

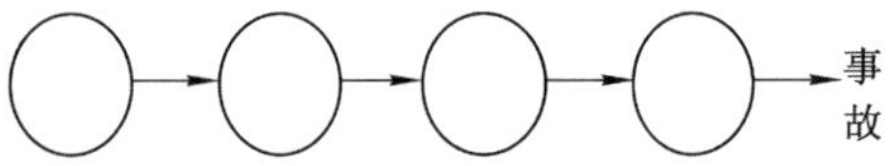

图 3-1　连锁型图

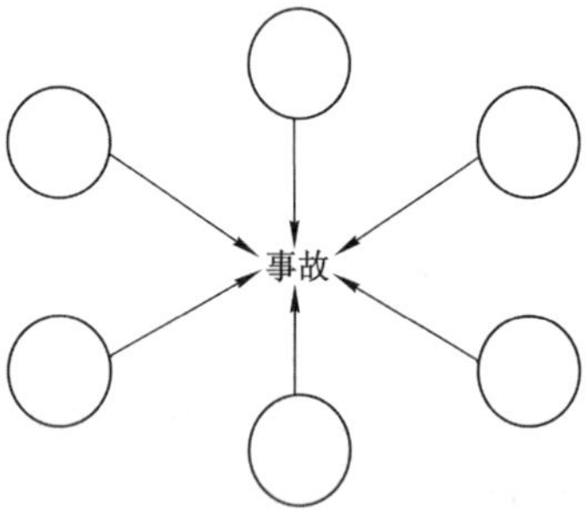

图 3-2　多因致果集中型

(3) 复合型：因果连锁、原因集中、交叉、复合共同造成事故后果，如图 3-3 所示。

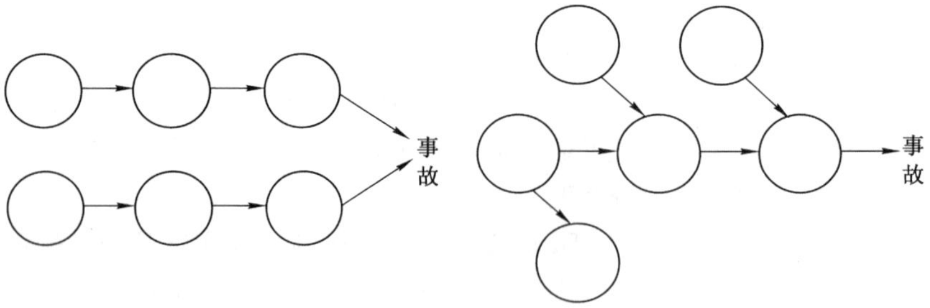

图 3-3　复合型

单纯的集中型或单纯的连锁型均较少，事故的发生多为复合型的。

二、因果继承原则

事故现象的发生与其原因存在着必然的因果关系。因与果有继承性，前段的结果往往是下一段的原因。事故现象是后果，与其前因有必然的关系。因果是多层次相继发生的，一次原因是二次原因的结果，二次原因又是三次原因的结果，依此类推，如图 3-4 所示。

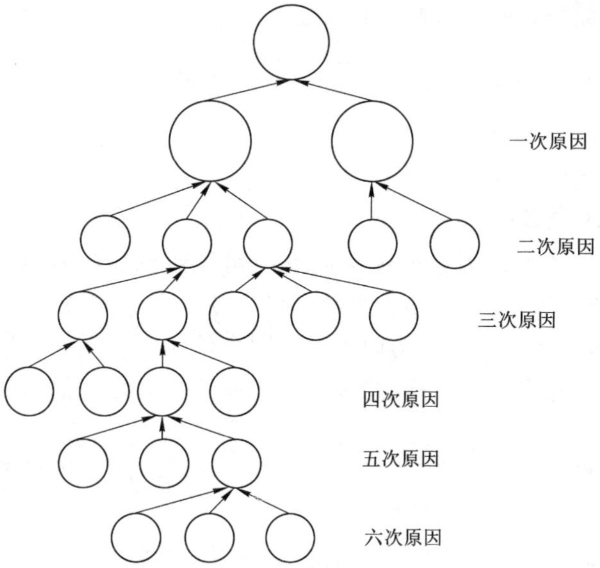

图 3-4　事故发生原因的层次顺序

一般而言，事故原因常分为直接原因和间接原因。

1）直接原因

直接原因又称为一次原因，是在时间上最接近事故发生的原因。直接原因通常又进一步分为两类，物的原因和人的原因。物的原因是设备、物料、环境（又称为环境、物）等的不安全状态；人的原因是指人的不安全行为。

2）间接原因

间接原因是二次、三次以至多层次继发来自事故本源的基础原因。间接原因大致分为 6 类：

（1）技术的原因：主要机械设备的设计、安装、保养等技术方面不完善，工艺过程和防护设备存在技术缺陷。

（2）教育的原因：对职工的安全知识教育不足，培训不够，职工缺乏安全意识等。

（3）身体的原因：操作者身体有缺陷，如视力或听力有障碍，以及睡眠不足等。

（4）精神的原因：焦躁、紧张、恐惧、心不在焉等精神状态以及心理障碍或智力缺陷等。

（5）管理的原因：企业领导安全责任心不强，规程标准及检查制度不完善，决策失误等。

（6）社会及历史原因：涉及体制、政策、条块关系，地方保护主义，机构、体制和产业发展历史过程等。

在（1）至（6）项的间接原因中，（1）至（4）为二次原因，（5）和（6）为基础原因。

可将因果继承原则看成如下一个连锁“事件链”：损失←事故←一次原因（直接原因）←二次原因（间接原因）←基础原因。

追查事故原因时，从一次原因逆行查起。因果有继承性，是多层次的连锁关系。一次原因是二次原因的结果，二次原因是三次原因的结果，一直可以追溯到最基础原因。

如果采用适当的对策，去掉其中的任何一个原因，就切断了这条“事件链”，就能防止事故的发生。但即使去掉直接原因，只要间接原因还存在，也无法防止再产生新的直接原因。所以，作为最根本的对策，应当追溯到二次原因以至基础原因，并深入研究，加以解决。

三、起因物与施害物

所谓起因物，是指造成事故现象的起源的机械，装置，天然或者人工物件、环境物等，施害物是指直接造成事故而加害于人的物质。不安全状态导致起因物的作用，施害物又是由起因物促成其造成事故的后果。

四、海因里希事故因果连锁论

海因里希首先提出了事故因果连锁论用以阐明导致事故的各种原因因素之间及与事故、伤害之间的关系。该理论认为，伤害事故的发生不是一个孤立的事件，尽管伤害的发生可能发生在某个瞬间，却是一系列互为因果的原因事件相继发生的结果。但是，海因里希事故因果连锁理论和事故频发理论一样，把大多数工业事故的责任都归功于人的不安全行为，表现出时代的局限性。

海因里希把工业伤害事故的发生，发展过程描述为具有一定因果关系的事件的连锁：

（1）人员伤亡的发生是事故的结果。

（2）事故的发生是由于人的不安全行为和物的不安全状态。

（3）人的不安全行为和物的不安全状态是由于人的缺点造成的。

（4）人的缺点是由于不良环境诱发的，或者是由先天的遗传因素造成的。

可用多米诺骨牌原理来阐述，伤亡事故的发生，是一连串事件在一定顺序下发生的结果。海因里希事故因果连锁，按因果顺序概括为以下 5 个因素，事故发生的过程如图 3-5 所示。

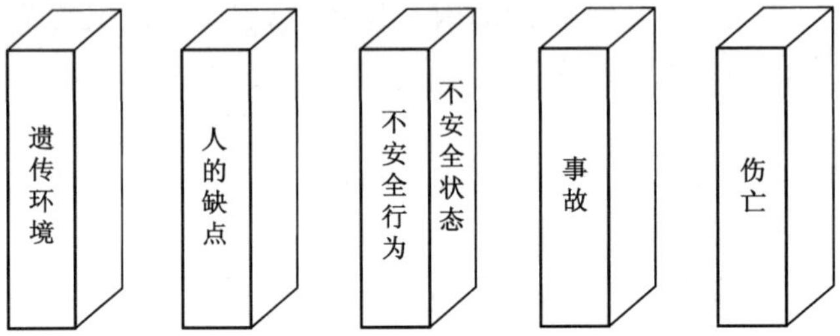

图 3-5　海因里希因果连锁论

（1）遗传及社会环境。遗传因素及社会环境是造成人的性格上缺点的原因。遗传因素可能造成鲁莽、固执和心胸狭隘等不良性格，有的人天生急躁，而有的人比较缓慢等；社会环境可能妨碍教育，助长性格缺点的发展。

（2）人的缺点。人的缺点是由遗传和社会环境所造成，是使人产生不安全行为或使物产生不安全状态的主要原因。

（3）人的不安全行为和物的不安全状态。所谓人的不安全行为或物的不安全状态，是指那些曾经引起过事故，或可能再次引起事故的人的行为或机械、物质的状态，是造成事故的直接原因。

(4) 事故。即由物体、物质、人或放射线等对人体发生作用,使人员受到伤害或可能受到伤害的,出乎意料的,失去控制的事件。

(5) 伤害。直接由于事故而产生的人身伤害。

在多米诺骨牌系列中,一颗骨牌被碰倒了,则将发生连锁反应,其余的几颗骨牌相继被碰倒,造成事故的发生,最后导致伤亡。如果移去一颗骨牌,也就是使某一因素出现的概率为零,这时随机事件变成不可能事件,即可避免伤亡事故的发生,如图 3-6 所示。

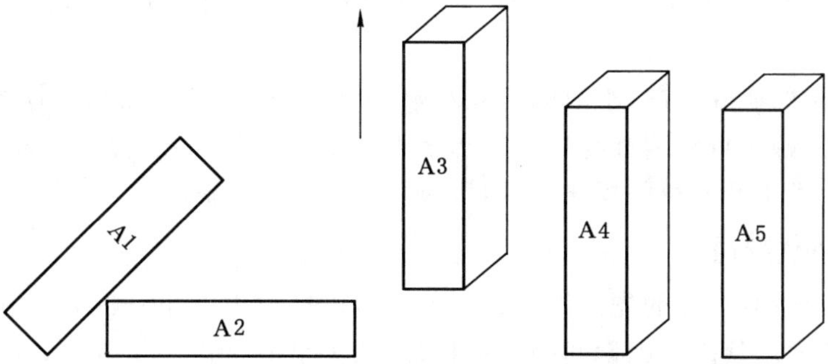

图 3-6　移去中央因素使系列中断,令前级因素失去作用

由此可见,安全管理的重心应是防止人的失误造成的不安全动作或机械物质危害。

要防止事故,就应知道引起事故的本质原因。为防止同类事故再次发生,必须根据现场实际情况进行调查追踪。伤亡事故原因追踪的基础是社会科学、自然科学和企业安全管理学,必须掌握这三方面的广阔知识和通晓防灾原理,才能深入查明事故原因,防止事故重演。

伤亡事故原因追踪系统如下:深入调查研究→确认事实真相→从中发现新问题并使之系统化→探求本质原因→采取预防措施→实施安全生产。

第 4 节　事故的流行病学方法理论

一、流行病学

流行病学是研究人群中疾病、健康状况和卫生事件的分布及其影响因素,通过研究,提出合理的预防保健对策和措施,并评价这些对策和措施的效果的一门科学。

流行病学研究传染病在人群中的分布,阐明传染病在特定时间、地点、条件下的流行规律,探讨病因与性质并估计患病的危险性,探索影响疾病的流行因素,拟定防疫措施等。采用系统方法对人群中健康相关状态或事件的谁(who)? 什么时候(when)? 发生了什么(what)? 发生在什么地方(where)? 为什么发生(why)? 怎么办(how)? 等方面进行评价。

二、事故的流行病学方法理论

1949 年,葛登论述了流行病因与事故致因之间的相似性,提出了用于事故的流行病学方法理论(epidemiological theory)。该理论认为,工伤事故与流行病的发生相似,与人员、设施及环境条件相关,有一定分布规律,往往集中在一定时间和一定地点发生。

流行病因有 3 种:

(1) 当事人(病人)的特征,如年龄、性别、心理状况、免疫能力等。

(2) 环境特征,如温度、湿度、季节、社区卫生状况、防疫措施等。

(3) 致病媒介特征,如病毒、细菌、支原体等。

这 3 种因素相互作用,可以导致疾病的发生。与此相类似,对于事故,一要考虑人的因素,二要考虑作业环境因素,三要考虑引起事故的媒介。葛登主张用流行病学方法研究事故原因,即研究当事人的特征(包括年龄、性别、生理、心理状况);环境特征(如工作的地理环境、社会状况、气候季节等)和媒介特征。并把“媒介”定义为促成事故的能量,即构成事故伤害的来源,如机械能、热能、电能和辐射能等。这 3 种因素的相互作用,可以导致人的疾病发生。

采用流行病学的研究方法,事故的研究对象,不只是个体,更重视由个体组成的群体,特别是“敏感”人群。探索危险因素与环境及当事人(人群)之间相互作用,从复杂的多重因素关系中,揭示事故发生及分布的规律,进而研究防范事故的措施。

三、流行病理论的优缺点

流行病学理论具有一定的先进性。它突破了对事故原因的单一因素的认识,以及简单的因果认识,明确地承认原因因素间的关系特征,认为事故是由当事人群、环境及媒介 3 类变量中某些因素相互作用的结果,与只考虑人失误的早期事故理论有较大进步。由此推动这 3 类因素的调查、统计与研究,从而也使事故致因理论向多因素方面发展。

该理论不足之处在于上述 3 类因素必须占有大量的内容,必须拥有足量的样本进行统计与评价,而在这些方面,该理论缺乏明确的指导。

四、流行病学理论在预防事故中的作用

流行病学应用于事故,可以阐明事故导致损伤的发病率与分布;鉴别 3 种因素在事故发生中的作用;正确阐明预防事故的重点,为制定对策、实施预防措施提供依据,避免事故发生。流行病学调查事故,涉及多种学科,应用到工学、心理学、医学以及社会学、经济学等知识。具体的应用包括酒驾、工伤事故、道路交通和突发事件等。

第 5 节　能量转移理论

事故能量转移理论是美国的安全专家哈登于 1966 年提出的一种事故控制论。其理论的立论依据是对事故的本质定义,即哈登把事故的本质定义为:事故是能量的不正常转移。这样,研究事故的控制的理论则从事故的能量作用类型出发,即研究机械能(动能、势能)、电能、化学能、热能、声能、辐射能的转移规律;研究能量转移作用的规律,即从能级的控制技术,研究能量转移的时间和空间规律;预防事故的本质是能量控制,可通过对系统能量的消除、限值、疏导、屏蔽、隔离、转移、距离控制、时间控制、局部弱化、局部强化、系统闭锁等技术措施来控制能量的不正常转移。

一、能量在事故致因中的地位

能量是具有做功本领的物理元,它是由物质和场构成的系统最基本的物理量。人类在利用能量的时候必须采取措施控制能量,使能量按照人们的意图产生、转换和做功,如图 3-7所示。

如果由于某种原因失去了对能量的控制，就会发生能量违背人的意愿的意外释放或逸出，使进行中的活动中止而发生事故。如果事故意外释放的能量作用于人体，并且能量的作用超过人体的承受能力，则将造成人员伤害；如果意外释放的能量作用于设备、建筑物、物体等，并且能量的作用超过它们的抵抗能力，则将造成设备、建筑物、物体的损坏。生产、生活活动中经常遇到各种形式的能量，如机械能、热能、电能、化学能、电离及非电离辐射、声能、生物能等，它们的意外释放都可能造成伤害或损坏。

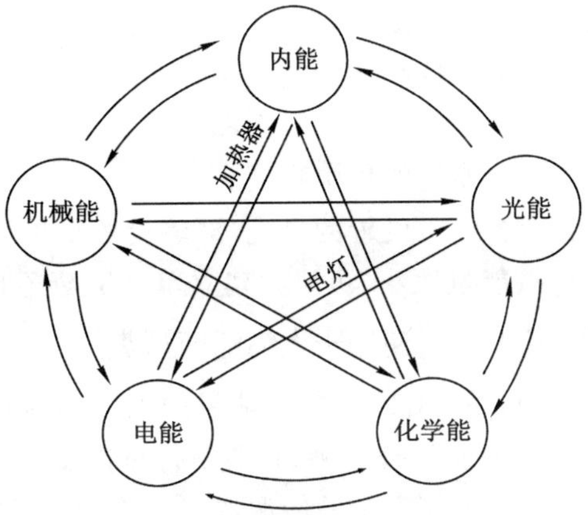

图 3-7　能量之间的转化

二、能量类型与伤害

能量类型与伤害大致分类见表 3-2。

表 3-2　能量类型与伤害

施加的能量类型	产生的原发性损伤	举例与注释
机械能	移位、撕裂、破裂和压挤，主要伤及组织	由于运动的物体如子弹、皮下针、刀具和下落物体冲撞造成的损伤，以及由于运动的身体冲撞相对静止的设备造成的损伤，如在跌倒时，飞行时和汽车事故中。具体的伤害结果取决于合力施加的部位和方式。大部分的伤害属于本类型
热能	炎症、凝固、烧焦和焚化，伤及身体任何层次	第一度、第二度和第三度烧伤，具体的伤害结果取决于热能作用的部位和方式
电能	干扰神经—肌肉功能以及凝固、烧焦和焚化，伤及身体任何层次	触电死亡、烧伤、干扰神经功能，如在电休克疗法中。具体伤害结果取决于电能作用的部位和方式
电离辐射	细胞和亚细胞成分与功能的破坏	反应堆事故，治疗性与诊断性照射，滥用同位素、放射性元素的作用。具体伤害结果取决于辐射能作用部位和方式
化学能	伤害一般要根据每一种或每一组织的具体物质而定	包括由于动物性和植物性毒素引起的损伤，化学烧伤如氢氧化钾、溴、氟和硫酸，以及大多数元素和化合物在足够剂量时产生的不太严重而类型很多的损伤

麦克法兰特(M. C. Farland)认为，所有的伤害事故(或损坏事故)都是由于存在如下的两个能量因素：

第一类伤害是由于施加了超过局部或全身性损伤阈值的能量引起的。

第二类伤害是由影响了局部或全身性正常能量交换引起的，主要是指中毒、窒息和冻伤。

三、防止能量转移的原则与措施

哈登认为，预防能量转移于人体的安全措施可用屏蔽防护系统。他把约束、限制能量，防止人体与能量接触的措施叫作屏蔽。

这是一种广义的屏蔽。在一定条件下，某种形式的能量能否产生伤害、造成人员伤亡事故，应取决于以下因素：

(1) 人接触能量的大小。

(2) 接触能量的时间和频率。

(3) 能量的集中程度。

(4) 屏障设置的早晚，屏障设置得越早，效果越好。

按能量大小，可研究建立单一屏蔽还是多重屏蔽(冗余屏蔽)。

四、防护能量逆流于人体的典型类型

(1) 限制能量：限制能量的大小和速度，规定安全极限量，在生产工艺中尽量采用低能量的工艺或装备。例如，限制行车速度，规定矿井照明用低压电等。

(2) 用较安全的能源取代危险性大的能源：有时被利用的能源的危险性较高，这时可考虑用较安全的能源代替。例如，用水力采煤取代爆破，应用二氧化碳灭火剂代替四氯化碳灭火剂等。

(3) 防止能量蓄积：如控制爆炸性气体的浓度，溜井放矿尽量不要放空(减少和释放位能)等。

(4) 控制能量释放：建立防护装置，控制能量意外释放。例如，采用保护性容器(如耐压氧气罐、盛装辐射性同位素的专用容器)以及生活区远离污染源等。

(5) 延缓能量释放：缓慢地释放能量可以降低单位时间内释放的能量，减轻能量对人体或设施的作用。例如，采用安全阀、逸出阀、吸收振动装置等。

(6) 开辟释放能量的渠道：通过新的能量释放渠道将能量安全地释放出来。例如，接地电线、通过局部通风装置抽排炮烟等。

(7) 设置屏蔽设施：屏蔽设施是一些防止人员与能量接触的物理实体，即狭义的屏蔽。屏蔽设施可以设置在能源上，如防冲击波的消波室、消声器以及原子防护屏等；也可以设置在人员身上，如安全帽、安全鞋、手套、口罩等个体防护品等。

(8) 在人、物与能源之间设屏障：在时间和空间上把能量与人、物隔离。例如，防护罩、防火门、密闭门、防水闸墙等。

(9) 提高防护标准：采用双重绝缘工具、连续监测和远距离遥控等。

(10) 改变工艺流程：变不安全流程为安全流程。例如，用无毒、少毒的物质代替剧毒物质等。

(11) 修复或急救：治疗、矫正以及减轻伤害程度或恢复原有功能；限制灾害范围，防止损失扩大；搞好急救，进行自救教育等。

(12) 信息形式的屏蔽：各种警告措施等信息形式的屏蔽，可以阻止人员的不安全行为或避免发生人失误，防止人员接触能量。

第6节 管理失误论

一、博德的事故因果连锁

在海因里希的事故因果连锁中，把遗传和社会环境看作事故的根本原因，表现出了它的时代局限性。尽管遗传因素和人员成长的社会环境对人员的行为有一定的影响，却不是影

响人员行为的主要因素。博德在海因里希事故因果连锁的基础上，提出了反映现代安全观点的事故因果连锁，如图 3-8 所示。

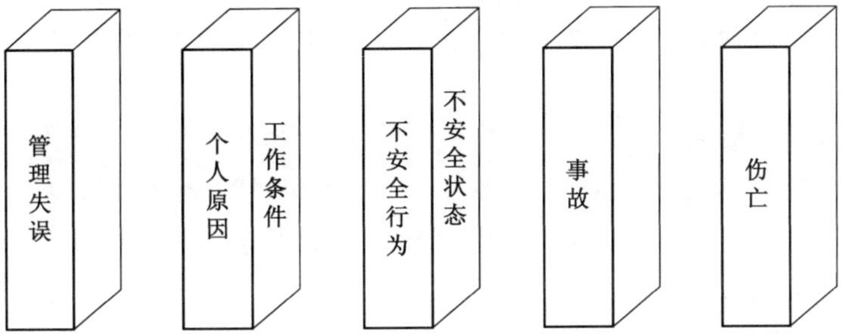

图 3-8　博德的事故因果连锁

1. 控制不足——管理失误

事故因果连锁中一个最重要的因素是安全管理。安全管理人员应该充分理解，他们的工作要以得到广泛承认的企业管理原则为基础，即安全管理者应该懂得管理的基本理论和原则。控制是管理机能（计划、组织、指导、协调及控制）中的一种机能。安全管理中的控制是指损失控制，包括对人的不安全行为、物的不安全状态的控制，是安全管理工作的核心。对于大多数企业来说，由于各种原因，完全依靠工程技术措施预防事故既不经济也不现实，只能通过完善安全管理工作，经过较大的努力，才能防止事故的发生。企业管理者必须认识到，只要生产没有实现本质安全化，就有发生事故及伤害的可能性。因此，安全管理是企业管理的重要一环。

在安全管理中，企业领导者的安全方针、政策及决策占有十分重要的位置。具体包括：生产及安全的目标；职员的配备；资料的利用；责任及职权范围的划分；职工的选择、训练、安排、指导及监督；信息传递；设备、器材及装置的采购、维修及设计；正常时及异常时的操作规程；设备的维修保养等。

安全管理系统要随着生产的发展变化而不断调整完善，十全十美的管理系统不可能存在。由于安全管理上的缺陷，致使能够造成事故的其他原因出现。

2. 基本原因——起源

为了从根本上预防事故，必须查明事故的基本原因，并针对查明的基本原因采取对策。基本原因包括个人原因及与工作有关的原因。个人原因包括缺乏知识或技能，动机不正确，身体上或精神上的问题。工作方面的原因包括：操作规程不合适，设备、材料不合格，通常的磨损及异常的使用方法等，以及温度、压力、湿度、粉尘、有毒有害气体、蒸汽、通风、噪声、照明、周围的状况（容易滑倒的地面、障碍物、不可靠的支持物、有危险的物体）等环境因素。只有找出这些基本原因，才能有效地控制事故的发生。所谓起源论，是在于找出问题的基本的、背后的原因，而不是仅停留在表面的现象上。只有这样，才能实现有效地控制。

3. 直接原因——征兆

人的不安全行为或物的不安全状态是事故的直接原因。这种原因是安全管理中必须重点加以追究的原因。但是，直接原因只是一种表面现象，是深层次原因的表征。在实际工作中，不能停留在这种表面现象上，而要追究其背后隐藏的管理上的缺陷原因，并采取有效的控制措施，从根本上杜绝事故的发生。

4. 事故——接触

这里的事故被看作是人体或物体与超过其承受阈值的能量接触，或人体与妨碍正常生理活动的物质的接触。因此，防止事故就是防止接触。人们可以通过对装置、材料、工艺等的改进来防止能量的释放，或者操作者提高识别和回避危险的能力，佩带个人防护用具等来防止接触。

5. 伤害——损坏、损失

人员伤害及财物损坏统称为损失，包括工伤、职业病、精神创伤等。

在许多情况下，可以采取恰当的措施使事故造成的损失最大限度地减小。例如，对受伤人员进行迅速正确地抢救，对设备进行抢修以及平时对有关人员进行应急训练等。

二、亚当斯的事故因果连锁

亚当斯(E. Adams)提出了一种与博德事故因果连锁理论类似的因果连锁模型，在该理论中，事故和损失因素与博德理论相似。这里把人的不安全行为和物的不安全状态称为现场失误，其目的在于提醒人们注意不安全行为和不安全状态的性质。

该模型以表格的形式给出，见表 3-3。

表 3-3　　亚当斯的事故因果连锁

管理体制	管理失误		现场失误	事故	伤害或损坏
目标 组织 机能 运转	领导者在下述方面决策错误或没做决策： 政策 目标 权威 责任 职责 注意范围 权限授予	安全技术人员在下述方面管理失误或疏忽： 行为 责任 权威 规则 指导/主动性 积极性 业务活动	不安全行为 不安全状态	伤亡事故 损坏事故 无伤害事故	对人 对物

在该因果连锁理论中，第四、五个因素基本上与博德的事故因果连锁理论相似。这里把事故的直接原因，人的不安全行为及物的不安全状态称作现场失误。本来不安全行为和不安全状态是操作者在生产过程中的错误行为及生产条件方面的问题，采用现场失误这一术语，其主要目的在于提醒人们注意不安全行为及不安全状态的性质。

该理论的核心在于对现场失误的背后原因进行了深入的研究。操作者的不安全行为及生产作业中的不安全状态等现场失误，是由于企业领导者及事故预防工作人员的管理失误造成的。管理人员在管理工作中的差错或疏忽，企业领导人决策错误或没有做出决策等失误，对企业经营管理及事故预防工作具有决定性的影响。管理失误反映企业管理系统中的问题，它涉及管理体制，即有组织地进行管理工作，确定怎样的管理目标，如何计划、实现确定的目标等方面的问题。管理体制反映作为决策中心的领导人的信念、目标及规范，它决定各级管理人员安排工作的轻重缓急，工作基准及指导方针等重大问题。

第 7 节　系统观点的人失误主因论

系统观点把人、机和环境作为一个系统(整体)，研究人、机、环境之间的相互作用、反馈和调整，从中发现事故的原因，揭示出预防事故的途径。系统观点的人失误主因论主要是从人的因素来研究事故致因的理论。这类事故理论都有一个基本观点，即人失误会导致事故，而人失误的发生是由于人对外界刺激(信息)的反应失误造成的。

系统观点的人失误主因论有多种事故致因理论模型，这些模型均从人的特性与机器性能和环境状态之间是否匹配和协调的观点出发，认为机械和环境的信息不断地通过人的感觉反映到大脑。人若能正确地认识、理解、判断，并做出正确决策和采取合适的行动，就可以避免事故的发生，从不同角度探讨了人失误与事故的关系问题。

一、瑟利模型

瑟利模型把人、机和环境系统中事故发生的过程分为是否产生迫近的危险(危险构成——指形成潜在危险)和是否造成伤害或损坏(出现危险的紧急时期，即危险由潜在状态变为现实状态)，这两个阶段都各包括一组类似的心理—生理成分(感觉、认识、行为响应)问题。在第一阶段，如果都正确地回答了问题(图 3-9 中标示的"Y"系列)，危险就能消除或得到控制；反之，只要对任何一个问题做出了否定的回答(图 3-9 中标示"N"的系列)，危险就会迫近转入下一阶段。在第二阶段，如果都正确回答了问题，则虽然存在危险，但是由于感觉认识到了，并正确地做出了行为响应，就能避免危险的紧急出现，就不会发生伤害或损坏。反之，只要对任何一个问题做出了否定回答，危险就会紧急出现，从而导致伤害或损坏。

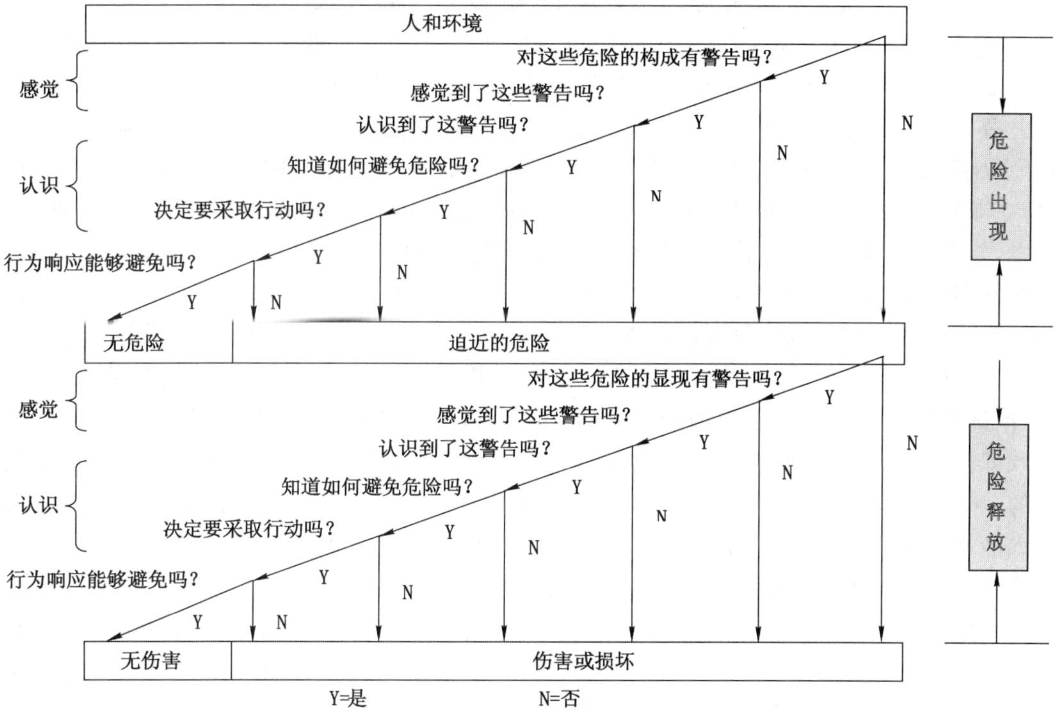

图 3-9　瑟利模型

每组的第一个问题:对危险的构成(显现)有警告吗?问的是环境瞬时状态,即环境对危险的构成(显现)是否客观存在警告信号。这个问题可以再被问为:环境中是否存在两种运行状态(安全和危险)可感觉到的差异?这个问题含蓄地表示出危险可以没有可感觉到的线索。这样,事故将是不可避免的。这个问题的启发是在系统运行期间应该密切观察环境的状况。

每组第二个问题:感觉到了警告吗?问的是如果环境有警告信号,能被操作者察觉到吗?这个问题有两个方面的含义:一方面是人的感觉能力(如视力、听力、动觉性)如何,如果人的感觉能力差,或者过度集中精力于工作,那么即使有客观警告信号,也可能未被察觉。另一方面是"干扰"(环境中影响人感知危险信号的各种因素,如噪声等)的影响如何。如果干扰严重,则可能妨碍对危险信号的发现。由此得到的启示是,如果存在上述情况,则应安装便于操作者发现危险信号的仪器(如能将危险信号加以放大的仪器)。

上述两个问题都是关于感觉成分的,而下面的 3 个问题是关于认识成分的。

问题 1:认识到了警告了吗?问的是操作者是否知道危险线索都是什么,并且知道每个线索都意味着什么危险。也就是说,操作者是否能接受客观存在的危险信号(一声尖叫,一种运动,或者常见的物体不见了,对操作者而言都可能是一种已知的或未知的危险信号),并经过大脑的分析后变成了主观的认识,意识到了危险。

问题 2:知道如何避免危险吗?问的是操作者是否具备避免危险的行为响应的知识和技能。由此得到的启示是,为了具备这种知识,应使操作者受到训练。这两个问题是紧密相连的。认识危险是避免危险的前提,如果操作者不认识、不理解危险线索,即使有了危险的知识和技能也是无济于事的。

问题 3:决定要采取避免危险的行动吗?就第二个阶段的这个问题而言,如果不采取行动,就会造成伤害或损坏,因此必须做出肯定的回答,这是无疑的。然而,第一阶段的这个问题却是耐人寻味的,它表明操作者在察觉危险之后不一定必须立即采取行动。这是因为危险由潜在状态变为现实状态,不是绝对的,而是存在某种概率的关系。潜在危险下不一定将要导致事故,造成伤害或损坏,这里存在一个危险的可接受性的问题。在察觉潜在危险之后,立即采取行动,固然可以消除危险,然而却要付出代价。譬如,要停产减产,影响效益。反之,如果不立即行动,尽管要冒显现危险的风险,然而却可以减少花费和利益损失。究竟是否立即行动,应该考虑两个方面的问题:一是正确估计危险由潜在变为显现的可能性;二是正确估计自己避免危险显现的技能。

每组的最后一个问题:能够避免吗?问的是操作者避免危险的技能如何,能否迅速、敏捷、准确地做出反应。由于人的行动,以及危险出现的时间具有随机变异性(不稳定),这将导致即使行为响应正确,有时也不能避免危险。就人而言,其反应速度和准确性不是稳定不变的。譬如,人的反应时间平均为 900 ms ,因此 1 s 或更短的反应时间在多数情况下都允许人能够避免危险;然而人的反应时间有时也会超过临界时间,这时就无法避免危险了。而危险出现的时间也并非稳定不变的。在正常情况下,危险由潜在变为显现的时间可能足够容许人们采取行动来避免危险。有时危险显现可能提前,人们再按正常速度行动就无法避免危险了。上述随机变异性可以通过机械的改进、维护的改进、人避免危险技能的改进而减小事故发生的可能性,然而要完全加以消除是困难的。因此,由于这种随机变异性而导致事故的可能性是难以完全消除的。

由以上关于瑟利模型的说明可见,该模型从人、机、环境的结合上,以人对信息的处理过程为基础描述了事故发生的因果关系。该理论认为，人在信息处理过程中出现失误从而导致人的行为失误，进而引发事故。这将给人以多方面的启示：譬如，为了防止事故，关键在于发现和识别危险，这涉及操作者的感觉能力、环境的干扰、操作者处理危险的知识和技能等。改善安全管理就应该致力于这些方面的问题，如人员的选拔、培训，作业环境的改善，监控报警装置的设置等。再如，关于危险的可接受性问题，这对于正确处理安全与生产的辩证关系是很有启发的。安全是生产的前提条件，当安全与生产发生矛盾时，如果危险迫近，不立即采取行动，就会发生事故，造成伤害和损失。那么宁肯生产暂时受到影响，也要保证安全。反之，如果恰当估计危险显现的可能，只要采取适当措施，就能做到生产安全两不误，那就应该尽可能地避免生产遭受损失。当因采取安全措施而可能严重影响生产时，尤其应采取慎重的态度。

二、海尔模型

海尔（Hale）1970 年提出，当人们对事件的真实情况不能做出适当响应时，事故就会发生，但并不一定造成伤害后果。海尔的模型集中于操作者与运行系统的相互作用。他的模型是一个闭环反馈系统，把下列四大方面的相互关系清楚的显现出来：① 察觉情况，接受信息；② 处理信息；③ 用行动改变形势；④ 新的察觉、处理、响应。海尔模型如图 3-10所示。

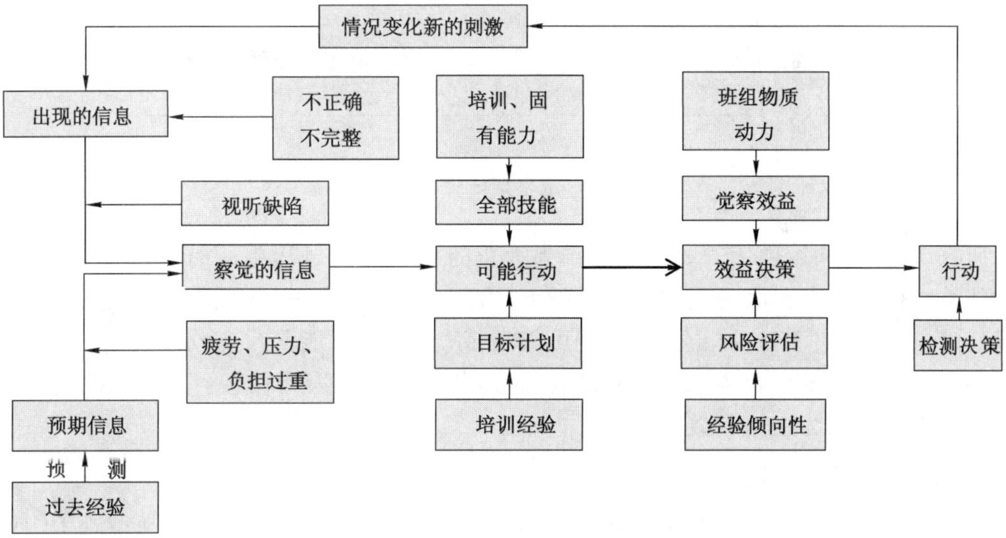

图 3-10 海尔模型

操作者在运行系统中收到出现的信息，可能由于机械的故障而不正确，或者因视力听力不佳觉察不完整，这两种情况都可能导致行动失误。预期的信息收集和选择是根据过去经验预测。当疲劳、压力负担过重，操作者对信息收集的注意力削弱，以致不能保持对危险的警惕。行为的决策，根据察觉的信息，经过处理，能否采取正确的行动，这取决于指导、培训及固有的能力。决策要考虑经济效益、社会效益，这包括生产班组群体的利益，原有的经验及由此而产生的对危险的主观评估。

行动输出（响应行为）之后，运行系统变化。觉察和检测功能是反馈环中的主要功能。

三、威格斯沃思模型

威格斯沃思1972年提出，人因失误构成了所有类型事故的基础。把人因失误定义为：人错误地或不适应地响应一个外界刺激。他认为在生产操作过程中，各种各样的信息不断地作用于操作者的感官，给操作者以“刺激”。若操作者能对刺激做出正确的响应，事故就不会发生；反之，如果错误或不恰当地响应了一个刺激(失误)，就可能出现危险。危险是否会带来伤害事故，则取决于一些随机因素。威格斯沃思事故模型可用图3-11流程图来表示，该模型给出了人因失误导致事故的一般模型。

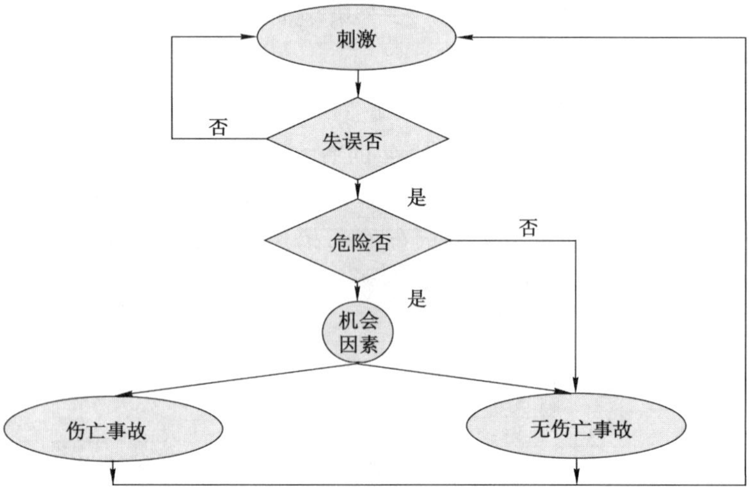

图3-11　威格斯沃思事故模型

研究认为，将初始原因开始到最后结果为止的事故动态过程中所有因素联系在一起的理论体系或模型具有很大的实用价值。然而，客观上存在着不安全因素或危险，事故是否能造成伤害，这就取决于各种机会因素，既可能造成伤亡，也可能是没有伤亡的事故。尽管这个模型突出人的不安全行为来描述事故现象，但却不能解释人为什么会发生失误，它也不适用于不以人因失误为主的事故。

四、金矿山人因失误模型

劳伦斯在威格斯沃思和瑟利等人的人因失误模型的基础上，通过对南非金矿山中发生的事故研究，于1974年提出了针对金矿山企业以人因失误为主因的事故模型，如图3-12所示。该模型指出一般矿山企业和其他企业中往往会产生某种形式的信息，向人们发出警告，如突然出现或不断扩大的裂缝、异常的声响、刺激性的烟气等，这种警告信息叫作初期警告。初期警告还包括各种安全监测设施发出的报警信号(如商场的CO报警器、矿井的CH_4报警器等)。如果没有初期警告就发生了事故，往往是由于缺乏有效的监测手段，或者是管理人员事先没有提醒人们存在着危险因素。行为人在不知道危险存在的情况下发生的事故属于管理失误事故。

在采矿工业中，包括人的因素在内的连续生产活动，可能引起两种结果：发生伤害和不发生伤害。所以，“事故”的定义是：使正常生产活动中断的不测事件。在矿山安全工作中，“事故”一词常常作为伤害的同义词。然而，事故是否发生伤害却取决于危险的情况(人体受

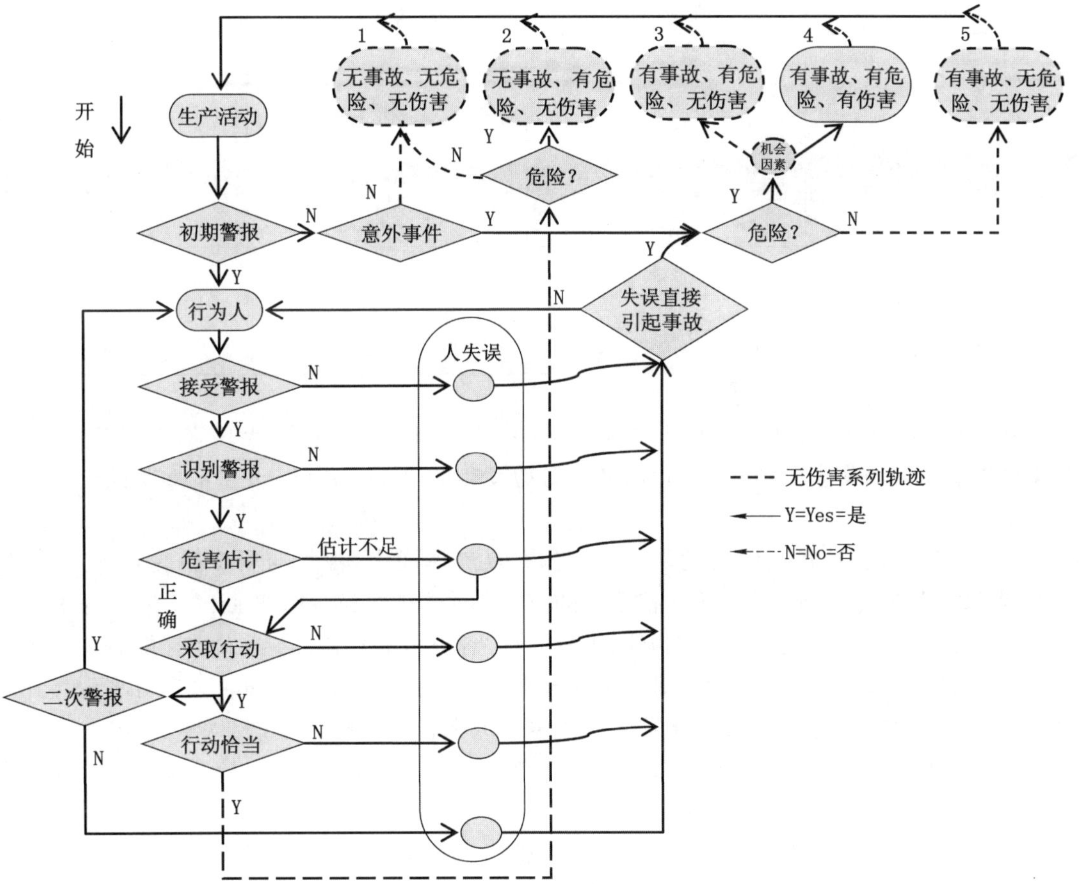

图 3-12　金矿山人因失误模型

伤害的概率）和机会因素。

在发出了初期警告的情况下，行为人在接受、识别警告或对警告做出反应等方面出现失误，也都可能导致事故。

当行为人发生对危险估计不足的失误时，如果他还是采取了相应的行动，则仍然有避免事故的可能；反之，如果他麻痹大意，既对危险估计不足，又不采取行动，则会导致事故的发生。这里，行为人如果是管理人员或指挥人员，则低估危险的后果更加严重。

矿山生产作业往往是多人连续作业。行为人在接受了初期警告、识别了警告并正确估计了危险性之后，除了自己采取适当的行动避免伤害事故外，还应该向其他人员发出警告，提醒他们采取防止事故的措施，这种警告叫作二次警告。其他人接到二次警告后，也应按照正确的方式对警告加以响应。

表 3-3 列出了事故、危险和伤害在理论上的 8 种组合。因为不存在危险或没有事故也就不可能发生伤害，所以只能有 5 种事故后果类型。

表 3-3 事故、危险和伤害的组合

出现的类型	事故(accident)	危险(danger)	伤害(injury)
1	No	No	No
2	No	Yes	No
3	Yes	Yes	No
4	Yes	Yes	Yes
5	Yes	No	No
不可能出现	Yes	No	Yes
不可能出现	No	Yes	Yes
不可能出现	No	No	Yes

表 3-3 所列可能存在的 5 种组合类型中,1 型是无事故、无危险、无伤害,最为理想;4 型是既有危险又伴随伤害的事故,是我们最不希望发生的结果。1 型～5 型的 5 类组合绘于图 3-12 上方。

矿工操作期间,顶板地压活动,突水征兆,有毒气体涌出,视觉与听觉感受到的声、光信号;或者来自与安全生产、环境条件相适应的有关指令、规程、标准、采掘工艺流程等书面信息的各种"刺激"不断出现。若工人响应正确或恰当,就没有危险,不会发生伴随着伤害出现的事故;反之,工人响应刺激不当,则会出现人失误的事件,人失误的同时又遇有客观存在的危险,再加上各种机会因素,则可能发生伤亡事故或无伤亡的险肇事故。

在采矿生产中所见到听到的信息、征兆,会警告工人在他所处的生产环境中有可能发生事故。在图 3-12 的模型中称此为"初期警报"。

(1) 在正常生产条件下,没有任何危险征兆和不安全信息,即没有初期警报,没有意外事件也就没有生产的中断,结果是"无事故、无危险、无伤害",属 1 型。

(2) 如图中"初期警报"横线向右,在没有初期警报情况下却发生了意外事件,这将根据危险是否出现与有关伤害的机会因素分别产生 3 型、4 型、5 型的结果。如有危险,则产生 3 型、4 型的结果;如果没有危险,则产生 5 型的结果。

(3) 当没有事前征兆,甚至连一般的安全标准或指示等原则性警告都没有,一旦根据危险的存在和机会因素的巧合发生了 4 型的伤亡事故,这也不能单纯归咎于矿工的失误,而应当定为管理上的领导失误,属于管理层"不恰当地回答先前的警告"和"错误地响应刺激信息"。分析这种责任事故时,应当追究深远的、间接的却最主要的原因,这属于管理失误。

(4) 如果发现了事故征兆,即有了初期警报,矿工对这警报接收与否,识别是否正确,是否充分而正确地估计了危险,回答警报情况,是否直接采取应急措施(行为、行动),总之,如何处置和对待这一警报,将决定着是否可能发生伤害事故。在回答警报和采取控制措施的同时,还要给其他工人发出第二次警报(如会同班组成员,共同撤出危险地带)。

在这条竖直的回答链中(图中左侧"行为人"栏下竖行各项)任何阶段的故障(或称 No)都会构成"人失误"(图中央的椭圆),其结果或因失误直接引起事故和自身伤害,或把伤害转嫁给其他工人。

(5) 关于对危害的估计,模型中"行为人"下方第三个菱形符号表明,如果工人对危害估计正确,则会发出二次警报和采取直接行动;反之,如果对危害估计不足,构成"人失误",能直接引起事故。管理人员低估危险,即所谓的违章指挥,会有更加严重的危险后果。

金矿山人因失误模型适用于类似矿山生产的多人作业生产方式。在这种生产方式下，危险主要来自于自然环境，而人的控制能力相对有限，在许多情况下，人们唯一的对策是迅速撤离危险区域。因此，为了避免发生伤害事故，人们必须及时发现、正确评估危险，并采取适当的行动。

五、安德森模型

瑟利模型实际上研究的关系是在客观已经存在潜在危险（存在于机械的运行和环境中）的情况下，人与危险之间的相互关系、反馈和调整控制的问题。然而，瑟利模型没有探究何以会产生潜在危险，没有涉及机械及其周围环境的运行过程。安德森等人曾在分析 60 件工业事故中应用瑟利模型，发现了上述问题，从而对它进行了扩展，形成了安德森模型。该模型是在瑟利模型之上增加了一组问题，所涉及的是危险线索的来源及可察觉性，运行系统内的波动（机械运行过程及环境状况的不稳定性），以及控制或减少这些波动使之与人（操作者）的行为的波动相一致，如图 3-13 所示。企业生存于社会中，其经营目标和策略等都要受到市场、法律、国家政策等的制约，所有这些都会从宏观上对企业的安全状况产生影响。

问题 1：过程是可控制的吗？即不可控制的过程（如闪电）所带来的危险是无法避免的，此模型所讨论的是可以控制的工作过程。

问题 2：过程是可以观察的吗？是指依靠人的感官或借助于仪表设备能否观察了解工作过程。

问题 3：察觉是可能的吗？是指工作环境中的噪声、照明不良、栅栏等是否会妨碍对工作过程的观察了解。

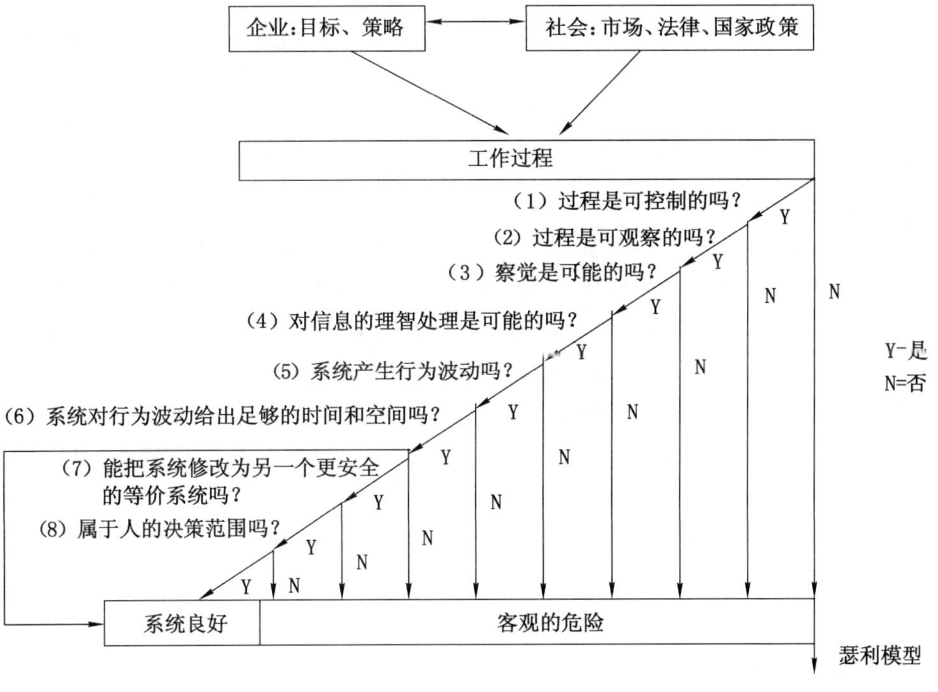

图 3-13　安德森模型

问题 4：对信息的理智处理是可能的吗？此问题有两个方面的含义：一是问操作者是否知道系统是怎样工作的，如果系统工作不正常，他是否能感觉、认识到这种情况；二是问系统运行给操作者带来的疲劳、精神压力(如此长期处于高度精神紧张状态)以及注意力减弱是否会妨碍其对系统工作状况的准备、观察和了解。

上述问题的含义与瑟利模型第一组问题的含义有类似的地方。所不同的是,安德森模型是针对整个系统,而瑟利模型仅仅是针对具体的危险线索。

问题 5:系统产生行为波动吗?是指操作者的行为响应的不稳定性如何,有无不稳定性,有多大?

问题 6:运行系统对行为的波动给出了足够的时间和空间吗?即运行系统(机械和环境)是否有足够的时间和空间以适应操作行为的不稳定性。如果是,则可以认为运行系统是安全的(图 3-13 中跨越第 7 和第 8 个问题,直接指向系统良好)。否则,就转入下一个问题。

问题 7:能否对系统进行修改(机器或程序)以适应操作者行为在预期范围内的不稳定性。

问题 8:属于人的决策范围吗?即修改系统是否可以由操作和管理人员做出决定。尽管系统可以被改为安全的,但如果操作和管理人员无权改动,或者涉及政策法律,不属于人的决策范围,那么修改系统也是不可能的。

对模型的每个问题,如果回答是肯定的,则能保证系统安全可靠(图中沿斜线前进),如果对问题 1、4、7、8 做出了否定的回答,则会导致系统产生潜在的危险,从而转入瑟利模型。对问题 5 如果回答是否定的,则跨过问题 6、7 而直接回答问题 8;对问题 6 如果回答是否定的,则要进一步回答问题 7,才能继续系统发展。

第 8 节　扰动起源理论

1972 年,本纳(Benner)提出了扰动起源事故理论,指出在处于动态平衡的系统中,是由于“扰动”(perturbation)的产生导致了事故的发生。事故过程包含着一组相继发生的事件,这里事件是指生产活动过程中某种发生了的事情,如一次瞬间或重大的情况变化一次已经被避免的或导致另一事件发生的偶然事件等。因此,事故形成过程是一组自觉或不自觉的,指向某种预期的或不可预测结果的相继出现的事件链,这种事故进程包含生产系统元素间的相互作用和变化着的外界的影响。由事件链组成的正常生产活动,是在一种自动调节的动态平衡中进行的,在事件的稳定运行中,向预期的结果发展。

事件的发生必然是某人或某物引起的。若将引起事件的人或物称为“行为者”,而其动作或运动称为“行为”,则可以用行为者及其行为来描述一个事件。在生产活动过程中,如果行为者的行为得当,则可以维持事件过程稳定地进行,从而达到安全生产;如果行为者行为不当或发生故障,则对上述平衡产生扰动,就会破坏和结束自动动态平衡而开始事故进程,一事件继发另一事件,最终导致“终了事件”——事故和伤害。

生产系统的外界影响是经常变化的,这里称外界影响的变化为“扰动”(perturbation)。产生扰动的事件称为起源事件。当行为者能够适应不超过其承受能力的扰动时,生产活动可以维持动态平衡而不发生事故。如果其中的一个行为者不能适应这种扰动时,动态平衡过程被破坏,开始一个新的事件过程,即事故过程。相继事件过程是在一种自动调节的动态平衡中进行的。

扰动起源论把事故看成从相继事件过程中的扰动开始,最终以伤害或损坏而告终,称为

P 理论(Perturbation 理论)。

依照上述对事故起源、发生发展的解释,可按时间关系描述出事故现象的一般模型,如图 3-14 所示。

该图外围是自动平衡,无事故后果,只使生产活动异常。这表明,在发生事件的当时,如果改善条件,亦可使事件链中断,制止事故进程发展下去而转化为安全。图 3-14 中事件用语都是高度抽象的"应力"术语,以适应各种状态。

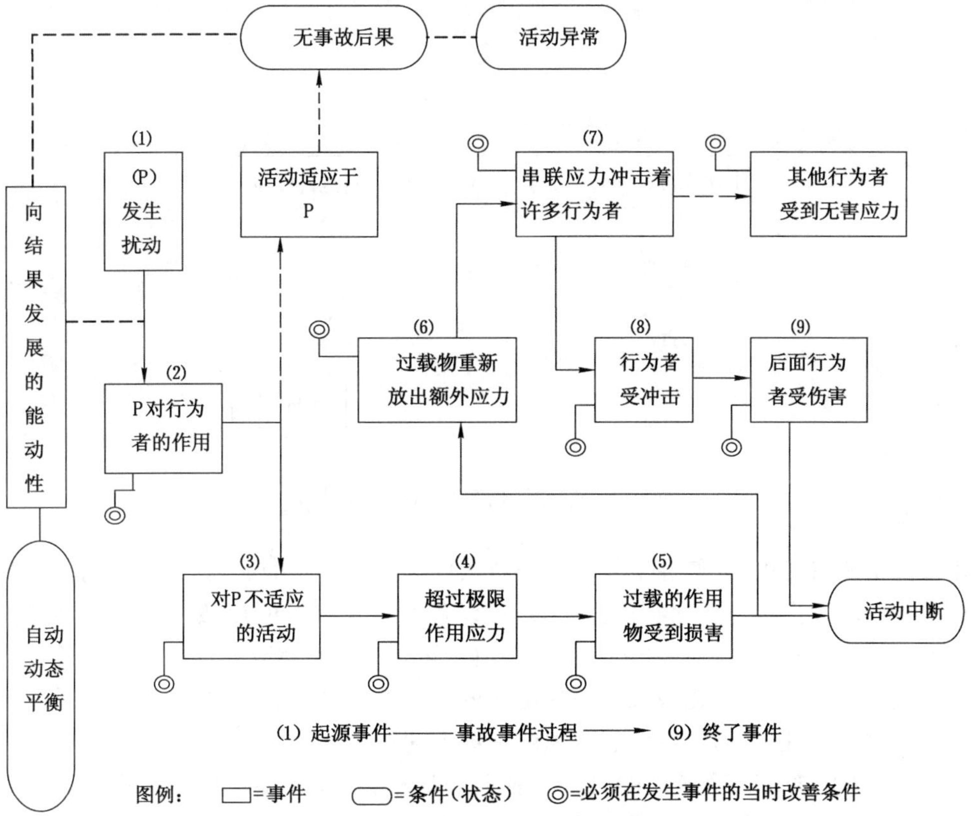

图 3-14　解释事故的一般模型

第 9 节　动态变化理论

客观世界是物质的,物质是在不断运动变化着的,存在于客观世界中的任何系统也是如此。外界条件的变化会导致人、机械设备等原有的工作环境发生改变,管理人员和操作员如果不能或没有及时地适应这种变化,可能会产生管理和操作失误,造成物的不安全状态,进而导致事故的发生。

1975 年,约翰逊(W. G. Johnson)提出了"变化—失误"模型,塔兰茨(W. F. Talanch)在 1980 年介绍了"变化论"模型,佐藤吉信在 1981 年提出了"作用—变化与作用连锁"模型,都从动态和变化的观点阐述了事故的致因。

“变化—失误”理论又称变化分析方法。约翰逊(W. G. Johnson)认为,事故是由意外的能量释放引起的,这种能量释放的发生是由于管理者或操作者没有适应生产过程中物或人的因素变化,产生了计划错误或人为失误,从而导致不安全行为或不安全状态,破坏了对能量的屏蔽或控制,即发生了事故,造成生产过程中人员伤亡或财产损失,如图 3-15 所示。

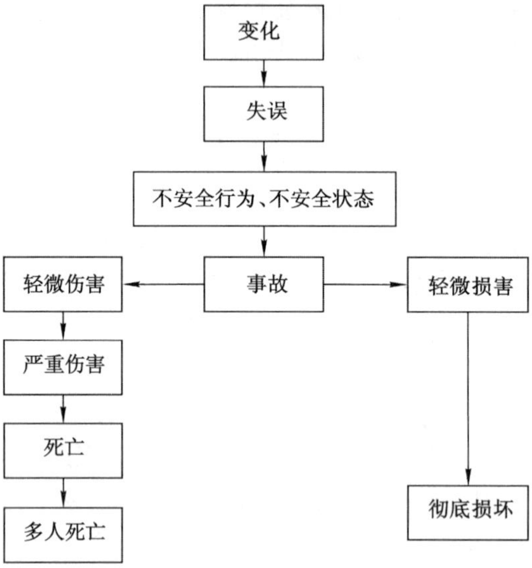

图 3-15　约翰逊的事故因果连锁模型

在系统安全研究中,人们注重作为事故致因的人失误和物的故障。按照变化的观点,人失误和物故障的发生都与变化有关。例如,新设备经过长时间的运转,即随着时间的变化,逐渐磨损、老化而发生故障,正常运转的设备由于运转条件突然变化而发生故障等。

在安全管理工作中,变化被视为一种潜在的事故致因,应该被尽早地发现并采取相应的措施。作为安全管理人员,应该注意下述的一些变化:

(1) 企业外的变化及企业内的变化。企业外的社会环境,特别是国家政治、经济方针、政策的变化,对企业内部的经营管理及人员思想有巨大影响。针对企业外部的变化,企业必须采取恰当的措施适应这些变化。

(2) 宏观的变化和微观的变化。宏观的变化是指企业总体上的变化,如领导人的更换、新职工录用、人员调整、生产状况的变化等。微观的变化是指一些具体事物的变化。通过微观的变化,安全管理人员应发现其背后隐藏的问题,及时采取恰当的对策。

(3) 计划内与计划外的变化。对于有计划进行的变化,应事先进行危害分析并采取安全措施;对于没有计划到的变化,首先是发现变化,然后根据发现的变化采取改善措施。

(4) 实际的变化和潜在的或可能的变化。通过观测和检查可以发现实际存在的变化,发现潜在的或可能出现的变化则要经过分析研究。

(5) 时间的变化。随着时间的流逝,性能变得低下或劣化,并与其他方面的变化相互作用。

(6) 技术上的变化。采用新工艺、新技术或开始新的工程项目,人们不熟悉而发生失误。

(7) 人员的变化。人员的各方面变化影响人的工作能力,引起操作失误及不安全行为。

(8) 劳动组织的变化。劳动组织方面的变化,交接班不好造成工作的不衔接,进而导致人的失误和不安全行为。

(9) 操作规程的变化。应该注意,并非所有的变化都是有害的,关键在于人们是否能够适应客观情况的变化。另外,在事故预防工作中也经常利用变化来防止人发生失误。例如,按规定用不同颜色的管路输送不同的气体;把操作手柄、按钮做成不同形状防止混淆等。

应用变化的观点进行事故分析时,可由下列因素的现在状态、以前状态的差异发现变化:

(1) 对象物、防护装置,能量等。

(2) 人员。

(3) 任务、目标、程序等。

(4) 工作条件、环境、时间安排等。

(5) 管理工作、监督检查等。

约翰逊认为,事故的发生往往是多重原因造成的,包含着一系列的变化——失误连锁,例如企业领导者的失误、计划人员失误、监督者的失误及操作者的失误等(图3-16)。例如,某化工装置事故发生的经过如下:

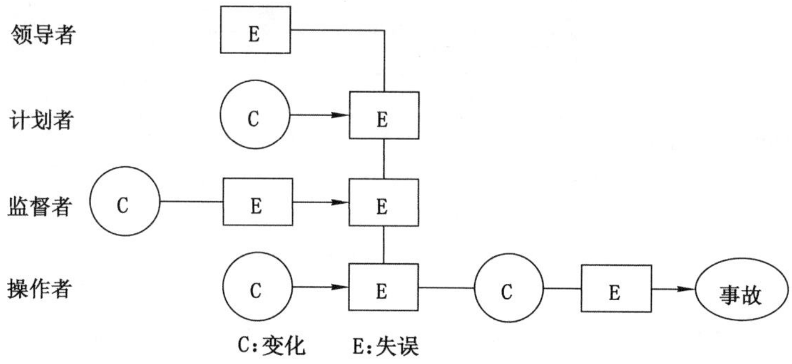

图3-16 变化—失误连锁模型

(1) 变化前——装置安全地运转了多年。

(2) 变化1——用一套更新型的装置取代。

(3) 变化2——拆下的旧装置被解体。

(4) 变化3——新装置因故未能按预期目标进行生产。

(5) 变化4——对产品的需求猛增。

(6) 变化5——把旧装置重新投入生产。

(7) 变化6——为尽快投产恢复必要的操作控制器。

(8) 失误——没有进行认真检查和没有检查操作的准备工作。

(9) 变化7——部分冗余的安全控制器没起作用。

(10) 变化8——装置爆炸,6人死亡。

必须指出的是,并非所有的变化均能导致事故。在众多的变化中,只有极少数的变化会引起人的失误,而众多由变化引起的人的失误中,又只有极少数的一部分失误会导致事故的发生。另外,并非所有主观上有着良好动机而人为造成的变化都会产生较好的效果。如果不断地调整管理体制和机构,使人难以适应新的变化进而产生失误,必将会事与愿违,事倍功半,甚至造成重大损失。在变化—失误理论的基础上,约翰逊提出了变化分析的方法。也就是说,以现有的、已知的系统为基础,研究所有计划中和实际存在的变化的性质,分析每个变化单独地、与若干个变化结合地对系统产生的影响,并据此提出相应的防止不良变化的措施。

第10节 轨迹交叉论

轨迹交叉论的基本思想是:伤害事故是许多相互联系的事件顺序发展的结果。这些事件概括起来不外乎人和物(包括环境)两大发展系列。在一个系统中,当人的不安全行为和物的不安全状态在各自发展形成过程中(轨迹),在一定时间、空间发生了接触(轨迹交叉),就会造成事故。也就是说,具有危害能量的物体的运动轨迹与人的运动轨迹在某一时刻交叉,能量转移于人体时,伤害事故就会发生。当然,两种运动轨迹均是在三维空间内的运动轨迹。而人的不安全行为和物的不安全状态之所以产生和发展,又是受多种因素作用的结果。人与物两系列形成事故的模型,如图3-17所示。

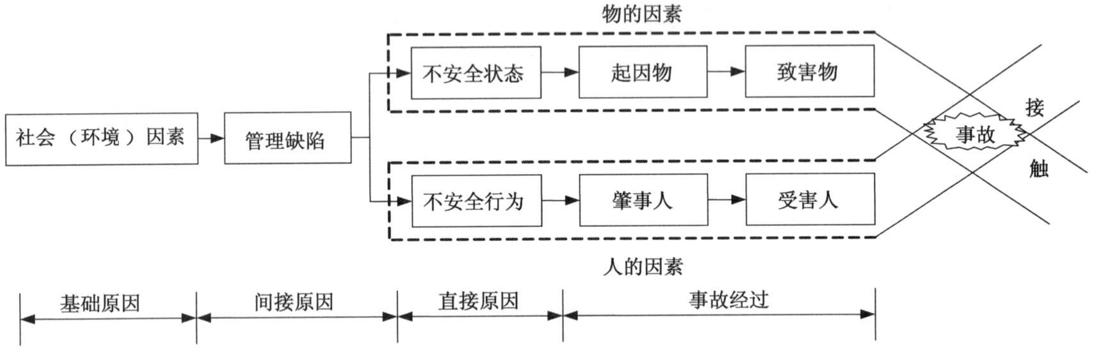

图3-17 轨迹交叉论事故模型

轨迹交叉理论反映了绝大多数事故的情况。在实际生产过程中,只有少量的事故仅仅由人的不安全行为或物的不安全状态引起的,绝大多数的事故是与二者同时相关的。例如,日本劳动省通过对50万起工伤事故调查发现,只有约4%的事故与人的不安全行为无关,只有约9%的事故与物的不安全状态无关。

值得注意的是,在人和物两大系列的运动中,二者往往是相互关联、互为因果、相互转换的。人的不安全行为和物的不安全状态是造成事故的表面的直接原因,如果对它们进行更进一步的考虑,则可挖掘出二者背后深层次的原因。有时人的不安全行为可能产生物的不安全状态,促进物的不安全状态的发展,或导致新的不安全状态的出现;而物的不安全状态有时能引发人的不安全行为。因此,事故的发生可能并不是如图3-17所示的那样简单地按照人、物两条轨迹独立地运行,而是呈现较为复杂的因果关系。

轨迹交叉理论作为一种事故致因理论,强调人的因素和物的因素在事故致因中占有同样重要的地位。按照该理论,可以通过避免人与物两种因素运动轨迹交叉,来预防事故的发生;同时,该理论对于调查事故发生的原因,也是一种较好的工具。其侧重点是说明人失误难以控制,但可以控制设备、物流不发生故障。在现场安全管理过程中,有些管理者总是错误地把一切事故归咎于操作人员“违章作业”。实质上，人的不安全行为也是由于教育培训不足等管理欠缺造成的。管理的重点应放在控制物的不安全状态上，即消除“起因物”，当然就不会出现“施害物”，“砍断”物流连锁事件链，使人流与物流的轨迹不相互交叉，事故即可避免。

在多数情况下，由于企业管理不善，使工人缺乏教育和训练或者机械设备缺乏维护、检修以及安全装置不完备，才导致了人的不安全行为或物的不安全状态。

人和物的两事件链的因素如下：

1. 人的事件链

人的不安全行为基于生理、心理、环境、行为几个方面而产生：① 生理、心理缺陷；② 社会环境、企业管理上的缺陷；③ 后天的身体缺陷；④ 视、听、嗅、味、触五感官能量分配上的差异；⑤ 行为失误。人的行动自由度很大，生产劳动中受环境条件影响，加上自身生理、心理缺陷都易于发生失误动作或行为失误。

2. 物的事件链

在机械、物质系列中，从设计开始，经过现场的种种程序，在整个生产过程中各阶段都可能产生不安全状态。A. 设计上的缺陷，如用材不当，强度计算错误，结构完整性差，采矿方法不适应矿床围岩性质等；B. 制造、工艺流程上的缺陷；C. 维修保养上的缺陷，降低了可靠性；D. 使用运转上的缺陷；E. 作业场所环境上的缺陷。

总之人的事件链随时间进程的运动轨迹按①→②→③→④→⑤的方向线顺序进行。物质或机械的事件链随时间进程的运动轨迹按 A→B→C→D→E 的方向线进行。人、物两事件链相交的时间与地点（时空），就是发生伤亡事故的“时空”。

若设法排除机械设备或处理危险物质过程中的隐患，或者消除人为失误、不安全行为，使两事件链连锁中断，则两系列运动轨迹不能相交，危险就不会出现，可达到安全生产。

对人而言，强化工种考选、加强安全教育和技术培训，进行科学的安全管理，从生理、心理和操作管理上控制人的不安全行为的产生，就等于砍断了人的事件链。轨迹交叉理论强调的是砍断物的事件链，提倡采用可靠性高、完整性强的系统和设备，大力推广保险、防护和信号系统及高度自动化和遥控装置。这样即使人为产生失误，构成①→⑤系列，也会因安全闭锁等可靠性高的系统的作用，控制住 A→E 的发展，可完全避免伤亡事故的发生。

总之，根据轨迹交叉理论的观点，为了有效地防止事故发生，必须同时采取措施消除人的不安全行为和物的不安全状态。

第11节　综合论

我国安全专家大多认为，事故之所以发生是由于多重原因综合造成的，既不是单一因素造成的，也不是个人偶然失误或单纯设备故障所形成，而是各种因素综合作用的结果。事件之所以发生，有其深刻原因，这包括直接原因、间接原因和基础原因。可用下列公式表达：

生产中的危险因素＋触发因素＝事故

综合原因论认为，事故是社会因素、管理因素和生产中危险因素被偶然事件触发所造成的结果。综合原因论的结构模型如图 3-18 所示。

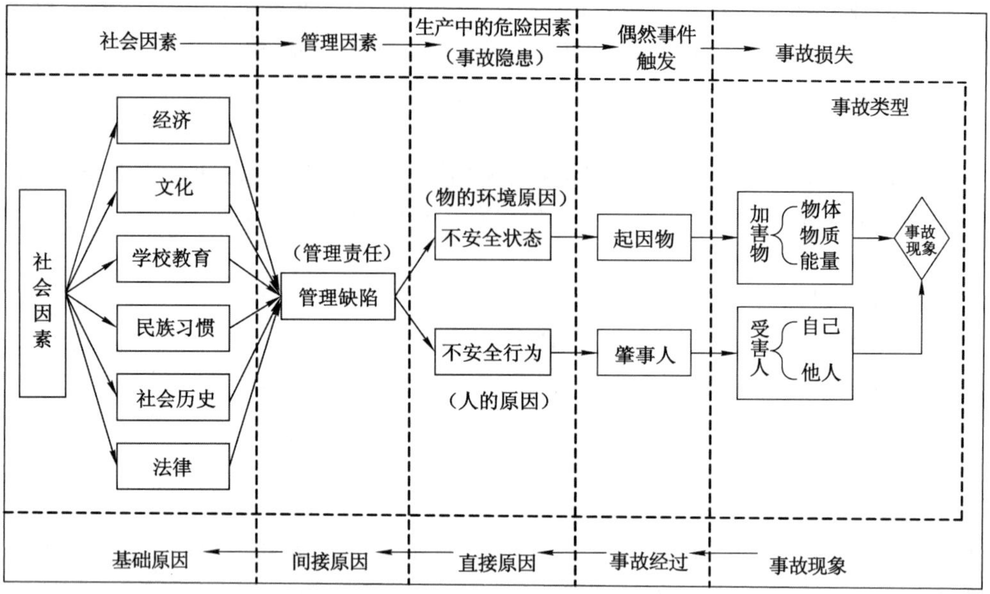

图 3-18　综合论事故模型

事故是由起因物和肇事人触发加害物与受害人而形成的灾害现象和事故经过。意外(偶然)事件之所以触发,是由于生产中环境条件存在着危险即不安全状态,后者和人的不安全行为共同构成事故的直接原因。这些物质的、环境的以及人的原因是由管理上的失误、缺陷和管理责任所导致,是造成直接原因的间接原因。形成间接原因的因素,包括社会经济、文化、教育、民族习惯、社会历史、法律等基础原因,通称为社会因素。

事故的发生过程可以表述为由基础原因的"社会因素"产生"管理因素",进一步产生"生产中的危险因素",通过人与物的偶然因素触发而发生伤亡和损失。

调查分析事故的过程则与上述经历方向相反。如逆向追踪,通过事故现象,查询事故经过,进而了解物的环境原因和人的原因等直接造成事故的原因;依此追查管理责任(间接原因)和社会原因(基础原因)。

第 12 节　STAMP 模型

一、STAMP 基本理论

STAMP 模型以系统理论为基础,将系统安全性视为复杂系统涌现性。该模型有别于传统事故模型,它将事故视为一系列事件线性叠加的结果,把安全视为一种控制,主要关注系统组件之间的交互及控制机制。在 STAMP 中最基本的概念不是事件,而是约束,安全事故发生是由系统安全相关约束在设计、开发、运行中不恰当的控制或不充分的执行,导致组件在运行时不安全的交互引发。这个过程是一个动态过程,存在一个由安全态向高风险态缓慢迁移的过程,通过强化行为安全约束可以预防安全事故。

STAMP 模型采用多层次控制结构建模方法构建安全控制结构模型,如图 3-19 所示。用控制结构说明系统组件之间的职责和权利。控制结构上层为控制器,内有一个过程模型。

过程模型通过控制算法、当前状态和状态转变来产生指令，控制下层被控制过程的活动。下层被控制过程执行上层的指令，反馈执行信息。控制模型根据反馈信息修正模型内部状态。通过内部状态与信息反馈，来保持控制器和执行之间的动态平衡。过程模型内部状态和反馈信息不一致时事故可能发生。

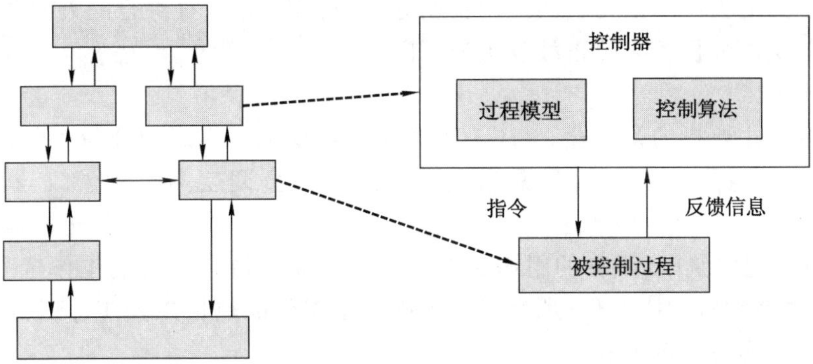

图 3-19　多层次安全控制结构模型

STAMP 通过分析和评估控制结构中每个组件可能对安全产生的影响，发现控制缺陷，确定安全约束，从而达到消除或控制风险的目的。STAMP 提供了 3 类基本控制缺陷作为安全分析指导：

(1) 控制器发出不足或不当的控制指令，包括对故障或扰动的物理过程处理的不足。

(2) 控制动作不充分的执行。

(3) 反馈信息丢失或不足。

二、STAMP 在安全领域的应用

STAMP 模型自 2004 年提出以来，早期的应用研究集中在航空航天领域，其典型的应用为空中交通管制系统的改进研究。STAMP 理论在航空航天的成功应用使其开始逐步为其他行业安全领域所关注。在化工领域的安全评估中，运用 STAMP 的动态特性、关联特性的建模能力，从系统结构方法为化工过程提供了安全评估新方法。在环境污染处理的整个生命周期来对安全进行关注。在医疗事故影响分析中，运用 STAMP 能为决策者提供社会、技术等全面信息，能完整评估信息对决策的影响。在公路隧道系统中，运用 STAMP 建模分析隧道软件系统的行为和动态特性，提升隧道系统的安全能力。在铁路系统中，运用 STAMP 社会技术模型分析甬温线高铁事故，检查整个社会技术系统中设计、操作、管理及调度等各组成部分在事故中扮演的角色以及在铁路安全事故中所应承担的责任。

上述应用研究成果表明 STAMP 模型适合应用于安全分析中的人因关系、组织因素等社会各个方面，又具有建模系统动态能力、组件之间的交互关系，对复杂系统的安全分析有着显著优势。STAMP 理论国际研讨会在美国已连续召开了两届，吸引了包括中国、美国、加拿大、欧洲等国家和地区的研究人员参会，同时也使得这些国家和地区各个行业中越来越多的研究人员开始从事 STAMP 理论应用与研究工作。

第13节 HFACS模型

HFACS是唯格曼(Wiegmann)等人针对航空安全飞行事故建立的一种事故致因模型。该模型解决了人的失误理论与实践应用长期分离的状态,是一种综合的人的差错分析体系。该模型从4个层面分析了导致事故发生的原因。

1) 组织影响

这里的组织主要指的是企业。HFACS模型将组织的不良影响分为3个方面。

(1) 组织过程漏洞:组织过程漏洞主要指的是人员调度不合理、部门机构设置不合理等。

(2) 不良的组织氛围:不良的组织氛围指的是企业为员工营造的工作氛围。例如员工在一个压抑、紧张的氛围中工作,那么就会影响员工工作的热情以及工作时的状态,员工不良的工作状态很容易引发事故。

(3) 资源管理不当:资源管理不当指的是设备等资源管理混乱。

2) 不安全的监督

主要指的是企业管理层的监督作用。不安全的监督分为4个方面:

(1) 运行计划不当:管理者制定出不符合企业生产能力的生产计划,比如企业制订一份超出能力的生产计划,要求超能力生产。

(2) 监督不充分:企业管理者没有认真履行监督职责,没有及时发现企业存在的安全隐患,导致事故发生。

(3) 没有纠正问题:企业管理者发现了企业存在的问题,但是并没有引起注意,没有立即要求纠正问题。

(4) 监督违规:企业管理者在履行监督的职责时,玩忽职守,不按照规章制度办事,明知违反规定仍然一意孤行。

3) 不安全行为的前提

不安全行为的前提是引起不安全行为的直接原因,主要包括3个方面的因素。

(1) 人员因素:这里的人员指的是一个团队中的所有成员。人员因素又分为个人准备状态和团队资源管理。团队中如果有人准备状态不良,那么可能会影响整个团队的工作质量和效率,严重的话就会引起事故。团队资源管理指的是团队共用的设备、技术等资源管理是否合理恰当。

(2) 操作者状态:操作者指的是实际操作的工作人员。操作者的智力状况、身体状况、生理状态、精神状态等都会影响他实际工作的情况。

(3) 环境因素:除了人的因素,环境也是引起不安全行为的一个因素。环境因素主要包括技术因素和物理因素。技术因素指的是工作时采用的技术是否正确、先进;物理因素主要指的是工作时使用的设备是否正常、工作的环境是否适宜等。

4) 不安全行为

不安全行为是导致事故发生的直接原因。不安全行为主要包括2个方面。

(1) 差错:工作人员在操作的时候出现错误称为差错。主要有3种类型的差错:技能差错、知觉差错和决策差错。技能差错指的是工作人员在进行操作时,由于技术水平的原因出现差错。知觉差错指的是工作人员对问题的认识不准确造成的差错。决策差错指的是工作人员在面对问题，进行决策时出现的错误。

(2) 违规：工作人员违反规章制度进行作业叫作违规。违规分为偶然性违规和习惯性违规。偶然性违规指的是工作人员在个别情况下出现的违规操作，属于偶然情况。习惯性违规指的是工作人员经常出现的违规操作，有的时候由于工作人员频繁的进行某种违规操作，时间长了，这种违规操作就会成为工作人员下意识的行为，已经成为他的习惯，并且已经忘记了这是一种违规行为。

具体的 HFACS 模型如图 3-20 所示。

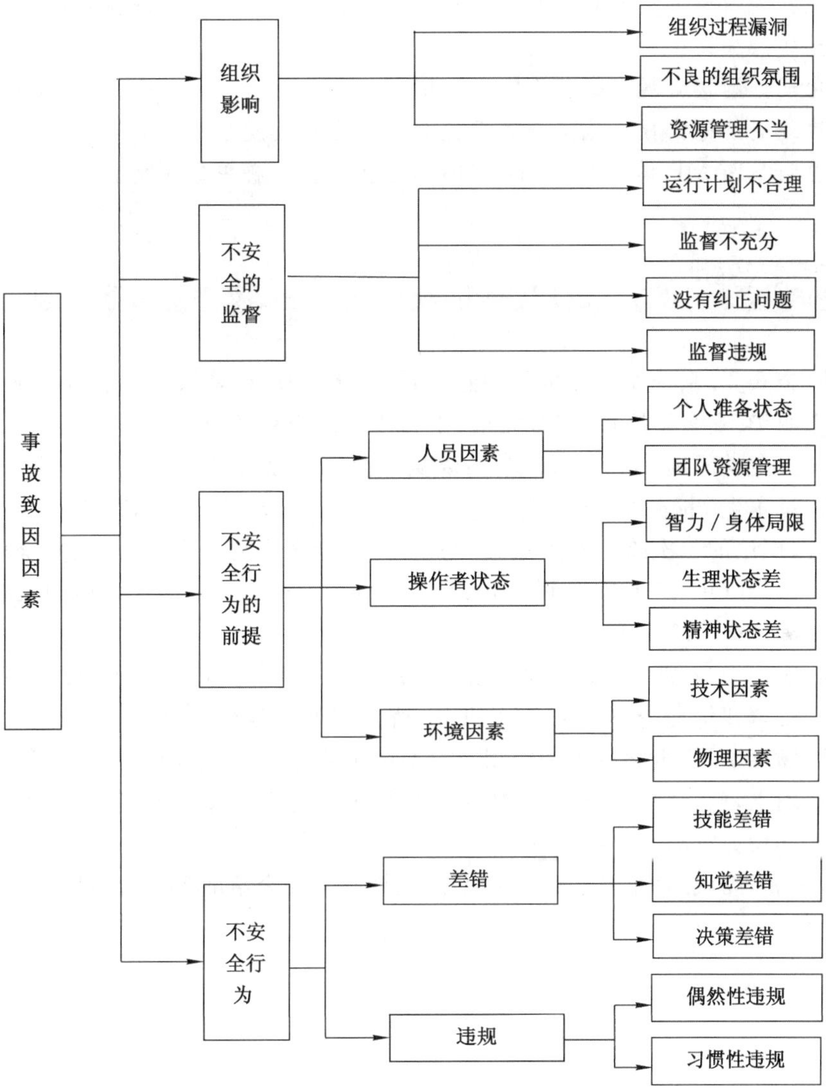

图 3-20　HFACS 模型

复习思考题

1. 事故致因理论主要有几类？其内容是什么？
2. 试分析事故致因理论在安全生产中的作用。
3. 海因里希事故因果连锁理论的主要观点是什么？从中可以得出有关事故预防的什么信息？
4. 能量意外释放理论的主要观点是什么？如何根据能量意外释放理论预防事故？
5. 系统观点的人失误主因论中主要有哪几类模型？请说明其各自在事故分析中的应用。
6. 动态变化理论的核心观点是什么？
7. 什么是轨迹交叉论？根据轨迹交叉理论如何防止事故发生？
8. 试举例说明 STAMP 模型以及 HFACS 模型在事故分析中的应用。

本章参考文献

[1] 景国勋，施式亮. 系统安全评价与预测[M]. 徐州：中国矿业大学出版社，2009.
[2] 徐锋，朱丽华. 安全学原理[M]. 北京：中国质检出版社，2016.
[3] 林柏泉. 安全学原理[M]. 2 版. 北京：煤炭工业出版社，2013.
[4] 李万帮，肖东生. 事故致因理论述评[J]. 南华大学学报(社科版)，2007，8(1)：57-61.
[5] 事故致因理论的 4 次跨越及其意义—其他—安全文化网—安全文化、安全培训、安全生产、安全评价[OL]. [时间不详]. http://www.anquan.com.cn/html/files/study/others/2010/0303/84618.html.
[6] 李树刚，成连华，林海飞. 安全科学原理[M]. 西安：西北工业大学出版社，2014.
[7] 赵耀江. 安全评价理论与方法[M]. 北京：煤炭工业出版社，2015.
[8] 金龙哲，杨继星. 安全学原理[M]. 北京：冶金工业出版社，2010.
[9] 阳小华，刘杰，刘朝晖，等. STAMP 模型及其在核电厂 DCS 安全分析中的应用展望[J]. 核安全，2013，12(3)：42-46.
[10] 牛丰，王昱，周诚. 基于 STAMP 模型的地铁施工安全事故致因分析[J]. 土木工程与管理学报，2016，33(1)：74-75.

第 4 章 典型事故后果分析与计算

火灾、爆炸、中毒是常见的重大事故，经常造成严重的人员伤亡和巨大的财产损失，影响社会安定。本节重点介绍有关火灾、爆炸和中毒事故后果分析（热辐射、爆炸波、中毒），在分析过程中要运用数学模型。通常一个复杂的问题或现象用数学模型来描述，往往是在一个系列的假设前提下按理想的情况建立的，有些模型经过小型试验的验证，有的则可能与实际情况有较大出入，但对辨识危险性来说是可参考的。火灾、爆炸、中毒等事故危害后果的分析评价，将为政府和企业采取安全措施和制订事故应急救援预案提供依据。

第 1 节 泄 漏

泄漏计算是进行扩散计算的前提。根据各种设备泄漏情况分析，可将工厂（特别是化工厂）中易发生泄漏的设备分类，通常归纳为：管道、挠性连接器、过滤器、阀门、压力容器或反应器、泵、压缩机、储罐、加压或冷冻气体容器及火炬燃烧装置或放散管等十类。泄漏主要包括灾害性破裂、液体连续泄漏、气体泄漏和两相流泄漏等，实际中经常使用的是后三种模型。

一、液体泄漏

液体泄漏量可根据流体力学中的伯努利方程计算。当裂口不规则时，可采用等效尺寸代替；当泄漏过程中压力变化时，则往往采用经验公式。伯努利方程如下：

$$Q = C_d A \rho \sqrt{\frac{2(p - p_0)}{\rho} + 2gh} \tag{4-1}$$

式中 Q——液体泄漏速率，kg/s；

C_d——液体泄漏系数；其值和雷诺数与裂口形状有关，按表 4-1 选取。

A——泄漏孔面积，m^2；

ρ——液体密度，kg/m^3；

p——容器内介质压力，Pa；

p_0——大气压力，Pa；

g——重力加速度，取 $g=9.8\ m/s^2$；

h——裂口之上液位高度，m。

该方法没有考虑泄漏速率对时间的依赖关系（压力随时间而降低以及液压高度下降），计算出来的泄漏速率是保守的最大可能泄漏速率。

表 4-1 液体泄漏系数 C_d

Re	裂口形状		
	圆形(多边形)	三角形	长方形
>100	0.65	0.60	0.55
≤100	0.50	0.45	0.40

二、气体泄漏

气体从裂口泄漏的速度与其流动状态有关。因此,计算泄漏量时首先要判断泄漏时气体流动属于音速还是亚音速流动,前者称为临界流,后者称为亚(次)临界流。

派瑞(Perry)等人用如下的关系式作为临界流的判断准则:当式(4-2)成立时,气体流动属于音速流动;当式(4-3)成立时,气体流动属于亚音速流动。

$$\frac{p_0}{p} \leqslant \left(\frac{2}{k+1}\right)^{\frac{k}{k-1}} \tag{4-2}$$

$$\frac{p_0}{p} > \left(\frac{2}{k+1}\right)^{\frac{k}{k-1}} \tag{4-3}$$

式中 p_0——大气压力,Pa;

p——容器压力,Pa;

k——气体的绝热指数,即定压比热 c_p 和定容比热 c_V 之比。

气体呈音速流动时,气体的质量泄漏速率可按下式计算:

$$Q = C_g A p \sqrt{\frac{2k}{k-1}\frac{M}{RT}\left(\frac{2}{k+1}\right)^{\frac{k+1}{k-1}}} \tag{4-5}$$

气体呈亚音速音速流动时,其质量泄漏速率可按下式计算:

$$Q = C_g A p \sqrt{\frac{2k}{k-1}\frac{M}{RT}\left(\frac{p_0}{p}\right)^{\frac{2}{k}} - \left(\frac{p_0}{p}\right)^{\frac{k+1}{k}}} \tag{4-6}$$

式中 Q——气体泄漏速率,kg/s;

C_g——气体泄漏系数;当裂口形状为圆形时取 1.00,三角形时取 0.95,长方形时取 0.90;

A——裂口面积,m^2;

M——气体相对分子质量;

R——普通气体常数,J/(mol·K),通常取 R=8.314 36 J/(mol·K);

T——气体温度,K;

其余符号意义同前。

当容器内物质随泄漏而减少或压力降低而影响泄漏速度时,泄漏速度的计算比较复杂。如果流速小或时间短,在后果计算中可采取最初排放速度,否则应计算其等效泄漏速度。

常用气体的绝热指数 k 值见表 4-2。k 值也可按气体的分子组成近似地确定:单原子气体 k=1.67,双原子气体 k=1.40,多原子气体 k=1.20~1.30。

表 4-2　　　　　　　　　　**常用气体的绝热指数**

气体	空气	氮气	氧气	氢气	甲烷	乙烷	乙烯	丙烷	氨气
k	1.40	1.40	1.397	1.412	1.315	1.18	1.22	1.33	1.32
气体	氯气	干饱和蒸汽		一氧化碳	二氧化碳	一氧化氮	二氧化氮	过热蒸气	氢氰酸
k	1.35	1.135		1.395	1.295	1.4	1.31	1.3	1.31

三、两相流泄漏

越来越多的证据表明，加压容器产生的多数泄漏是两相流泄漏，即同时泄漏出气体和液体。因此，泄漏速率介于气相泄漏速率与液相泄漏速率之间。

古德(Gude)在 1975 年提出了两相流泄漏关系式。假设源容器和泄漏点之间的管道长度和管道直径之比 $L/D>12$，泄漏点压力与泄漏点上流压力之比 $p_c/p=0.55$。具体计算方法如下：

第一步，按下式计算两相流的质量分数：

$$M_v = \frac{(T-T_c)c_p}{H_v} \tag{4-7}$$

式中　M_v——蒸发的液体占液体总量的比例；

T_c——对应于泄漏点压力 p_c 的平衡温度，K；

T——对应于泄漏点上流压力 p 的平衡温度，K；

c_p——液体的定压比热，J/(kg·K)；

H_v——液体的蒸发热，J/kg。

第二步，按下式计算两相流的平均密度：

$$\rho = \frac{1}{\dfrac{M_v}{\rho_v}+\dfrac{1-M_v}{\rho_1}} \tag{4-8}$$

式中　ρ,ρ_v,ρ_1——分别为两相流、蒸气和液体的密度，kg/m^3。

第三步，按下式计算两相流的质量泄漏速率：

$$Q = AC_d\sqrt{2\rho(p-p_c)} \tag{4-9}$$

式中　C_d——两相流泄漏系数，多数情况下，取 $C_d=0.8$；

A——裂口面积，m^2；

p——两相混合物的压力，Pa；

p_c——临界压力，Pa，可取 $p_c=0.55\ p$；

如果管道长度和管道直径之比 $L/D<12$，先按前面介绍的方法计算纯液体泄漏速率和两相流泄漏速率，再用内插法加以修正。两相流实际泄漏速率的计算公式为：

$$Q = Q_{v1}+(Q_1-Q_{v1})(12-L/D)/10 \tag{4-10}$$

式中　Q,Q_{v1},Q_1——两相流实际泄漏速率、按式(4-9)计算出来的两相流泄漏速率和纯液体泄漏速率，kg/s。

如果管道长度和管道直径之比 $L/D\leqslant 2$，一般认为泄漏为纯液体泄漏。

四、泄漏后的扩散

如前所述，泄漏物质的特性多种多样，而且还受原有条件的强烈影响，但大多数物质从容器中泄漏出来后，都可发展成弥散的气团向周围空间扩散。对可燃气体若遇到引火源会着火。这里仅讨论气团原形释放的开始形式，即液体泄漏后扩散、喷射扩散和绝热扩散。关于气团在大气中的扩散属于环境保护范畴，在此不予考虑。

1. 液体的扩散

液体泄漏后立即扩散到地面，一直流到低洼处或人工边界，如防火堤、岸墙等，形成液池。液体泄漏出来不断蒸发，当液体蒸发速度等于泄漏速度时，液池中的液体量将维持不变。

如果泄漏的液体是低挥发度的，则从液池中蒸发量较少，不易形成气团，对厂外人员没有危险；如果着火，则形成池火灾；如果渗透进土壤，有可能对环境造成影响；如果泄漏的是挥发性液体或低温液体，泄漏后液体蒸发量大，大量蒸发在液池上面后会形成蒸气云，并扩散到厂外，对厂外人员有影响。

1）液池面积

如果泄漏的液体已达到人工边界，则液池面积即为人工边界成的面积。如果泄漏的液体未达到人工边界，则将假设液体的泄漏点为中心呈扁圆柱形在光滑平面上扩散，这时液池半径 r 用下式计算：

瞬时泄漏（泄漏时间不超过 30 s）时，

$$r = \left(\frac{8gm}{\pi p}\right)^{\sqrt{t}/4} \tag{4-11}$$

连续泄漏（泄漏持续 10 min 以上）时，

$$r = \left(\frac{32gmt^3}{\pi p}\right)^{1/4} \tag{4-12}$$

式中 r——液池半径，m；

m——泄漏的液体量，kg；

g——重力加速度，取 $g=9.8\ \mathrm{m/s^2}$；

p——设备中液体压力，Pa；

t——泄漏时间，s。

2）蒸发量

液池内液体蒸发按其机理可分为闪蒸、热量蒸发和质量蒸发 3 种。

（1）闪蒸。过热液体泄漏后由于液体的自身热量而直接蒸发称为闪蒸。发生闪蒸时液体蒸发速度 Q_1 可由下式计算：

$$Q_1 = F_v \cdot m/t \tag{4-13}$$

式中 F_v——直接蒸发的液体与液体总质量的比例；

m——泄漏的液体总质量，kg；

t——闪蒸时间，s。

（2）热量蒸发。当 $F_v<1$ 或 $Q_1 t<m$ 时，则液体闪蒸不完全，有一部分液体在地面形成液池，并吸收地面热量而气化称为热量蒸发。其蒸发速度 Q_1 按下式计算：

$$Q_1 = \frac{KA_1(T_0 - T_b)}{H\sqrt{\pi\alpha T}} + \frac{KNuA_1}{HL}(T_0 - T_b) \tag{4-14}$$

式中 A_1——液池面积，$\mathrm{m^2}$；

T_0——环境温度，K；

T_b——液体沸点，K；

H——液体蒸发热，J/kg；
L——液池长度，m；
α——热扩散系数，m^2/s，见表 4-3；
K——导热系数，J/(m·K)，见表 4-3；
t——蒸发时间，s；
Nu——努舍尔特(Nusselt)数。

表 4-3　　某些地面的热传递性质

地面情况	$K/[J \cdot (m \cdot K)^{-1}]$	$\alpha/(m^2 \cdot s^{-1})$
水泥	1.1	1.29×10^{-7}
土地(含水 8%)	0.9	4.3×10^{-7}
干涸土地	0.3	2.3×10^{-7}
湿地	0.6	3.3×10^{-7}
沙砾地	2.5	11.0×10^{-7}

(3) 质量蒸发。当地面传热停止时，热量蒸发终了，转而由液池表面之上气流运动使液体蒸发称为质量蒸发。其蒸发速度 Q_1 为：

$$Q_1 = \alpha Sh \frac{A}{L}\rho_1 \tag{4-15}$$

式中　α——分子质扩散系数，m^2/s；
Sh——舍伍德(Sherwood)数；
A——液池面积，m^2；
L——液池长度，m；
ρ_1——液体的密度，kg/m^3。

2. 喷射扩散

气体泄漏时从裂口喷出形成气体喷射。大多数情况下气体直接喷出后，其压力高于周围环境大气压力，温度低于环境温度。在进行喷射计算时，应以等价喷射孔口直径计算。等价喷射的孔口直径按下式计算：

$$D = D_0\sqrt{\frac{\rho_0}{\rho}} \tag{4-16}$$

式中　D——等价喷射孔径，m；
D_0——裂口孔径，m；
ρ_0——泄漏气体的密度，kg/m^3；
ρ——周围环境条件下气体的密度，kg/m^3。

如果气体泄漏能瞬时间达到周围环境的温度、压力状况，即 $\rho_0=\rho$，则 $D=D_0$。

1) 喷射的浓度分布

在喷射轴线上距离孔口 x 处的气体浓度 $C(x)$ 为：

$$C(x) = \frac{\dfrac{b_1+b_2}{b_1}}{0.32\dfrac{x}{D}\cdot\dfrac{\rho}{\sqrt{\rho_0}}+1-\rho} \tag{4-17}$$

式中　b_1，b_2——分布函数。

$$b_1 = 50.5 + 48.2\rho - 9.95\rho^2$$
$$b_2 = 23 + 41\rho$$

如果把式(4-17)改写成 x 是 $C(x)$ 的函数形式，则给定某浓度值 $C(x)$，就可算出具有该浓度的点至孔口的距离 x。

在过喷射轴线上点 x 且垂直于喷射轴线的平面内任一点处的气体浓度为：

$$\frac{C(x,y)}{C(x)} = \mathrm{e}^{-b_2(y/x)^2} \tag{4-18}$$

式中 $C(x,y)$——距离裂口距离 x 且垂直于喷射轴线的平面内 y 点的气体浓度，kg/ m³；

$C(x)$——喷射轴线上距离裂口 x 处的气体浓度，kg/ m³；

b_2——分布参数；

y——目标点到喷射轴线的距离，m。

2）喷射轴线上的速度分布

喷射速度随着轴线距离增大而减少，直到轴线上的某一点喷射速度等于风速为止，该点称为临界点，临界点以后的气体运动不再符合喷射规律。沿喷射轴线的速度分布由下式得出：

$$\frac{v(x)}{v_0} = \frac{\rho_0}{\rho} \cdot \frac{b_1}{4}\left[0.32\frac{x}{D} \cdot \frac{\rho}{\rho_0} + 1 - \rho\right]\left(\frac{D}{x}\right)^2 \tag{4-19}$$

式中 ρ_0——泄漏气体的密度，kg/ m³；

ρ——周围环境条件下气体的密度，kg/m³。

D——等价喷射孔径，m；

b_1——分布函数；

x——喷射轴线上距裂口某点的距离，m；

$v(x)$——喷射轴线上距裂口 x 处一点的速度，m/s；

v_0——喷射初速，等于气体泄漏流出裂口时的速度，m/s。

$$v_0 = \frac{Q_0}{C_d\rho\pi\left(\frac{D_0}{2}\right)^2} \tag{4-20}$$

式中 Q_0——气体泄漏质量流速，kg/s；

C_d——气体泄漏系数；

D_0——裂口直径，m。

当临界点处的浓度小于允许浓度（如可燃气体的燃烧下限或者有害气体最高允许浓度）时，只需要按喷射来分析；若该点浓度大于允许浓度时，则需要进一步分析泄漏气体在大气中扩散的情况。

3. 绝热扩散

闪蒸液体或加压气体瞬时泄漏后，有一段快速扩散时间，假定此过程相当快以致在混合气团和周围环境之间来不及热交换，则此扩散称为绝热扩散。

根据荷兰应用科研究（TNO，1979）提出的绝热扩散模式，泄漏气体（或液体闪蒸形成的蒸气）的气团呈半球形向外扩散。根据浓度分布情况，把半球分成内外两层，内层浓度均匀分布，且具有 50％的泄漏量；外层浓度呈高斯分布，具有另外 50％的泄漏量。

绝热扩散过程分为两个阶段：第一阶段气团向外扩散至大气压力，在扩散过程中，气团获得动能，称为“扩散能”；第二阶段，扩散能再将气团向外推，使紊流混合空气进入气团，从而使气团范围扩大。当内层扩散速度降到一定值时，可以认为扩散过程结束。

1）气团扩散能

在气团扩散的第一阶段，扩散的气体（或蒸气）的内能一部分用来增加动能，对周围大气做功。假设该阶段的过程为可逆绝热过程，并且是等熵的。

（1）气体泄漏扩散能。根据内能变化得出扩散能计算公式如下：

$$E = c_V(T_1 - T_2) - 0.98p_0(V_2 - V_1) \tag{4-21}$$

式中　E——气体扩散能，J；

c_V——定容比热，J/(kg · K)；

T_1——气团初始温度，K；

T_2——气团压力降至大气压力时的温度，K；

p_0——环境压力，Pa；

V_1——气团初始体积，m^3；

V_2——气团压力降至大气压力时的体积，m^3。

（2）闪蒸液泄漏扩散能。蒸发的蒸气团扩散能可以按下式计算：

$$E = [H_1 - H_2 - T_b(S_1 - S_2)]W - 0.98(p_1 - p_0)V_1 \tag{4-22}$$

式中　E——闪蒸液体扩散能，J；

H_1——泄漏液体初始焓；J/kg；

H_2——泄漏液体最终焓；J/kg；

T_b——液体的沸点，K；

S_1——液体蒸发前的熵，J/(kg · K)；

S_2——液体蒸发后的熵，J/(kg · K)；

W——液体蒸发量，kg；

p_1——初始压力，Pa；

p_0——周围环境压力，Pa；

V_1——初始体积，m^3。

2）气团半径与浓度

在扩散能的推动下气团向外扩散，并与周围空气发生紊流混合。

（1）内层半径与浓度。气团内层半径 R_1 和浓度 C 是时间函数，表达如下：

$$R_1 = 2.72\sqrt{K_d \cdot t} \tag{4-23}$$

$$C = \frac{0.005\,9V_0}{(K_d \cdot t)^{\frac{3}{2}}} \tag{4-24}$$

式中　t——扩散时间，s；

V_0——在标准温度、压力下气体体积，m^3；

K_d——紊流扩散系数。

$$K_d = 0.013\,7\sqrt[3]{V_0} \cdot \sqrt{E} \cdot \left[\frac{\sqrt[3]{V_0}}{t\sqrt{E}}\right]^{1/4} \tag{4-25}$$

如上所述，当中心扩散速度（dR/dt）降到一定值时，第二阶段才结束。临界速度的选择是随机的且不稳定的。设扩散结束时扩散速度为 1 m/s，则在扩散结束时内层半径 R_1 和浓度 C 可按下式计算：

$$R_1 = 0.088\,37E^{0.3}V_0^{1/3} \tag{4-26}$$

$$C = 172.95E^{-0.9} \tag{4-27}$$

（2）外层半径与浓度。第二阶段末气团外层的大小可根据试验观察得出，即扩散终结时外层气团半径 R_2 由下式求得：

$$R_2 = 1.456R_1 \tag{4-28}$$

式中 R_2，R_1——气团内层、外层半径，m。

外层气团浓度自内层向外呈高斯分布。

第2节 火 灾

易燃、易爆的气体、液体泄漏后遇到引火源就会引发火灾。火灾对周围环境的影响主要在于其辐射热，若辐射热足够大，则会引起包括生物体在内的其他物体燃烧。但火灾辐射热的影响范围一般均在 200 m 左右的近火源区域，对较远区域影响不大。辐射热损失可由单位表面积在接触时间内所吸收能量或单位面积受到的辐射的功率来计算确定。

火灾主要有 4 种类型，即池火灾、喷射火、火球和固体火灾。

一、池火灾

可燃液体泄漏后流到地面或流到水面并覆盖水面，形成液池，遇点火源形成的火灾称为池火。如果液池的面积为固定的（泄漏的可燃液体被防液堤围住），则采用下面的计算方法。

1. 计算池面积

根据泄漏的液体量和地面性质，按下式可计算最大可能的液池面积。

$$S = \frac{W}{H_{min}\rho} \tag{4-29}$$

式中 S——最大液池面积，m^2；

ρ——液体的密度，kg/m^3；

W——泄漏液体的质量，kg；

H_{min}——最小液层厚度，m。

H_{min} 与地面性质相关，见表 4-4。如果没有合适的数据，则液池最小厚度可取典型值 0.010 m。

表 4-4　　地面性质与最小液层厚度关系

地面性质	H_{min}/m	地面性质	H_{min}/m
粗糙的沙壤或沙地	0.025	农业用地、草地	0.020
平整的沙石地	0.010	平整的石头地面、水泥地面	0.005
平静的水面	0.001 8		

2. 燃烧速率

当液池中的可燃液体的沸点高于周围环境温度时，液体表面上单位面积的质量燃烧速率为：

$$m_f = \frac{dm}{dt} = \frac{0.001H_c}{c_p(T_b - T_0) + H_{vap}} \tag{4-30}$$

式中　m_f——可燃液体的质量燃烧速率，kg/(m^2·s)；

H_c——液体的燃烧热，J/kg；

H_{vap}——液体的汽化潜热，J/kg；

c_p——液体的定压比热，J/(kg·K)；

T_b——液体的常压沸点，K；

T_0——环境温度，K。

当液体的沸点低于环境温度时，如加压液化气或冷冻液化气，其质量燃烧速率的计算公式为：

$$m_f = \frac{dm}{dt} = \frac{0.001H_c}{H_{vap}} \tag{4-31}$$

式中符号意义同前。

燃烧速度也可从手册中直接得到。表 4-5 列出了一些可燃液体的燃烧速率。

表 4-5　一些可燃液体的燃烧速率

可燃液体	液体密度 /(kg·m^{-3})	液体质量燃烧速率 /[kg·(m^2·s)$^{-1}$]	可燃液体	液体密度 /(kg·m^{-3})	液体质量燃烧速率 /[kg·(m^2·s)$^{-1}$]
航空汽油	730	91.98×10^{-3}	车用汽油	770	80.88×10^{-3}
煤油	835	55.11×10^{-3}	直接蒸馏的重油	938	78.10×10^{-3}
丙酮	790	66.36×10^{-3}	苯	879	165.37×10^{-3}
甲苯	866	138.29×10^{-3}	二甲苯	861	104.05×10^{-3}
乙醚	715	125.84×10^{-3}	甲醇	791	57.60×10^{-3}
丁醇	810	52.08×10^{-3}	戊醇	810	63.03×10^{-3}
二硫化碳	1 270	132.97×10^{-3}	松节油	860	123.84×10^{-3}
醋酸乙酯	715	70.31×10^{-3}			

3. 火焰高度

通常情况下，假设液池为圆形，池火火焰为圆柱形，火焰直径等于池直径，则：

$$L = 42D\left[\frac{m_f}{\rho_0\sqrt{gD}}\right]^{0.61} \tag{4-32}$$

式中　L——火焰高度，m；

m_f——单位面积质量燃烧速率，kg/(m^2·s)；

ρ_0——空气密度，$\rho_0=1.293$ kg/m^3；

g——重力加速度，取 $g=9.8$ m/s^2；

D——液池直径，m，$D=(4S/\pi)^{0.5}$。

用上式预测的火焰高度比池火火焰的实际高度稍微偏高。上面的池火火焰高度公式只适用于无风的情况。在有风情况下，火焰会倾斜，其高度随风速的增大将下降。

4. 火焰表面热辐射通量

液池燃烧时，会通过火焰表面向外辐射热能。假设能量从圆柱形火焰的侧面向四周均匀辐射，则单位时间、单位火焰表面积辐射出的热能，即火焰表面热辐射通量为：

$$q_0 = \frac{0.25\pi D^2 m_f f H_c}{0.25\pi D^2 + \pi DL} \tag{4-33}$$

式中　q_0——火焰表面热辐射通量，W/m^2；

f——热辐射系数，通常取 0.15；

其他符号意义同前。

5. 目标接受热辐射强度

假设全部辐射热量由液池中心点的小球面辐射出来，则在距离池中心某一距离(x)处的入射热辐射强度为：

$$I = \frac{QT_c}{4\pi x^2} \tag{4-34}$$

式中　I——热辐射强度，W/m^2；

Q——总热辐射量，W；

T_c——热传导系数，在无相对理想的数据时，取值为 1；

x——目标点到液池中心距离，m。

二、喷射火灾

加压的可燃气体泄漏时形成射流，如果在泄漏裂口处被点燃，将形成喷射火灾，使得周围的人员和财产受到损失。假定火焰为圆锥形，并用从泄漏处到火焰长度 4/5 处的点源模型来表示。

1. 火焰长度

喷射火的火焰长度可按下式得到：

$$L = \frac{(H_c m)^{0.444}}{161.66} \tag{4-35}$$

式中　L——火焰长度，m；

m——泄漏气体的质量流速，kg/s；

H_c——燃烧热，J/kg。

2. 目标接受的热辐射通量

L 为火焰长度(m)；H_c 为燃烧热(J/kg)；m 为质量流速(kg/s)；x 为到点火源(取火焰长度的 4/5 处为点火源的位置)的距离；f 为热辐射系数；τ 为大气传输率；I 为距离点火源 x 处接收到的热辐射强度(kW/m^2)。

$$I = \frac{fH_c m\tau}{4\pi x^2 \times 1\,000} \tag{4-36}$$

式中　I——距离火焰 x 处的目标所接受到的热源热辐射强度，kW/m^2；

f——热辐射系数，可取 0.35；

x——目标距离火焰的距离，m；

τ——大气传输率，$\tau = 1 - 0.056\,5\ln x$。

三、固体火灾

固体火灾的热辐射参数按点源模型估计。此模型认为火焰射出的能量为燃烧的一部分，并且辐射强度与目标至火源中心距离的平方成反比。

$$I = \frac{fM_c H_c}{4\pi x^2} \tag{4-37}$$

式中　I——目标接受到的辐射强度，W/m^2；

f——热辐射系数，可取 $f=0.25$；

H_c——燃烧热，J/kg；

x——目标至火源中心点的水平距离，m；

M_c——燃烧速度，kg/s。

$$M_c = m_f S \tag{4-38}$$

式中　m_f——可燃物的燃烧速率，kg/m^2·s；

S——可燃物的燃烧面积，m^2。

四、火球和爆燃

低温可燃液化气由于过热，容器内压增大，使容器爆炸，内容物释放并被点燃，发生剧烈的燃烧，产生强大的火球，形成强烈的热辐射。

1. 火球半径

$$R = 2.665M^{0.327} \tag{4-39}$$

式中　R——火球半径，m；

M——急剧蒸发的可燃物质的质量，kg。

2. 火球持续时间

$$t = 1.089M^{0.327} \tag{4-40}$$

式中　t——火球持续时间，s。

3. 火球燃烧时释放出的辐射热通量

$$Q = \frac{\eta H_c M}{t} \tag{4-41}$$

式中　Q——火球燃烧时辐射热通量，W；

H_c——燃烧热，J/kg；

η——效率因子，取决于容器内可燃物质的饱和蒸气压 $p(MPa)$，$\eta=0.27p^{0.32}$；

其他符号意义同前。

4. 目标接收到的入射热辐射强度

$$I = \frac{QT_c}{4\pi x^2} \tag{4-42}$$

式中　T_c——热传导系数，保守取值为 1；

x——目标至火球中心的水平距离，m；

其他符号意义同前。

五、突发火

泄漏的可燃气体、液体蒸发的蒸气在空中扩散，遇到火源发生突然燃烧而没有爆炸。此种情况下，处于气体燃烧范围内的室外人员将会全部烧死；建筑物内将有部分人被烧死。

突发火后果分析，主要是确定可燃混合气体的燃烧上、下极限的廓线及其下限随气团扩散到达的范围。为此，可按气团扩散模型计算气团大小和可燃混合气体的浓度。

六、火灾损失

火灾通过辐射热的方式影响周围环境，当火灾产生的热辐射强度足够大时，可使周围的物体燃烧或变形，强烈的热辐射可能烧毁设备甚至造成人员伤亡等。

火灾损失估算建立在辐射通量与损失等级的相应关系的基础上，见表 4-6。

表 4-6　　热辐射的不同入射通量所造成的损失

入射通量/($kW \cdot m^{-2}$)	对设备的损害	对人的伤害
37.5	操作设备全部损坏	1%死亡/10 s 100%死亡/1 min
25	在无火焰、长时间辐射下，木材燃烧的最小能量	重大烧伤/10 s 100%死亡/1 min
12.5	有火焰时，木材燃烧，塑料熔化的最低能量	1 度烧伤/10 s 1%死亡/1 min
4.0		20s 以上感觉疼痛，未必起泡
1.6		长期辐射无不舒服感

一般人能够承受的辐射热强度约为 1.7 kW/m^2。从表 4-6 中可看出，在较小辐射等级时，致人重伤需要一定的时间，这时人们可以逃离现场或掩蔽起来。

第3节　爆　　炸

爆炸是物质的一种非常急剧的物理、化学变化，也是大量能量在短时间内迅速释放或急剧转化成机械功的现象。根据能量释放过程的性质，爆炸分为物理爆炸、化学爆炸和核爆炸。

化学爆炸是物质由一种化学结构迅速转变为另外化学结构，在瞬间放出大量能量且对外做功的现象。如可燃气体、蒸气或粉尘与空气混合形成爆炸性混合物的爆炸。其特点是在爆炸现象发生过程中，介质的化学性质发生变化；形成爆炸的能源来自物质迅速发生化学变化时所释放的能量。化学爆炸具有放热性、快速性和生成气体产物 3 个要素。

核爆炸是指某些物质的原子核发生裂变反应或聚变反应，瞬间放出巨大能量而形成的爆炸现象。例如，原子弹爆炸和氢弹爆炸都是典型的核爆炸。

本书主要讨论物理爆炸和化学爆炸。

一、物理爆炸

物理爆炸就是物质状态参数(温度、压力、体积)迅速发生变化，在瞬间放出大量能量且对外做功的现象。其特点是在爆炸现象发生过程中，造成爆炸发生的介质的化学性质不发生变化，发生变化的仅是介质的状态参数。这类爆炸是由于设计、制造、腐蚀或低温、材料缺陷、交变载荷的作用，使得容器器壁的平均应力超过材料的屈服点或强度极限，导致脆性疲劳、疲劳破裂和应力腐蚀破裂而发生，也可因安全泄放装置、液化气体冲装过量、严重受热膨胀、违章超负荷运行等而发生。常见的如蒸汽锅炉爆炸、轮胎爆炸和高压气瓶爆炸都是典型的物理爆炸。

物理爆炸如压力容器破裂时，气体膨胀所释放的能量(即爆炸能量)不仅与气体压力和容器的容积有关，而且与介质在容器内的物性相态相关。因为有的介质以气态存在，如空气、氧气、氢气等；有点以液态存在，如液氨、液氯等液化气体、高温饱和水等。容积与压力相同而相态不同的介质，在容器破裂时产生的爆炸能量也不同，而且爆炸过程也不完全相同，其能量计算公式也不相同。

1. 压缩气体与蒸汽容器的爆炸能量

1）压缩气体容器的爆炸能量

当压力容器中介质为压缩气体，即以气态形式存在而发生爆炸时，气体膨胀所释放的能量（即爆炸能量）与压力容器的容积有关。其爆炸过程是容器内气体由容器破裂前的压力降至大气压力的一个简单膨胀过程，所以历时一般都很短。不管容器内介质的温度与周围大气存在多大的温差，都可以认为容器内的气体与大气无热量交换，即此时气体介质的膨胀是一个绝热膨胀过程。因此，其爆炸能量即为气体介质膨胀所做的功，可按理想气体绝热膨胀做功公式计算，即：

$$E_g = \frac{pV}{k-1}\left[1-\left(\frac{0.101\,3}{p}\right)^{\frac{k-1}{k}}\right]\times 10^3 \tag{4-43}$$

式中　E_g——气体的爆炸能量，kJ；

p——容器内气体的绝对压力，MPa；

V——容器的体积，m^3；

k——气体的绝热指数，见表 4-2。

2）饱和蒸汽容器的爆炸能量

对于常用压力下的饱和蒸汽容器的爆炸能量可按下式计算：

$$E_s = C_s V \tag{4-44}$$

式中　E_s——蒸汽的爆炸能量，kJ；

C_s——饱和蒸汽容器爆炸能量系数，kJ/m^3；

V——蒸汽的体积，m^3。

各种常用绝对压力下饱和蒸汽的爆炸能量系数见表 4-7。

表 4-7　常用压力下饱和蒸汽的爆炸能量系数（$k=1.135$）

p/MPa	0.4	0.5	0.6	0.8	0.9	1.1	1.4	1.7	2.6	3.1
$C_s/(kJ\cdot m^{-3})$	437	628	831	1 270	1 500	1 980	2 750	3 560	6 240	7 770

2. 介质全部为液体时的爆炸能量

通常用液体加压时所做的功作为常温液体压力容器爆炸时释放的能量，计算公式如下：

$$E_L = \frac{1}{2}\Delta p^2 \beta_t V \times 10^5 \tag{4-45}$$

式中　E_L——常温下液体压力容器爆炸时释放的能量，kJ；

Δp——液体的增压，按压缩液体的表压计，MPa；

V——容器的体积，m^3；

β_t——液体在压力 p 和温度 T 下气压缩系数，MPa^{-1}。

3. 液化气体和高温饱和水容器的爆炸能量

在液氯、液氨储罐及锅炉汽包等压力容器内，介质一般以气、液两种物态存在，介质工作压力大于大气压力，介质温度高于其在大气压力下的沸点（也称为“过热”）。当容器破裂发生爆炸时，除了气体急剧膨胀对外做功外，还有过热液体激烈的蒸发过程。在大多数情况下，这类容器内的饱和液体占有容器介质重量的绝大部分，它的爆炸能量比饱和气体大得多，一般计算时不考虑气体膨胀所做的功。由于这类爆炸在瞬间完成，可按绝热过程计算其爆炸能量。

1）液化气体容器的爆炸能量

液化气体容器破裂爆炸释放出的能量可按下式计算：

$$E=[(H_1-H_2)-(S_1-S_2)T_b]W \tag{4-46}$$

式中 E——过热状态下液体的爆炸能量，kJ；

H_1——爆炸前液化气体的焓，kJ/kg；

H_2——在大气压力下饱和液体的焓，kJ/kg；

S_1——爆炸前饱和液体的熵，kJ/(kg·K)；

S_2——在大气压力下饱和液体的熵，kJ/(kg·K)；

T_b——介质在大气压力下的沸点，K；

W——饱和液体的质量，kg。

2）饱和水容器的爆炸能量

常用压力下饱和水的爆炸能量可按下列简化公式计算：

$$E_w=1\,000C_wV \tag{4-47}$$

式中 E_w——饱和水容器的爆炸能量，kJ；

V——容器内饱和水所占的体积，m^3；

C_w——饱和水爆炸能量系数，MJ/m^3。

饱和水爆炸能量系数由压力决定，见表4-8。

表4-8 常用压力下饱和水的爆炸能量系数

p/MPa	0.4	0.5	0.6	0.8	0.9	1.1	1.4	1.7	2.6	3.1
爆炸能量系数 C_w/(MJ·m^{-3})	23.8	27.2	32.5	41.4	45.6	53.6	63.5	72.4	95.6	106

比较饱和蒸汽和饱和水爆炸能量系数，可以发现：饱和水的爆炸能量系数约为蒸汽的几十倍。这表明，饱和水的能量约为同体积、同压力的饱和蒸汽的几十倍，所以在锅筒中即使饱和水与饱和蒸汽各占50%的容积，饱和蒸汽的爆炸能量也不到全部爆炸能量的10%。

4. 压力容器爆炸时的冲击波能量

压力容器爆炸时，其爆炸能量以冲击波能量、破片能量和容器残余变形能量3种形式向外释放。研究表明，后两种形式所消耗的能量只占总爆炸能量的3%～15%，即爆炸能量的主要形式是冲击波。

冲击波是由压缩波叠加形成的，是波阵面以突进形式在介质中传播的压缩波。容器破裂时，器内的高压气体大量冲出，使它周围的空气受到冲击而发生扰动，使其状态（压力、密度、温度等）发生突跃变化。其传播速度大于扰动介质的声速，这种扰动在空气中传播就成为冲击波。在离爆炸中心一定距离的地方，空气压力会随时间发生迅速而悬殊的变化。开始时，压力突然升高，产生一个很大的正压力，接着又迅速衰减，在很短时间内正压降至负压。如此反复循环数次，压力逐渐衰减下去。开始时产生的最大正压力即是冲击波波阵面上的超压 Δp，超压可以达到数个，甚至数10个大气压。在多数情况下，冲击波的伤害、破坏作用是由超压引起的，冲击波超压对人体的伤害及对建筑物的破坏作用见表 4-9 和表 4-10。

表 4-9　冲击波超压对人体的伤害作用

Δp/MPa	伤害作用	Δp/MPa	伤害作用
0.02～0.03	轻微损伤	0.05～0.10	严重损伤（内脏严重挫伤、可引起死亡）
0.03～0.05	中等损伤（听觉器官损伤、内脏轻度出血、骨折等）	>0.10	极严重，可能大部分死亡

表 4-10　冲击波超压对建筑物的破坏作用

超压 Δp/ MPa	破坏作用	超压 Δp/ MPa	破坏作用
0.005～0.006	门、窗玻璃部分破碎	0.06～0.07	木建筑厂房房柱折断，房架松动
0.006～0.010	受压面的门窗玻璃大部分破碎	0.07～0.10	砖墙倒塌
0.015～0.02	窗框损坏	0.10～0.20	防震钢筋混凝土破坏，小房屋倒塌
0.02～0.03	墙裂缝	0.20～0.30	大型钢结构破坏
0.04～0.05	墙大裂缝，房瓦掉下		

冲击波的伤害、破坏作用准则有超压准则、冲量准则和超压—冲量准则等。下面仅介绍超压准则。超压准则认为，只要冲击波超压达到一定值，便会对目标造成一定的伤害或破坏。

实验数据表明，不同数量的同类炸药发生爆炸时，目标到爆炸中心距离 R 和炸药量 q 若满足

$$\frac{R}{R_0}=\left(\frac{q}{q_0}\right)^{1/3}=a \tag{4-48}$$

则

$$\Delta p(R)=\Delta p_0\left(\frac{R}{a}\right) \tag{4-49}$$

式中　R——目标与爆炸中心距离，m；

R_0——目标与基准爆炸中心的距离，m；

q——爆炸时产生冲击波所消耗的能量，TNT 当量，kg；

q_0——基准爆炸能量，TNT 当量，kg；

a——炸药爆炸实验的模拟比；

Δp——目标处的超压，MPa；

Δp_0——基准目标处的超压，MPa。

利用式(4-48)、式(4-49)和表 4-11 及爆炸的炸药量或 TNT 当量即可计算确定各种相应距离下的超压。表 4-11 是 1 000 kg 的 TNT 炸药在空气中爆炸时所产生的冲击波超压。

表 4-11　1 000 kg 的 TNT 炸药在空气中爆炸时所产生的冲击波超压

R_0 /m	5	6	7	8	9	10	12	14
Δp_0/MPa	2.94	2.06	1.67	1.27	0.95	1.76	0.50	0.33
R_0 /m	16	18	20	25	30	35	40	45
Δp_0/MPa	0.235	0.17	0.126	0.079	0.057	0.043	0.033	0.027
R_0 /m	50	55	60	65	70	75		
Δp_0/MPa	0.0235	0.0205	0.018	0.016	0.014 3	0.013		

【例 4-1】 设有一压缩气体储罐，容积 15 m³，压力 1 MPa(表压)，运行时容器破裂爆炸。试计算储气罐爆炸时的能量，并估算距离为 10 m 处的冲击波超压。

【解】 储气罐破裂时的能量：

$$E_g = \frac{pV}{k-1}\left[1-\left(\frac{0.101\ 3}{p}\right)^{\frac{k-1}{k}}\right]\times 10^3 = \frac{1.1\times 15}{1.4-1}\left[1-\left(\frac{0.1013}{1.1}\right)^{\frac{1.4-1}{1.4}}\right]\times 10^3$$
$$= 20.38\times 10^3\ (\text{kJ})$$

TNT 当量：(1 kgTNT 炸药爆炸所释放的爆炸能量平均值为 4 520 kJ/kg)

$$W_{TNT} = \frac{20.38\times 10^3}{Q_{TNT}} = 4.51\ (\text{kg})$$

与 1 000 kg 的 TNT 炸药模拟比为：

$$a = \left(\frac{4.51}{1\ 000}\right)^{1/3} = 0.165\ 2$$

与模拟实验中的相当距离为：

$$R_0 = \frac{R}{a} = \frac{10}{0.165\ 2} = 60.53\ (\text{m})$$

查表 4-11，用插入法求得离爆炸源 10 m 处的冲击波超压为 0.017 8 MPa。由表 4-9 和表 4-10 可查出其对人员的伤害及对建筑物的破坏。

5. 压力容器爆炸时碎片能量及飞行距离计算

压力容器爆炸时，壳体可能破裂为很多大小不等的碎片或碎块向四周飞散抛掷，造成人员伤亡或财产损失。

1）碎片能量的计算

碎片飞出时具有动能，动能的大小与每块碎片的质量及速度的平方成正比，即：

$$E = \frac{1}{2}mv^2 \tag{4-50}$$

式中　E ——碎片的动能，J；

m ——碎片的质量，kg；

v ——碎片击中人或物体的速度，m/s。

根据有关研究，碎片击中人体时的动能在 26 J 以上时，可致外伤；碎片击中人体时的动能在 60 J 以上时，可致骨部外伤；碎片击中人体时的动能在 200 J 以上时，可致骨部重伤。

2）碎片飞行距离的计算

压力容器碎片飞离壳体时，一般具有 80～120 m/s 的初速，即使在飞离容器较远的地方也常有 20～30 m/s 的速度。

设爆炸时压力容器或碎片离地面高度为 h，则压力容器或碎片平抛出速度 v_0 与飞行距离的关系，可由下式计算：

$$R = v_0\sqrt{\frac{2h}{g}} \tag{4-51}$$

若压力容器爆炸时碎片或容器抛出时与地面成 θ 角，则抛出初速度 v_0 与飞行距离的关系为：

$$v_0 = \sqrt{\frac{Rg}{\sin 2\theta}} \tag{4-52}$$

式中　v_0——压力容器或碎片抛出的水平初速，m/s；

R——抛出的水平距离，m；

h——压力容器或碎片原来的离地高度，m；

g——重力加速度，m/s^2。

受空气阻力影响，碎片飞行距离 L 以后，其速度变为

$$v = v_0\exp\left(-\frac{A}{m}\rho_0 L\right) \tag{4-53}$$

式中　L——碎片抛出的水平距离，m；

A——碎片的面积，m^2；

m——碎片的质量，kg；

ρ_0——空气的密度，kg/m^3。

3）碎片穿透量的计算

压力容器爆炸时，碎片通常会损坏或穿透临近的设备管道，引发二次火灾、爆炸或中毒事故。压力容器爆炸时，碎片的穿透力与碎片击中时的动能成正比：

$$S = K_c\frac{E}{A} \tag{4-54}$$

式中　S——碎片对材料的穿透量，mm；

E——碎片击中物体时所具有的动能，J；

A——碎片穿透方向的截面积，mm^2；

K_c——材料的穿透系数，见表 4-12。

表 4-12　材料的穿透系数

材料名称	钢板	钢筋混凝土	木材
K_c	1	10	40

二、化学爆炸

1. 凝聚相爆炸

凝聚相含能材料爆炸能产生多种破坏效应，如热辐射、一次破片作用、有毒气体产物的致命效应，但破坏力最强，破坏区域最大的是冲击波的破坏效应，因此，凝聚相爆炸模型主要考虑冲击波的伤害作用。

凝聚相含能材料的爆炸冲击波最大正相超压 Δp，可按下式计算：

$$\Delta p = 0.137Z^{-3} + 0.119Z^{-2} + 0.269Z^{-1} - 0.019 \tag{4-55}$$

其中：

$$Z = R\left(\frac{p_a}{1\,000E}\right)^{1/3}$$

$$E = 1.8WQ_c$$

式中　Z——距离,无量纲;

Δp——冲击波超压,Pa;

p_a——环境压力,一般取 101 325 Pa;

R——目标到爆源的水平距离,m;

E——爆源总能量,kJ;

W——含能材料的质量,kg;

Q_c——爆炸料的爆热,kJ/kg。

2. 蒸气云爆炸的冲击波伤害、破坏半径

爆炸性气体液态储存,如果瞬间泄漏后遇到延迟点火或气态储存时泄漏到空气中,遇到火源,则可能发生蒸气云爆炸。导致蒸气云形成的力来自容器内含有的能量或可燃物含有的内能,或二者兼有。"能"主要形式是压缩能、化学能或热能。一般来说,只有压缩能和热量才能单独导致形成蒸气云。

蒸气云爆炸产生的冲击波超压是其主要危害。冲击波超压可通过传统的 TNT 当量系数法进行计算,将事故爆炸产生的爆炸能量等同于一定当量的 TNT,也可根据爆炸能量直接计算。

1) TNT 当量法

(1) 确定闪蒸系数

在热力学数据资料的基础上,用下式估算燃料的闪蒸部分:

$$F = 1 - \exp\left[\frac{-c\Delta T}{H}\right] \tag{4-56}$$

式中　F——蒸发系数;

c——燃料的平均比热,kJ/(kg·K);

ΔT——环境压力下容器内温度与沸点的温差,K;

H——汽化潜热,kJ/kg。

(2) 计算云团中燃料的质量

$$W_f = 2FW \tag{4-57}$$

式中　W_f——云团中燃料的质量,kg;

W——泄漏的燃料的质量,kg;

F——闪蒸系数。

(3) 计算 TNT 当量

$$W_{TNT} = \alpha_e W_f H_f / H_{TNT} \tag{4-58}$$

式中　W_{TNT}——燃料的 TNT 当量,kg;

W_f——云团中燃料的质量,kg;

H_f——燃料的燃烧热,MJ/kg;

H_{TNT}——TNT 的爆热,MJ/kg;

α_e——TNT 当量系数,推荐 $\alpha_e = 0.03$。

(4) 将实际距离转化为缩放距离

$$\overline{R} = R/W_{TNT}^{1/3} \tag{4-59}$$

式中　R——离爆炸点的实际距离,m;

$\overline{R}$——缩放距离，m。

在离爆炸点距离为 R 处，根据相应的 $\overline{R}$ 值，查图 4-1 得到超压，进而预测人员受伤害和建筑受破坏的情况。

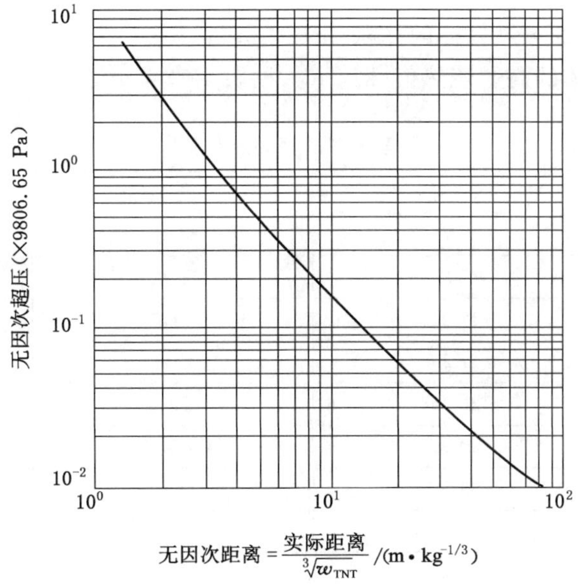

图 4-1　$\Delta\overline{p}$ -$\overline{R}$ 曲线

2）直接计算法

在得到云团中燃料的质量的情况下，可按下式直接计算爆炸冲击波超压 Δp。

$$\ln(\Delta p_s/p_a) = -0.9126 - 1.5058(\ln Z) + 0.1675(\ln Z)^2 - 0.0320(\ln Z)^3 \quad (0.3 \leqslant Z \leqslant 12) \tag{4-60}$$

$$Z = R/\left(\frac{E}{p_a}\right)^{1/3} \tag{4-61}$$

$$E = 1.8\alpha W Q_C \tag{4-62}$$

式中　Δp_s——冲击波正相最大超压，Pa；

Z——距离，无量纲；

p_a——环境压力，取 101 325 Pa；

R——目标到爆源的水平距离，m；

E——爆源总能量，J；

α——蒸气云当量系数，一般取 0.04；

W——蒸气云中对爆炸冲击波有实际贡献的燃料质量，kg；

Q_c——燃料的燃烧热值，J/kg。

根据荷兰应用科研院(TNO，1979)建议，可按下式预测蒸气云爆炸的冲击波的损害半径：

$$R = C(NE)^{1/3} \tag{4-63}$$

式中　R——损害半径，m；

E——爆炸能量，kJ；

N——效率因子,其值与燃烧浓度持续展开所造成损耗的比例和燃料燃烧所得机械能的数量有关,一般取 $N=10\%$;

C——经验常数,取决于损害等级,其取值情况见表4-14。

$$E = VH_c \tag{4-64}$$

式中 V——参与反应的可燃气体的体积,m^3;

H_c——可燃气体的高燃烧热值,kJ/m^3,见表4-13。

表4-13　某些气体的高燃烧热值　单位:kJ/m^3

气体名称		高热值	气体名称	高热值
氢气		12 770	乙烯	64 019
氨气		17 250	乙炔	58 985
苯		47 843	丙烷	101 828
一氧化碳		17 250	丙烯	94 375
硫化氢	生成 SO_2	25 708	正丁烷	134 026
	生成 SO_3	30 146	异丁烷	132 016
甲烷		39 860	丁烯	121 883
乙烷		70 425		

表4-14　损害等级表

损害等级	$C/mJ^{-1/3}$	设备损坏	人员伤害
1	0.03	重创建筑物和加工设备	1%死亡于肺部伤害 >50%耳膜破裂 >50%被碎片击伤
2	0.06	损坏建筑物外表可修复性破坏	1%耳膜破裂 1%被碎片击伤
3	0.15	玻璃破碎	被碎玻璃击伤
4	0.4	10%玻璃破碎	

第4节　中　毒

有毒物质泄漏后生成有毒蒸气云,它在空气中飘移、扩散、直接影响现场人员并可能波及居民区。大量剧毒物质泄漏可能带来严重的人员伤亡和环境污染。

毒物对人员的危害程度取决于毒物的性质、毒物的浓度和人员与毒物接触时间等因素。有毒物质泄漏初期,其毒气形成气团密集在泄漏源周围,随后由于环境温度、地形、风力和湍流等影响气团飘移、扩散,扩散范围变大,浓度减小。在后果分析中,往往不考虑毒物泄漏的初期情况,即工厂范围内的现场情况,主要计算毒气气团在空气中飘移、扩散的范围、浓度、接触毒物的人数等。

一、事物泄漏后果的概率函数法

概率函数法是通过人们在一定时间接触一定浓度毒物所造成影响的概率来描述毒物泄

漏后果的一种表示法。概率与中毒死亡百分率有直接关系，二者可以互相换算，概率值在 0～10，见表 4-15。

表 4-15　　概率与死亡百分率的换算

死亡百分率/%	0	1	2	3	4	5	6	7	8	9
0		2.67	2.95	3.12	3.25	3.36	3.45	3.52	3.59	3.66
10	3.72	3.77	3.82	3.87	3.92	3.96	4.01	4.05	4.08	4.12
20	4.16	4.19	4.23	4.26	4.29	4.33	4.26	4.39	4.42	4.45
30	4.48	4.50	4.53	4.56	4.59	4.61	4.64	4.67	4.69	4.72
40	4.75	4.77	4.80	4.82	4.85	4.87	4.90	4.92	4.95	4.97
50	5.00	5.03	5.05	5.08	5.10	5.13	5.15	5.18	5.20	5.23
60	5.25	5.28	5.31	5.33	5.36	5.39	5.41	5.44	5.47	5.50
70	5.52	5.55	5.58	5.61	5.64	5.67	5.71	5.74	5.77	5.81
80	5.84	5.88	8.92	5.95	5.99	6.04	6.08	6.13	6.18	6.23
90	6.28	6.34	6.41	6.48	6.55	6.64	6.75	6.88	7.05	7.33
99	0.0	0.1	0.2	0.3	0.4	0.5	0.6	0.7	0.	0.9
	7.33	7.37	7.41	7.46	7.51	7.58	7.58	7.65	7.88	8.09

概率值 Y 与接触毒物浓度及接触时间的关系如下：

$$Y = A + B\ln(C^n \cdot t) \tag{4-65}$$

式中　C——毒气的体积浓度，$\times 10^{-6}$；

t——接触毒物的时间，min；

A,B,n——常数，取决于泄漏毒物的性质。表 4-16 列出了一些常见有毒物质的有关参数。

表 4-16　　一些毒性物质的常数

物质名称	A	B	n	物质名称	A	B	n
氯	−5.3	0.5	2.75	氨	−9.82	0.71	2.0
丙烯醛	−9.03	3.05	1.0	四氯化碳	0.54	1.01	0.5
氯化氢	−21.76	2.65	1.0	甲基溴	−19.92	5.16	1.0
光气（碳酰氯）	−19.27	3.69	1.0	氰氢酸（单体）	−26.4	3.35	1.0

使用概率函数表达式时，必须计算评价点的毒性负荷（$C^n \cdot t$），因为在一个已知点，其毒性浓度随着气团的稀释而不断变化，瞬时泄漏就是这种情况。确定毒物泄漏范围内某点的毒性负荷，可把气团经过该点的时间划分为若干区段，计算每个区段内该点的毒物浓度，得到各时间区段的毒性负荷，然后再求出总毒性负荷：

$$\text{总毒性负荷} = \sum \text{时间区段内毒性负荷}$$

一般来说，接触毒物的时间不会超过 30 min。因为在这段时间里人员可以逃离现场或采取保护措施。

当毒物连续泄漏时，某点的毒物浓度在整个云团扩散期间没有变化。当设定某死亡百分率时，由表 4-15 查出相应的概率 Y 值，根据式(4-65)有：

$$C^n \cdot t = e\frac{Y-A}{B} \tag{4-66}$$

可以计算出 C 值，于是按扩散公式可以算出中毒范围。

如果毒物泄漏是瞬时的，则有毒气团的某点通过时该点处毒物浓度是变化的。这种情况下，考虑浓度的变化情况，计算气团通过该点的毒性负荷，算出该点的概率值 Y，然后查表 4-15就可得出相应的死亡百分率。

二、有毒液化气体容器破裂时的毒害区估算

液化介质在容器破裂时会发生蒸气爆炸。当液化介质为有毒物质，如液氯、液氨、二氧化硫、氢氰化硫、氢氰酸等，爆炸后若不燃烧，会造成大面积的毒害区域。

设有毒液化气体质量为 W(kg)，容器破裂前器内介质温度为 t(℃)，液体介质比热容为 c[kJ/(kg・℃)]，当容器破裂时，器内压力降至大气压，处于过热状态的液化气温度迅速降至标准沸点 t_o(℃)，此时全部液体所放出的热量为：

$$Q = W \cdot c(t - t_o) \tag{4-67}$$

设这些热量全部用于器内液体的蒸发，如它的汽化潜热为 q(kJ/kg)，则其蒸发量：

$$W' = \frac{Q}{q} = \frac{W \cdot c(t - t_o)}{q} \tag{4-68}$$

如介质的分子量为 M，则在沸点下蒸发蒸气的体积 V_g(m^3)为：

$$V_g = \frac{22.4W'}{M} \cdot \frac{273 + t_o}{273} = \frac{22.4W \cdot c(t - t_o)}{Mq} \cdot \frac{273 + t_o}{273} \tag{4-69}$$

为便于计算，现将压力容器最常用的液氨、液氯、氢氰酸等的有关物理化学性能列于表 4-17中。关于一些有毒气体的危险浓度见表 4-18。

若已知某种有毒物质的危险浓度，则可求出其危险浓度下的有毒空气体积。如二氧化硫在空气中的浓度达到 0.05%时，人吸入 5～10 min 即致死，则 V_g 的二氧化硫可以产生令人致死的有毒空气体积为：

$$V = V_g \times 100/0.05 = 2\,000V_g$$

假设这些有毒空气以半球形向地面扩散，则可求出该有毒气体扩散半径为：

$$R = \sqrt[3]{\frac{V_g/C}{\frac{1}{2} \times \frac{4}{3}\pi}} = \sqrt[3]{\frac{V_g/C}{2.094\,4}} \tag{4-70}$$

式中 R——有毒气体的半径，m；

V_g——有毒介质的蒸气体积，m^3；

C——有毒介质在空气中危险浓度值，%。

表 4-17　　一些有毒物质的有关物化性能

物质名称	相对分子质量	沸点/℃	液体平均比热容/[kJ・(kg・℃)$^{-1}$]	汽化潜热/(kJ・kg^{-1})
氨	17	−33	4.6	1.37×10^3
氯	71	−34	0.96	2.89×10^2
二氧化硫	64	−10.8	1.76	3.93×10^2

续表 4-17

物质名称	相对分子质量	沸点/℃	液体平均比热容/[kJ·(kg·℃)$^{-1}$]	汽化潜热/(kJ·kg^{-1})
丙烯醛	56.06	52.8	1.88	5.73×10^2
氢氰酸	27.03	25.7	3.35	9.75×10^2
四氯化碳	153.8	76.8	0.85	1.95×10^2

表 4-18　有毒气体的危险浓度

物质名称	吸入 5～10 min 致死的浓度/%	吸入 0.5～1 h 致死的浓度/%	吸入 0.5～1 h 致重病的浓度/%
氨	0.5		
氯	0.09	0.003 5～0.005	0.014～0.002 1
二氧化硫	0.05	0.053～0.065	0.015～0.019
丙烯醛	0.027	0.011～0.014	0.01
氢氰酸	0.08～0.1	0.042～0.06	0.036～0.05
四氯化碳	0.05	0.032～0.053	0.011～0.021

复习思考题

1. 常见的工业安全事故有哪些？各有何特征？
2. 流体泄漏量与哪些因素有关？采取哪些措施以减少泄露量？
3. 压力容器发生物理性爆炸，其能量来源是什么？
4. 爆炸事故伤害准则有哪些？最常用的准则是什么？
5. 蒸汽爆炸云伤害、破坏半径与哪些因素有关？
6. 毒物对人的危害程度取决于哪些因素？

本章参考文献

[1] 徐志胜，姜学鹏. 安全系统工程[M]. 3 版. 北京：机械工业出版社，2017.
[2] 国家安全生产监督管理总局. 安全评价[M]. 3 版. 北京：煤炭工业出版社，2005.
[3] 吴宗之，高进东，魏利军. 危险评价方法及其应用[M]. 北京：冶金工业出版社，2009.
[4] 蒋军成. 事故调查与分析技术[M]. 北京：化学工业出版社，2004.
[5] 沈维道，蒋智敏，童钧耕. 工程热力学[M]. 3 版. 北京：高等教育出版社，2001.
[6] 戴树和. 工程风险分析技术[M]. 北京：化学工业出版社，2007.
[7] 孔珑. 工程流体力学[M]. 2 版. 北京：中国电力出版社，1992.
[8] 杨立中. 工业热安全工程[M]. 合肥：中国科学技术大学出版社，2001.

第 5 章 事故调查与统计分析

在安全管理工作中，对已发生的事故进行调查处理是极其重要的一环。根据事故的必然性可知，事故发生是不可避免的，但我们可以采取事前预防措施减少其发生的概率或控制其产生的后果。事故预防是一种管理职能，而且该工作在很大程度上取决于事故调查。因为通过事故调查获得相应事故信息的统计与分析，对于认识危险、控制事故起着至关重要的作用。事故调查与处理，特别是重特大事故的调查处理会在相当大的时空范围内产生极大影响。因此，事故调查是确认事故经过、查找事故原因的过程，是安全管理工作的一项关键内容，也是制定最佳事故预防对策的前提。

第 1 节 事故调查概述

一、事故调查基本概念

1. 事故调查

所谓事故调查，是指生产安全事故发生后，开展的查明事故经过与原因、认定事故性质与责任、依法进行责任追究、提出整改与防范措施的过程。

事故调查是一门科学，也是一门艺术。说它是一门科学，是因为事故调查工作需要特定的技术和知识，包括事故调查专门技术的掌握，如航空器事故调查人员既应熟悉事故分析测定技术，也应了解航空器的结构、原理及相应设备；说它是一门艺术，是因为事故调查工作人员需要具有丰富的经验及综合处理信息并加以分析的能力，有时甚至要凭直觉。因此，真正掌握事故调查的过程及方法，特别需要理论与实践的紧密结合。

事故调查是试图找出导致或存在潜在导致人员伤害、死亡或财产损失所发生的系列时间事件链的系统过程，以便确定事故的系统原因，并且采取整改方案。

事故调查是安全管理过程中的必要关键工作，一次彻底的事故调查，不仅可以避免同类型事故的再次发生，而且可以通过事故调查发现管理系统的缺陷，防止更多更严重的事故发生，因此对企业的安全管理来说具有更大的价值。

2. 事故原因

事故原因（或起因）就是导致事故的一次事件或环境状态，在其他的书籍或资料中可能使用“根本原因”来表示类似的含义。事故的原因可以存在于基层（员工或设备）、中间层次（监督）和上层管理。一起事故的原因将回答“发生了什么？”的问题，一旦经过分析过程确定事故原因后，就要制订整改方案，避免类似的事故再次发生。

3. 整改措施

所谓整改措施，是指采取纠正或补救行动，避免类似事故再次发生。分析事故原因和制定整改方案结合起来就是分析企业组织管理机构各层次的原因和明确其整改职责。

二、事故调查分类

1. 按时间分类

事故调查按照调查时间可分为事先调查和事后调查。

1）事先调查

事先调查是在伤亡事故发生之前对系统中的人员、设备、材料以及环境中的不安全问题进行判断。系统的内部经常会发生变化，导致新的危险出现，旧的防范措施变得无能为力，随之产生了新的不安全行为和不安全状态。在这些新出现的不安全行为和不安全状态酿成伤亡事故之前，通过调查研究充分地揭露，更有利于采取措施。这种重点在于对系统内存在的问题进行判断的调查研究可以借助“事故判定技术”(critical incident technique)来实现。利用这一技术不仅能判断伤害事故，而且能够判断非伤害事故。同样起因的事故可能重复发生，但能否造成伤亡则具有偶然性。判断发生频率相当高的非伤害事故，实质上就是在尚未发生伤害的阶段判断潜在的伤害问题。

事先调查是一种科学实验性质的研究工作。在这种调查中可以熟练地处理和控制一个或多个自变量，观测一个或多个因变量。所谓控制自变量，是指根除或减少被研究的变量之外的自变量的影响。例如，可以用随机抽样的方法调查某种不安全行为、不安全条件或不安全设备出现的频率；或者调查一个车间里工人不安全生产时间的百分比。通过事先调查研究得到正常生产条件下人的失误率、物的故障率，对于预测伤亡事故发生概率是非常重要的。

2）事后调查

目前，人们对伤亡事故调查研究主要是以事后调查的方式进行的。它是通过事故的结果追溯事故的原因，设想事故发生的过程。

事故只有极少数的情况才能被人们观察到，许多伤亡事故的发生十分突然，在刹那间使人受到伤害，所以设想出事故的实际过程是很困难的。事故是许多因素(包括人的行为、设备、环境因素等)的函数，所含的自变量很多，依靠事故后收集来的有限证据确定这种复杂的函数关系，需要有理论知识、实际经验和正确的逻辑思维。事后调查仍然是人们认识事故，进而更好地预测事故和防止事故再发生的基本研究方式。

对伤亡事故的事后调查研究无疑是十分重要的。它为研究造成事故的原因以及采取预防措施提供科学根据。但是，伤亡事故使人们蒙受严重的创伤，付出了高昂的代价。从某种意义上来说，这种研究已经有些“事后诸葛”了。更重要的是应当在伤亡事故发生之前调查研究事故发生的倾向，预防伤亡事故发生的可能性，以便预先采取措施，防患未然。

2. 按类别分类

按照事故性质和类别可划分为生产安全事故调查、环境污染事故调查、核设施事故调查、国防科研生产事故调查。一般情况下，本书所述的事故调查均指生产安全事故调查。

三、事故调查目的、意义

1. 事故调查的目的

调查研究是认识世界和改造世界的根本方法，离开了调查研究就谈不上正确地解决问题。事故调查处理是人民政府按照法律规定进行的一项行政行为，具有很强的目的性，主要体现在以下几个方面：

(1) 揭露伤亡事故发生、发展过程，从而认识其规律性。

(2) 寻找造成和促成事故的原因，研究各种原因间的相互关系。

(3) 为采取防治伤亡事故重演的安全防范措施提供依据。

(4) 为伤亡事故统计分析提供数据。

(5) 评价系统内发生伤亡事故的时间，预测伤亡事故发生的可能性。

(6) 评价预防事故重演的安全防范措施的实际效果。

(7) 查明事故的责任者。

查明事故的责任者不应作为事故调查的首要目的；否则，往往容易歪曲事故产生的原因，以致不能采取恰当的措施来防止事故重演。

2. 事故调查的意义

事故调查工作对安全管理的意义可归纳为以下几个方面：

1) 它是最有效的事故预防方法

事故的发生既有它的偶然性，也有其必然性。也就是说，如果潜在的事故发生条件（称为事故隐患）存在，什么时候发生事故是偶然的，但发生事故是必然的。因此，只有通过事故调查的方法，才能发现事故发生的潜在条件，包括引发事故的直接原因和间接原因，找出其发生发展的过程，防止类似事故的发生。例如：某建筑工地叉车司机午间休息时饮酒过量后，又进入工地现场，爬上叉车，使叉车前行一段后从车上摔下，造成重伤。如果按责任承担来找寻事故发生的原因，则处理非常简单，即该司机违章酒后驾车行为；但试问在其酒后进入工地驾车的过程中，为什么没有人制止或提醒他不能酒后驾车呢？如果在类似情况下有人制止，是否还会发生事故呢？答案是十分明确的。

2) 它为制定安全措施提供依据

事故的发生是有因果性和规律性的，事故调查是找出这种因果关系和事故规律的最有效的方法。只有掌握了这种因果关系和规律性，我们才能有针对性地制定出相应的安全措施，包括技术手段和管理手段，达到最佳的事故控制效果。通过事故调查还可以描述事故的发生过程，鉴别事故的直接原因和间接原因，从而积累事故资料，为事故的统计分析及类似系统、产品的设计与管理提供信息，为企业或政府有关部门安全工作的宏观决定提供依据。

3) 它可以揭示新的或未被人注意的危险

任何系统，特别是具有新设备、新工艺、新产品、新材料、新技术的系统，都在一定程度上存在着某些我们尚未了解或掌握或被我们所忽视的潜在危险。事故的发生给了我们认识这类危险的机会，事故调查是我们抓住这一机会的最主要途径。只有充分认识了这类危险，我们才有可能防止其发生。

4) 它可以确认管理系统的缺陷

事故是管理不佳的表现，而管理系统存在缺陷的也会直接影响到企业的经济效益。即通过事故调查发现管理系统存在的问题，加以改进后就可以一举多得，既控制事故，又改进管理水平，提高企业经济效益。

5) 它是高效的安全管理系统的重要组成部分

安全管理工作是事故预防、应急措施和保险补偿等手段的有机结合，其中事故预防和应急措施更为重要。既然事故调查结果对于我们进行事故预防和制订应急计划都有重要价值，那么我们的安全管理系统中当然要具备事故调查处理职能并真正发挥其作用，否则安全管理工作的目的和对象就会在我们头脑中变得模糊起来。

事故调查不仅与企业安全生产有关，而且保险业也有着特殊的意义。因为事故调查既可以确定事故真相，排除骗赔事件，减少经济损失；也可以确定事故经济损失，确定双方都能接受的合同赔偿额度；还可以根据事故的发生情况，进行保险费率的调整，同时提出合理的预防措施，协助被保险人减少事故，搞好防灾防损工作，降低事故率。另外对于产品生产企业来说，针对其产品使用、维修乃至报废过程中发生的事故的调查对于确定事故责任、发现产品缺陷、维护企业形象和搞好新产品开发都具有重要意义。

四、事故调查处理原则

事故调查处理是一项比较复杂的工作，涉及各种利益主体，同时又具有很强的科学性和技术性。因此，要搞好事故调查处理工作，必须有正确的原则作指导。《中华人民共和国安全生产法》（以下简称《安全生产法》）中规定：事故调查处理应当坚持科学严谨、依法依规、实事求是、注重实效的原则。

1. 科学严谨的原则

科学严谨是事故调查处理工作的客观要求。生产安全事故的调查处理具有很强的科学性和技术性，特别是事故原因的调查，往往需要做很多技术上的分析与研究，借助科学技术手段。科学严谨包括两方面的含义：一是要有科学的态度，不主观臆想，不轻易下结论，防止个人意识主导，杜绝心理偏好，努力做到客观、公正；二是要特别注意充分发挥专家和技术人员的作用，把对事故原因的查明、事故责任的分析与认定建立在科学的基础上。

2. 依法依规的原则

依法依规是要所有参与事故调查的人员，应当严格按照国家现行的法律、法规，国务院令、政府特别规定、国家标准、行业标准等开展事故调查处理工作，严格按照法律法规上报事故调查报告并依法及时公布。调查处理过程中不得徇私枉法、违规违法。

3. 实事求是的原则

实事求是是唯物辩证法的基本要求。这一原则有几个方面的含义：一是必须全面、彻底查清生产安全事故的原因，不得夸大事故事实或者规避事实，更不得弄虚作假；二是一定要从实际出发，在查明事故原因的基础上明确事故责任；三是提出处理意见要实事求是，不得从主观出发，不能感情用事，要根据事故责任划分，按照法律、法规和国家有关规定对事故责任人提出处理意见；四是总结事故教训、落实事故整改措施要实事求是，总结教训要准确、全面，落实整改措施要坚决、彻底。

4. 注重实效的原则

注重实效就是要求在事故调查处理中，要紧紧围绕事故的发生原因、事故的性质、事故的责任、防范整改措施等开展工作，要在规定的时间内，明确目的、分工合作、注重实效，通过事故调查，要做到事故原因清楚、分析结论可靠、责任划分明确、防范措施具体，要能通过一次事故的调查分析，让相关人员受到教育，为企业及政府部门的安全管理工作提供指导。

第2节 事故报告

事故报告是事故调查处理的前提。事故发生后，及时、准确、完整地报告事故对于快速、有效地组织事故救援、减少事故损失、顺利开展事故调查具有非常重要的意义。因此，及时、准确、完整是事故报告的客观要求。

《安全生产法》《生产安全事故报告和调查处理条例》(以下简称《条例》)、《生产安全事故信息和处置办法》等法律法规对生产经营单位发生生产安全事故后信息的处置都做了明确规定。

一、事故报告主体

《条例》第九条规定：事故发生后，事故现场有关人员应当立即向本单位负责人报告；单位负责人接到报告后，应当于1小时内向事故发生地县级以上人民政府安全生产监督管理部门和负有安全生产监督管理职责的有关部门报告。情况紧急时，事故现场有关人员可以直接向事故发生地县级以上人民政府安全生产监督管理部门和负有安全生产监督管理职责的有关部门报告。并强调了事故报告的主体是事故发生的"单位"。

1. 单位

(1) 根据《生产安全事故罚款处罚规定(试行)》(国家安全生产监督管理总局令第13号，2015年4月2日国家安全生产监督管理总局令第77号第二次修正)第三条规定：事故发生单位是指对事故发生负有责任的生产经营单位。

(2) 国家工商总局对企事业单位的解释

基本单位是指我国境内除住户以外拥有一定活动场所并从事一定生产活动的社会经济单位，包括法人单位和产业活动单位。

法人单位是指依法成立，有自己的名称、组织机构和场所，能够独立承担民事责任；独立拥有和使用(或授权使用)资产，承担负债，有权与其他单位签订合同；会计上独立核算，能够编制资产负债表的单位。包括企业法人、事业单位法人、机关法人、社会团体法人和经法定程序批准设立的其他法人。

2. 生产经营单位

《安全生产法》所称的生产经营单位是指从事生产活动或者经营活动的基本单元，既包括企业法人，也包括不具有企业法人资格的经营单位、个人合伙组织、个体工商户和自然人等其他生产经营主体。也就是说，只要有生产活动的就是生产经营单位，只要有经营活动的也是生产经营单位。

例如，煤矿或"井"有完整的生产系统，又办理有"工商营业执照"，领取有"安全生产许可证"，是合法的生产经营基本单元，所以"煤矿"或"井"是"单位"，是事故报告的主体。

3. 生产经营活动

《安全生产法》和《条例》所称的生产经营活动既包括合法的生产经营活动，也包括违法违规的生产经营活动。也就是说，没有注册登记或没有办理任何证照的，如非法小煤矿、小作坊等开展的生产经营活动，只要生产或者经营的就是生产经营活动。

二、事故报告的责任人

根据国家有关规定，事故报告的责任人是单位负责人、实际控制人、负责生产经营管理的投资人以及其他负有报告职责的人员。

1. 单位负责人

单位负责人通常是指法人单位和产业活动单位的领导者。

《条例》所指的"单位负责人"可以是事故发生单位的主要负责人,也可以是事故发生单位其他分管安全生产工作的副职领导或其他负责人。对于煤矿来说,单位负责人就是煤矿有安全生产管理职责的各个矿级领导,包括副总工程师等。

2. 单位主要负责人

单位主要负责人通常是指法人单位和产业活动单位的行政"一把手"。

根据企业的组织形式,主要负责人可以是公司制企业的董事长、总经理、首席执行官或者其他实际履行经理职责的企业负责人,也可以是非公司制企业的厂长、经理、矿长等企业行政"一把手"。而《〈生产安全事故报告和调查处理条例〉罚款处罚暂行规定》中指出:单位主要负责人是指有限责任公司、股份有限公司的董事长或者总经理或者个人经营的投资人,其他生产经营单位的厂长、经理、局长、矿长(含实际控制人、投资人)等人员。

3. 其他负有报告责任的人员

其他负有报告职责的人员通常是指对安全生产、作业负有组织、监管职责的部门的监督检查人员,当班人员和现场有关人员。对于煤矿来说,包括当班值班领导、矿井调度室当班值班人员、值班主任、值班科(部)室领导、安全科室当班值班人员、安全监控当班值班人员等其他有关人员。

4. 事故现场有关人员

事故现场有关人员主要是指事故发生单位在事故现场的有关工作人员,既可以是事故的负伤者,也可以是在事故现场的其他工作人员。

对于发生人员死亡或因重伤无法报告,且事故现场又没有其他工作人员时,任何首先发现事故的人都负有立即报告事故的义务。

现场有关人员报告事故只要报告到事故单位的指挥中心(如调度室、监控室)即可。

三、事故报告的时限及程序

1. 事故报告时限

《条例》第九条中,报告事故的"1小时"限制性规定是非常明确的时间限制。通常情况下,单位负责人接到事故报告后,需要立即赶赴事故现场,核实事故情况,组织抢险救援工作,这些工作都需要耗费一定的时间。

为既能保证事故单位采取相关应急抢险措施,又能保证政府及其安全生产监管部门和其他负有安全生产监管职责的有关部门较快地获取事故的相关情况,在现代通信技术比较发达的条件下,国家法规作出"1小时"限制性规定是比较切合实际的。

2. 事故报告逐级上报制度

安全生产监督管理部门和负有安全生产监督管理职责的有关部门接到事故报告后,应当依照下列规定上报事故情况,并通知公安机关、劳动保障行政部门、工会和人民检察院:

(1) 特别重大事故、重大事故逐级上报至国务院安全生产监督管理部门和负有安全生产监督管理职责的有关部门。

(2) 较大事故逐级上报至省、自治区、直辖市人民政府安全生产监督管理部门和负有安全生产监督管理职责的有关部门。

(3) 一般事故上报至设区的市级人民政府安全生产监督管理部门和负有安全生产监督管理职责的有关部门。

安全生产监督管理部门和负有安全生产监督管理职责的有关部门应逐级上报事故情况,同时报告本级人民政府,每级上报的时间不得超过 2 h。国务院安全生产监督管理部门和负有安全生产监督管理职责的有关部门以及省级人民政府接到发生特别重大事故、重大事故的报告后,应当立即报告国务院。必要时,安全生产监督管理部门和负有安全生产监督管理职责的有关部门可以越级上报事故情况。

四、事故报告内容

事故发生后,单位负责人除向有关部门和机构报告事故外,还应当指定专人用文字材料的形式报告事故。文字材料报告事故的内容应根据实际情况来确定,但是应当以全面、简洁为原则,不能长篇大论,与事故无关的语言尽可能少写或不写。

具体包括下列内容:

1. 事故发生单位概况

事故发生单位概况应当包括:单位的全称、所处地理位置、所有制形式和隶属关系、生产经营范围和规模、各类证照的持有情况、单位负责人的基本情况以及近期的生产经营状况等。

2. 事故发生的时间、地点及事故现场情况

报告事故发生的时间应具体,尽量精确到分钟。

报告事故发生的地点要准确,除事故发生的中心地点外,还应当报告事故所波及的区域。

报告事故现场的情况应当全面,不仅应当报告现场的总体情况,还应当报告现场的人员伤亡情况、设备设施的毁损情况;不仅应当报告事故发生后的现场情况,还应当尽量报告事故发生前的现场情况,便于前后比较,分析事故原因。

3. 事故的简要经过

事故的简要经过是对事故全过程的简要叙述,核心要求在于"全"和"简"。"全"就是要全过程描述;"简"就是要简单明了,不必繁杂。

由于事故的发生往往是在一瞬间,对事故经过的描述应当特别注意事故发生前作业场所有关人员和设备设施的一些细节,因为这些细节可能就是引发事故的重要原因。

4. 事故已经造成或者可能造成的伤亡人数(包括下落不明的人数)和初步估计的直接经济损失

对于人员伤亡情况的报告,应当遵守实事求是的原则,不做无根据的猜测,更不能隐瞒实际伤亡人数。

对直接经济损失的初步估算,主要指事故所导致生产设施、设备和仪器仪表的损坏等。

由于人员伤亡情况和经济损失情况直接影响事故等级的划分,并因此决定事故的调查处理等后续重大问题,在报告这方面情况时应当谨慎细致,力求准确。

5. 已经采取的措施

已经采取的措施主要是指事故现场有关人员、事故单位负责人、已经接到事故报告的安全生产管理部门为减少损失、防止事故扩大和便于事故调查所采取的应急救援和现场保护等具体措施。

6. 其他应当报告的情况

对于其他应当报告的情况，应当根据实际情况具体确定。例如，较大以上事故还应当报告事故所造成的社会影响，政府有关领导和部门有关领导、集团公司领导现场指挥等有关情况。另外，对于能够初步判定事故原因的，也应当报告。

五、事故的补报

《条例》第十三条规定：事故报告后出现新情况的，应当及时补报。自事故发生之日起30日内，事故造成的伤亡人数发生变化的，应当及时补报。道路交通事故、火灾事故自发生之日起7日内，事故造成的伤亡人数发生变化的，应当及时补报。

《条例》作出30日和7日的规定，能够使安全生产监督管理部门和负有安全生产监督管理职责的有关部门更加合理地安排救援和善后等相关工作，同时也有利于事故受害者及其家属权益的保护。

对出现的新情况及时补报，是因为有些不确定的状态需要经过一段时间才能转为确定状态。例如，由于危险因素没有彻底排除，事故没有得到有效控制，导致发生次生事故，引起了新的人员伤亡，有时甚至是救援人员的伤亡和新的财产毁损，增加了直接经济损失。又如，对失踪人员的搜救和对被困人员的营救能否取得积极的结果，重伤者经过抢救能否脱离生命危险，损坏的设备设施能否进行修复等，都需要经过一段时间后才能确定。这些都直接影响到伤亡人数的确定和直接经济损失的认定，而伤亡人数和直接经济损失情况直接关系到事故等级的划分和事故的调查处理权限等具体问题。

六、关于事故报告的其他规定

《安全生产法》第八十条规定：生产经营单位发生生产安全事故后，事故现场有关人员应当立即报告本单位负责人；单位负责人接到事故报告后，应当按照国家有关规定立即如实报告当地负有安全生产监督管理职责的部门，不得隐瞒不报、谎报或者拖延不报，不得故意破坏事故现场、毁灭有关证据。

《条例》第三十五条规定：事故发生单位主要负责人有下列行为之一的，处上一年年收入40%至80%的罚款；属于国家工作人员的，并依法给予处分；构成犯罪的，依法追究刑事责任：

(1) 不立即组织事故抢救的。

(2) 迟报或者漏报事故的。

(3) 在事故调查处理期间擅离职守的。

事故报告应当及时、准确、完整，任何单位和个人对事故不得迟报、漏报、谎报或者瞒报，这是《生产安全事故报告和调查处理条例》对事故报告提出的总体要求。

但在实践中，总有一些单位和个人，出于不同原因迟报、漏报、谎报和瞒报事故。所谓迟报事故，是指各相关人员未按照规定的时间要求接报事故，事故报告不及时的情况。所谓漏报事故，是指对应当上报的事故而遗漏未报的情形，漏报是事故发生单位主要负责人非主观故意实施的行为，主要是不负责任所致。所谓瞒报事故，是指不如实报告事故，如谎报事故死亡人数、将重大事故报告为一般事故等。瞒报事故是在获知事故后，对事故情况隐瞒不报。谎报或者瞒报是相关人员故意做出的非法行为，而迟报和漏报是相关人员的过失导致的。因此，谎报或瞒报比迟报、漏报事故性质更恶劣，后果更严重，直接导致相关机关得到错误的事故信息或者根本不知道发生事故，也就谈不上有效组织事故抢救和开展事故调查。

第3节 事故调查的组织及调查程序

一、事故调查工作组织原则

目前,在我国事故调查工作实行"政府领导,分级负责"的原则,也可理解为事故调查工作实行"政府负责,分级实施"的原则。这一原则有利于进一步落实各级政府安全生产行政首长负责制;有利于事故责任的追究,避免事故再次发生。

1. 事故调查主体

国务院和县级以上地方人民政府是事故调查的主体。人民政府可以直接组织事故调查,也可授权或委托有关部门牵头组织调查。生产安全事故调查往往涉及多个行业领域的专业技术以及立项、选址、建设、运营等诸多环节,生产安全事故调查适用但不仅限于安全生产法律法规体系和技术标准规范,还包括相关行业法律法规体系和技术标准规范,从执法主体资格上决定了事故调查应由人民政府组织有关部门共同实施。

2. 分级调查原则

根据《条例》的规定,生产安全事故的调查实行分级调查的原则,即:

(1) 特别重大事故(死亡30人以上,或重伤100人以上,或直接经济损失1亿元以上)由国务院或者国务院授权有关部门组织事故调查组进行调查。

(2) 重大事故[死亡10~29人,或重伤50~99人,或直接经济损失5 000万~1亿元(不含)]由事故发生地省级人民政府组织省级有关部门组成调查组进行调查。

(3) 较大事故[死亡3~9人,或重伤10~49人,或直接经济损失1 000万~5 000万元(不含)]由事故发生地设区的市级人民政府组织地市级有关部门组成调查组进行调查。

(4) 一般事故[死亡1~2人,或重伤10人(不含)以下,或直接经济损失1 000万元(不含)]以下由事故发生地县级人民政府组织县级有关部门组成调查组进行调查。

只造成轻伤或直接经济损失在1 000万元以下、未造成人员伤亡的一般事故,县级人民政府也可以委托事故发生单位组织事故调查组进行调查。这是因为一般事故数量很大,为了减轻政府负担、提高工作效率,委托事故单位调查也是合情合理的。对于是否委托,要根据事故单位是否有能力公平、公正、严格地调查事故来决定。受委托的事故单位要按要求组织事故调查组,调查结果要向委托单位报告。

3. 属地调查原则

事故调查属于政府行为,各类生产安全事故的调查实行属地原则。

属地原则,是指除特别重大事故外,其他各类事故不论事故单位的隶属关系如何,都应由事故发生地人民政府组织有关部门成立事故调查组进行调查的原则。例如,事故发生地与事故发生单位不在同一个县级以上行政区域的,应当由事故发生地人民政府负责调查,事故发生单位所在地人民政府需派人参加。

上级人民政府及安全生产监督管理部门认为有必要时,可以组织调查由下级人民政府及安全监察机构组织调查的事故。有时虽然事故等级不高,但事故情况复杂,影响较大,这就需要由上级机构调查。一般有以下情形的可以由上级机构调查:

(1) 事故性质恶劣、社会影响较大的。

(2) 同一单位或某地区连续频繁发生同类事故的。

(3) 事故发生地或企业不重视安全生产工作、不能真正吸取事故教训的。

(4) 社会和群众对下级机构调查的事故反响十分强烈的。

(5) 事故调查难以做到客观、公正的。

在事故调查期间,自事故发生之日起 30 日内,因事故伤亡人数变化导致事故等级发生变化,按规定应当由人民政府负责组织调查,上级机构可以另行组织事故调查组进行调查,也可委托原调查组调查。

需要指出的是,不管是政府直接组织事故调查,还是授权或者委托有关部门组织事故调查,都是在政府的领导下并以政府的名义进行的调查行为,不能理解为是部门的调查行为。

二、事故调查组的组成

事故调查组的组成应当遵循精简、效能的原则。

根据事故的具体情况,事故调查组由有关人民政府、安全生产监督管理部门、负有安全生产监督管理职责的有关部门、监察机关、公安机关以及工会派人组成,并应当邀请人民检察院派人参加。

事故调查组可以聘请有关专家参与调查,聘请的专家也是事故调查组的成员。

聘请专家必须是在该行业领域既有扎实的理论基础,又有丰富实践经验的人员。聘请专家时,一般至少 3 人以上,并且要有来自于同类企业的现场实践经验丰富的高级工程技术人员,来自于高等院校理论研究造诣较深的大学教师,来自于科研院所的技术专家等。

事故调查实行组长负责制。事故调查组组长由负责事故调查工作的人民政府指定。设立事故调查组组长的目的是为了及时协调事故调查工作中的重大问题,对分歧意见作出决策,体现事故调查的时效性和权威性,提高事故调查的效率。

事故调查组应当根据事故的具体情况和事故等级,设事故调查组副组长 1～3 人。一般情况下,副组长应当是有关地方政府或者有关部门的负责人。副组长在事故调查组成员中产生,协助组长开展事故调查工作。对一般等级的事故可只设组长 1 名,不再设置副组长。

调查组其他成员,在组长统一组织下,分工协作,有所侧重,一般为:

负有安全生产监督管理职责的有关部门主要负责查明事故发生的经过和原因;收集整理涉及相关行业和安全生产的法律法规、规章规程、标准和技术规范,并对事故相关单位贯彻执行情况进行调查取证;提出事故相关责任单位和责任人员处理建议。根据需要配合公安机关立案侦查提供技术支持,提出事故防范措施和整改建议。

(纪检)监察机关主要负责调查与事故有关的(党员干部)监察对象的(党纪)行政责任,并提出对事故负有责任的(党员干部)监察对象进行责任追究建议;对有关行政机关及其工作人员在事故调查处理工作中履行法定职责情况进行监督;将依职权做出的相关处理意见及时通报事故调查牵头部门;如有异议,可在调查组内沟通协商,意见仍不一致,报派出调查组的人民政府裁定。

公安机关主要负责维护事故现场秩序,配合其他工作组对事故相关企业(技术服务机构)调查取证;对涉嫌犯罪人员依法立案侦查,采取强制措施和侦查措施;犯罪嫌疑人逃匿的,应当迅速追捕归案;及时与事故调查组有关工作组沟通调查情况,就案件查办情况及时书面通报调查组其他工作组(负有安全生产监督管理职责的有关部门)。

工会参加事故调查处理工作,有权对侵害职工生命安全和健康权益的事故单位和责任人提出处理意见；提出吸取事故教训、改善劳动保护条件的整改措施和建议。同时，作为非政府序列的机构，对事故涉及的相关监管部门履职情况进行调查。

人民检察院与事故调查组联合调查，负责对与事故有关的国家工作人员涉嫌失职渎职、贪污贿赂等职务犯罪案件的调查与处理，应当建立健全完善与调查组的密切配合、联系协作的协调机制。

三、事故调查组的职责与权利

事故调查组履行的各项职责是事故调查工作的核心。事故调查工作能否做到"实事求是、尊重科学"，事故调查处理能否做到"四不放过"(事故原因未查清不放过、责任人员未处理不放过、整改措施未落实不放过、有关人员未受到教育不放过)，通过事故调查处理能否真正防止和减少事故、避免类似事故重复发生，关键要看事故调查组的职责能否正确履行。

1. 事故调查组的职责

根据国务院颁布的《生产安全事故报告和调查处理条例》规定，事故调查组的主要职责如下：

(1) 查明事故发生的经过、原因、人员伤亡情况和直接经济损失。

(2) 认定事故的性质和事故责任。

(3) 提出对事故责任者的处理建议。

(4) 总结事故教训，提出防范和整改措施。

(5) 提交事故调查报告。

2. 事故调查组的权利

事故调查组要完成《生产安全事故报告和调查处理条例》规定的各项职责，就必须赋予其相应的权利。国家法规对事故调查组的权利进行了以下规范。

事故调查组有权向有关单位和个人了解与事故有关的情况，并要求其提供相关文件、资料，有关单位和个人不得拒绝。

事故调查组有权对事故发生单位依法提出以下要求：

(1) 事故发生单位的负责人和有关人员有配合事故调查的义务，在事故调查期间不得擅离职守，并应当随时接受事故调查组的询问，如实提供有关情况。

(2) 事故发生单位的负责人和有关人员在事故调查期间不履行法定义务，擅离职守或不接受调查，或不如实提供有关情况的，调查组就要追究其相应的法律责任。

在事故调查中，调查组发现涉嫌犯罪的，事故调查组应当及时向司法机关移交涉嫌犯罪者的有关材料或者复印件。

四、事故调查处理的程序

事故调查处理主要分为准备阶段、调查取证阶段、分析阶段和处理阶段。

1. 准备阶段

1) 事故初核和立案调查

安全生产监督管理部门和负有安全生产监督管理职责的有关部门接到事故报告后，其相关负责人应当立即赶赴事故现场，详细了解事故时间、事故单位基本情况、事故经过和人员伤亡情况、抢险救援情况等有关情况。对了解到的情况进行综合分析，初步认定属于生产安全事故的，建议人民政府立案调查。

2) 成立调查组

立案调查成立事故调查组应当由相应的人民政府正式行文，而不应该由(牵头)部门或安委会(办公室)发文。

3）制订调查方案

事故调查组应当依照规定的调查组职责，制订调查工作方案。根据调查工作需要，调查组可下设综合组、技术组、管理组、责任追究组、应急评估组等工作组。工作组组长由调查组组长指定。工作组本着"协调合作、分工负责"的原则，在调查组组长统一调度指挥下，负责某一方面的具体调查工作。调查组应建立定期碰头机制，各工作组及时汇报调查工作进展和下一步工作计划。

调查组第一次全体会议：事故调查组经批准成立后，应召开事故调查组第一次全体会议，会议内容包括：宣布政府立案调查和成立事故调查组的决定；通报事故基本情况；宣布调查初步方案，明确调查方向和重点任务；提出调查工作要求和纪律等。

2. 调查取证阶段

1）现场勘查

事故调查组成立后应及时开展现场勘查，每次勘查人员不得少于 2 人。勘查前，应向当事人或目击者了解事故发生的经过情况；然后巡视现场，确定现场勘查的范围和勘察顺序；提取事故现场存留的有关痕迹和物证，提取前、后都应当采用录像、照相、文字等多种形式记录；绘制包括事故现场示意图、剖面图、工序(工艺)流程图、受害者位置图等有关事故图。现场勘查完毕后，提交《现场勘查报告》，载明事故现场勘查人员、勘查时间、勘查路线，客观描述事故地点基本情况和与事故相关的情况，认定事故类别，附有相应的事故图纸、照片等。参与现场勘查的人员应当在勘查报告上签名和注明日期。现场拍摄的照片应当注明拍摄参数、拍摄者和拍摄日期。

物证提取：现场勘查人员应当及时提取现场物体及相关痕迹，封存与事故有关的物件、图纸等，提取前后都应当采用录像、照相、文字等多种形式记录。所提取的物证样品要及时编号并注明提取部位和名称，以免混淆。对于需要取证但不便于提取的物品，应当在拍照或录像后交由物品持有人保管(与现场勘查同时进行)。

2）收集资料

根据《条例》第二十六条第一款规定，事故调查开展时，应收集事故发生单位、事故涉及相关单位(部门)及有关人民政府与事故有关的相关资料。事故相关单位资料：主要包括企业基本情况(含出资人等情况)、相关证照、安全生产责任制、人员资格(质)证书以及生产作业和设备运行、检修维护记录等；事故涉及相关单位(技术服务机构)收集资料主要包括单位基本情况(含出资人等情况)、部门组织架构、工作职责或服务范围、证照和相关资质，以及与事故单位相关的设计、图审、评价、咨询等及其相应合同和参与人员的情况；有关人民政府(部门)的资料主要包括主要职责(法律法规和"三定方案")，领导班子分工和历史沿革，履行工作职责的文件、文书、记录等情况，有关内设机构职责分工和人员岗位职责等。

收集的资料一般不予退还，请提供单位自留底稿。提供复印件的，需单位主要负责人核对无误并签署"与原件核对一致"，签名并加盖单位公章，多于 1 页的需加盖骑缝章。

证人证言：根据事故调查了解的初步情况，确定和落实调查的对象、问题和询问顺序。针对不同的询问对象确定询问内容和方式，制订询问提纲。询问工作结束后，应整理所有的询问笔录，并根据调查情况决定是否需要补充调查询问。应当注意的是，询问笔录须经被询问人仔细阅读并认可笔录与其陈述内容一致后，由被询问人在笔录末页结束处顶格签署“以上记录共××页，我已看过，与我说的一致”等字样(首尾压指印)，并签署姓名和日期。笔录制作完成，被问询人应在姓名、询问时间、被询问人签名(日期)、压页等处均按压指印。询问人员、翻译人员、记录人员、其他在场人员也要在相应位置签名(询问现场签)。

检测检验和技术鉴定：设备、仪器、致害物等现场提取物需要进行检测检验和技术鉴定的，事故调查组应委托具有国家规定资质的机构进行检测检验和技术鉴定。样品的采集可由事故调查组组织，也可委托具有国家规定资质的检测检验、技术鉴定机构承担取样工作。对于一些专业技术复杂的事故现场，还需要组织具有相应专业技术能力的专家进行综合分析，形成专家“技术分析报告”。技术组对专家技术分析报告进行质证和把关，技术分析报告应符合客观因果关系，引用标准规范适当。例如，某起地铁施工坍塌事故的“技术分析报告”大量描述与坍塌关系不大的换刀工艺，结论是“换刀工艺符合相关规定”；而对导致事故发生的地压监测和防范措施等，只用了“工序交叉作业，监测孔遭到破坏”简单带过，未做详细论述，明显有袒护事故发生单位嫌疑。

3）评估损失

《条例》规定：事故调查组需要查明事故人员伤亡情况并核实、计算直接经济损失。所谓人员伤亡，是指因事故造成作业人员或其他人员伤残、死亡、下落不明等情况。直接经济损失由人身伤亡后支出的费用、事故善后处理费用、财产损失价值 3 大部分组成。

需要对事故造成的直接经济损失进行评估的，应出具《直接经济损失评估委托书》，提出委托的项目、要求和被委托单位。承担直接经济损失评估的单位应当具有国家规定的资质，并且与事故各方无利害关系。

4）应急处置评估

事故发生单位和事故发生地人民政府事故现场应急处置机构应当分别总结事故处置工作，向事故调查组提交总结报告。事故调查组应急处置评估组根据调查需要，可以采取听取汇报、现场勘查、调阅资料、询问人员、专家论证等方式对事故应急处置工作进行评估，并提出评估意见。

5）证据审查和补强证据

开展事故调查工作必须始终贯彻依法行政理念，严格把握证据标准，提高证据审查能力，把“实事求是，尊重科学”的原则要求贯穿于办案始终，以对人民、对法律高度负责的精神做好事故调查工作，决不能在事实不清、证据不足的情况下提出处理意见。

事实不清：违法违规事实清楚是事故调查并实施处理的基本要求。违法违规事实不清楚的，应当进一步调查取证，不得据此提出有关单位、个人的处理意见。只有存在违反法律、法规、规章或者有关规范性文件规定的违法事实，才能提出对有关单位、个人的处理意见。违法事实的客观存在，是提出处理意见的基础。违法事实的认定和描述，必须紧扣有关规定，且在笔录、书证等的表述中保持一致性。在事故调查处理过程中，调查人员应当注意在各类证据中体现违法行为发生的时间、地点、情节、程度和后果等要素。

证据缺乏证明力：能够证明事故真实情况的一切事实都是证据。这并不意味着调查过程中收集的所有材料都是证据。证据必须具备客观性、关联性、合法性，才能具有证明力，不具备这 3 个基本特征，就会影响证据的证明力。

(1) 证据的客观性。证据的客观性是指证据本身必须是对客观事实的真实记录，而不是一面之词，更不是想象的、虚构的、推理的，这一特征要求承办人员调查收集证据时必须客观、全面，既收集对当事人不利的证据，更要收集对当事人有利的证据。切忌先入为主，把处理当目的，只收集不利于当事人的证据。调查终结，承办人员要认真判断证据的客观真实性，证据所反映的事实情况是否合情合理，证据所表明的事物联系是否顺理成章，而重点查明证据所反映的内容或所证明的内容是否与事实情况相一致。

(2) 证据的关联性。证据的关联性是指证据必须与事故事实存在一定的联系。它反映了证据的内容与事故的事实存在着无可替代、无可脱离的直接或间接的特殊联系。审查判断证据的关联性包括两个方面：一是证据与案件事实之间存在着某种联系；二是各个证据之间存在相互的联系。重点审查证据与事故事实之间、证据之间是否存在因果关系，是否存在矛盾。不能片面的、孤立的去看待审查证据，否则就会出现错误的判断。

(3) 证据的合法性。证据的合法性是指证据必须按照法定程序收集，必须符合法律规定的条件，证据必须以法律规定的存在形式表现出来。审查判断证据的合法性：首先，要看收集证据的程序是否合法。证据的收集是否符合法定程序，直接影响着证据内容的真实性和证据的证明力；其次，审查判断证据是否具备法定形式，手续是否完备，这一点尤其应当引起高度重视。

审查证据过程中发现某一证据由于其存在证据资格或证据形式上的某些瑕疵或弱点，不能单独作为认定事实的依据，能够进行补强的，应当及时补充补强证据。补强证据指可以采纳的、与案件事实相关联的、符合法定程序的，用以增强或肯定待证证据证明力的证据。事故调查中，尤其不能单凭主观证据(问询笔录)定案，主观证据须经客观证据补强并与客观证据相互印证，才能具有法定的证明力。

3. 分析阶段

1) 事故原因分析

事故发生的原因可分为直接原因和间接原因。分析事故原因时，应从直接原因入手，逐步深入到间接原因，从而掌握事故的全部原因。直接原因是指直接导致事故发生或与事故发生具有直接因果关系的原因，包括物(机械、物质或环境)的不安全状态和人的不安全行为两方面。间接原因是导致事故直接原因产生或赖以存在的原因，主要包括技术、教育、管理和身体、精神状态等方面的原因。

调查组成员对事故原因有不同意见的，应当及时提出，调查组组长应当予以认真组织研究，必要时可以委托有关技术组织、机构或者专家进一步分析、论证。

2) 事故定性

在调查确定事故经过、事故原因的基础上科学分析，厘清责任事故和非责任事故。除人力不可抗拒因素导致的事故外，具有可预见性、能预防的事故均为责任事故。

3) 责任分析

根据事故调查所确认的事实和直接原因、间接原因等，结合有关单位、有关人员(岗位)的职责和行为，对事故责任加以分析判断，确定事故责任者。根据事故造成的后果，履行职责及认识、态度等情况，对事故责任者提出处理建议。

事故责任按照责任主体的不同，一般划分为直接责任和领导责任，领导责任又分为主要领导责任和重要领导责任。分析事故责任时，应结合事故责任者的动机和情节(主观故意、轻信或侥幸可以避免而放任、应当预见而未预见、不可预见性、无能力等)与事故发生的因果关系综合判断。

确定事故责任必须依法依规(纪)。做到错误事实清楚明晰，证据确凿充分，违反的法律法规、规章规程、标准规范条文具体，并与事故的发生具有一定的因果（直接或间接）或连带关系。责任者的动机和情节作为追究责任轻重的重要依据之一。

4）责任追究

责任追究包括刑事责任、行政处罚、党纪政纪责任、应当给予的其他处理四方面。根据《中华人民共和国刑法》《中华人民共和国行政处罚法》等有关法律和《条例》《行政机关公务员处分条例》《事业单位工作人员处分暂行规定》等法规和（党内）规章，提出事故责任追究建议。

责任追究要依法、依规、依纪追究，平等追究和严格追究。事故调查过程中需要对有关责任人采取刑事立案侦查措施时，需特别注意“行刑衔接”的问题。

事故调查中的“行刑衔接”：《行政执法机关移送涉嫌犯罪案件的规定》（国务院〔2001〕310 号令，以下简称“310 号令”）和《公安部关于印发〈公安机关受理行政执法机关移送涉嫌犯罪案件规定〉的通知》（公通字〔2016〕16 号，以下简称“16 号文”）是“行刑衔接”的一般性规定，主要适用于行政执法机关（单独，无司法机关参与）依法查处违法违规行为的情况，要求移送的材料包括案件移送书、调查报告等 5 项材料，调查报告提交和批复距离案件发生时间较长（法定 75 日），现场证据已经发生了变化（甚至已经清理），由于刑事调查采用更为严谨的证据规则，行政移送的证据可能不能通过刑事证据审查，导致刑事难以立案。

而在生产安全事故调查中，《条例》规定了公安机关作为调查组“常委级”成员参与事故调查工作，是对生产安全事故查处中“行刑衔接”的特别性规定。在同等位阶规范性法律文件的前提下，根据特别法优于普通法（一般法）的适用原则，故生产安全事故调查中的“行刑衔接”应按照《条例》执行。

《条例》第十七条规定：“事故发生地公安机关根据事故的情况，对涉嫌犯罪的，应当依法立案侦查，采取强制措施和侦查措施。犯罪嫌疑人逃匿的，公安机关应当迅速追捕归案。”鉴于公安机关对《条例》和专业技术问题的把握难度，《条例》第二十六条第三款又做了补救性规定：“事故调查中发现涉嫌犯罪的，事故调查组应当及时将有关材料或者其复印件移交司法机关处理。”此条款规定的实质是“事中的线索移交”，至少包含 4 层含义：第一，强调的是“调查过程中发现”移交的“事中移交”，而非 310 号令或 16 号文规定的“事后移送”；第二，事故调查组名义移交，而不是调查（或牵头调查的）部门移交，经调查组组长签字，不需要部门行文；第三，“应当及时”，确保移交的时效性，有利于司法机关及时立案侦办；第四，移送的材料只是调查过程中取得的“有关材料”（线索），而不是 310 号令或 16 号文中的案件移送书、调查报告等 5 项材料。

综上所述，生产安全事故调查中的“行刑衔接”，执行《条例》规定，实行事故调查中的“事中线索移交”，而非 310 号令或 16 号文规定批复结案后的“事后案件移送”。具体移交手续，可由调查组组长与司法机关根据需要协商确定。

5）防范和整改措施

调查组应当在认定事故性质和事故责任的基础上，针对事故责任单位（包括监督管理机关、技术服务机构等）和人员提出有针对性、切实可行的事故预防措施和整改建议。

针对事故发生的原因，深入剖析存在的技术原因和管理原因，明确事故防范和整改措施的方法和途径。尤其对事故调查反映出相关法律法规、标准规范有漏洞、缺陷或空白的，要提出相应的补充完善、修改和建立健全建议。

6）事故调查报告

事故调查报告的形成：现场调查工作基本结束后，调查组应当在查明原因、界定责任的基础上，由综合组根据技术组、管理组、应急救援评估组、责任追究组等方面的调查报告或意见，形成事故调查报告初稿。管理组、技术组（含专家组等）、应急救援评估组应当提交相应的本组成员签名的工作组报告；同时，根据事故调查报告起草需要，每组指定 2 名熟悉本组调查工作并参加本组报告起草的人员，参与事故调查报告起草及补充调查取证工作。

调查报告的主要内容包括：事故基本情况，事故直接原因、事故间接原因，事故应急处置和救援情况，事故责任主体和运营情况，有关责任单位存在的主要问题，违反法律法规、规章规程、标准规范等情况，对有关责任人员和单位的处理意见，事故主要教训，事故防范和整改措施建议。

事故调查报告起草中应当注意或审查：事故原因应经得住专家推敲和历史检验；对错误事实描述客观，证据充分确凿；对事故责任定性准确，逻辑严谨；调查组成员签名规范；书证物证齐全，编号归档目次分明；文书、询问笔录制作规范；报告引用法律法规标准规范法文规范；事故调查处理时限规范。

审议调查报告：事故调查报告形成后，事故调查组组长应及时组织召开事故调查组全体会议，主要从事故原因分析、事故责任认定、整改措施建议等几方面讨论和审议事故调查报告初稿。发现存在问题的，应根据实际情况补充调查，修改完善充实事故调查报告。审议通过的事故调查报告需经调查组全体人员签字确认（有不同意见可一并签注，但必须签名）。

4. 处理阶段

1）调查报告提交与批复

事故调查组审议通过事故调查报告后，应当以事故调查组名义（或由牵头组织调查的部门）向派出事故调查组的人民政府提交事故调查报告。调查报告提交后，事故调查即告结束。

重大事故、较大事故、一般事故，负责事故调查的人民政府应当自收到事故调查报告之日起 15 日内作出批复；特别重大事故，30 日内做出批复，特殊情况下，批复时间可以适当延长，但延长时间最长不超过 30 日。

2）调查报告公布

人民政府对事故调查报告作出批复后，应当利用政府网站（或者由牵头组织事故调查的部门在部门网站）等主流媒体，及时向社会全文公布事故调查报告（依法应当保密的除外），接受社会监督；同时，要注意加强解读，引导社会舆论，起到事故警示教育作用。

3）档案管理

事故查处工作全部结束后，由牵头组织事故调查的部门负责按一卷一档的原则，将调查报告（含工作组报告）、技术鉴定报告、各类请示、批复文件等相关证据材料，处理落实材料，相关执法文书等整理归档，相关物证视需要妥善存放一定期限。

4）评估核查

事故调查报告批复结案后 1 年，由负责事故调查的地方人民政府或牵头组织事故调查的部门会同监察、工会、检察等有关部门，对事故整改措施和责任追究落实情况开展评估核查工作。评估核查结果需向负责事故调查的人民政府报告。

第4节 事故调查的方法与技术

一、事故调查基本方法

1. 基于原因结果模型的调查方法

1）根本原因分析法

所谓根本原因，就是导致我们所关注问题发生的最基本的原因。因为引起问题的原因通常很多，物理条件、人为因素、系统行为或者流程因素等，通过科学分析，有可能发现不止一个根源性原因。

根本原因分析（root cause analysis，RCA）是意向结构化、系统化的问题处理过程，它不仅关注问题的表征，而且通过确定和分析问题原因，找到解决问题的办法，并制定问题预防措施。其运用事故核心分析技术，通过问询为什么的方式找到事故原因，主要目标是解决5W（what，when，where，who，why）的问题，用于鉴别事故原因和管理水平，是寻找系统安全管理缺陷的有效工具。

根本原因分析法最常见的一项内容是：首先提问为什么会发生当前情况，并对可能的答案进行记录；然后再逐一对每个答案问一个为什么，并记录下原因。根本原因分析法的目的就是要努力找出问题的作用因素，并对所有的原因进行分析。这种方法通过反复问一个为什么，能够把问题逐渐引向深入，直到发现根本原因。

找到根本原因后，就要进行下一个步骤，评估改变根本原因的最佳方法，从而从根本上解决问题。这是另一个独立的过程，一般被称为改正和预防。当在寻找根本原因的时候，必须要记住对每一个业已找到的原因也要进行评估，给出改正的方法，因为这样做有助于整体改善和提高。

2）系统原因分析技术

系统原因分析技术（systematic cause analysis technique，SCAT）采用检查表的形式，对调查中涉及的所有方面进行分析。检查表包括5个单元：一是对事件的描述；二是可能导致事故的常见关联分类；三是常见直接原因；四是常见基本原因；五是损失控制图中的重要活动。

2. 基于过程模型的调查方法

1）事件时间序列分析法

事件时间序列分析（sequential timed events analysis）是按照事件发生的先后时间次序，根据过程模型的多线性次序系统提出事故调查过程及事故发展过程的观点，并以模块形式描述复杂的、多线性的事故过程。

事件时间序列模型分别以非期望的变动和损失作为开端和结束，构建所有与意外事件有关的人员时间表，强调人与人之间的互动关系。将事件与每个执行者按照时间顺序横向排列，用箭头指向描述事件的次序，并将提出安全建议及其后续工作纳入事故调查中。

事件时间序列分析有4大特点：

（1）调查事故不是简单的线性时间关系，而是可能有好几种事件会同时发生。

（2）用每一个事件数据模块描述一个事件，从而构成一个工作清单。

（3）箭头流向表示事件的逻辑发展过程。

（4）事故的产生和发展过程都包含执行者和执行动作两方面内容，是相似的。因此，调查事故时可采用类似的事故调查程序，并且要求调查分析方法一旦被掌握后能反复运用。这样就具有良好的可靠性和有效性，有助于识别安全状况及提出安全建议，易于使用。

2）事件与原因因素图表分析法

事件与原因因素图表分析法（events and causal factors charting and analysis，ECFC/EC-FA）是以检查表的形式，通过对事故发生证据的整理和组织表示事故中各个事件发生的次序，描述事故发生的诱发环境和必要条件，从而鉴别导致事故发生的管理以及技术方面因素的一种事故调查的图表分析方法。

在图表中，以矩形和椭圆来表示事故中的事件和环境，分析过程如图 5-1 所示。

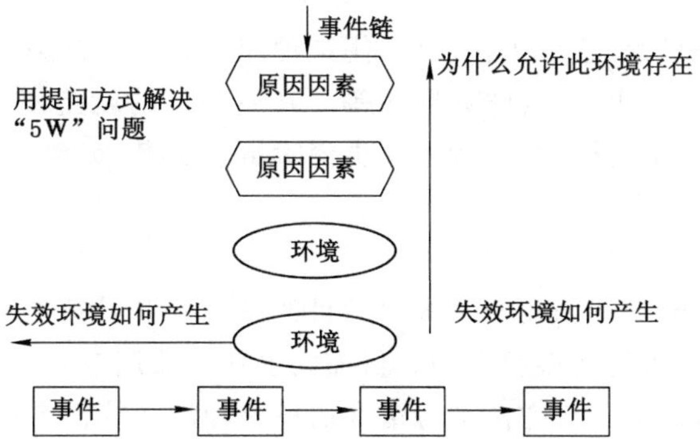

图 5-1　事件与原因因素图表分析法

其中事件次序包括：基本事件次序，在表中按发生的时间先后从左到右进行水平排列；次生事件次序，对事故调查有积极意义的因素添加在基本事件次序的合适地方；环境影响因素，标注在基本事件和次生事件上或下的对事件有消极影响的因素（非事件本身）。

图中所示的过程是找出事故原因关键的第一步，但是事故最终的事件和环境影响因素由于事件和偶然因素不在序列中研究，因此还需要利用演绎法最终确定。

ECFC 分析方法的优点是：

（1）图形对数据描述清晰，事件顺序一目了然。

（2）调查结果平稳，便于识别多种原因及诱发条件，鉴别信息缺陷，但需预先设置假设条件。

（3）将事故的系列按时间顺序以图形的形式表示出来，能够预防不准确结论，揭示逻辑缺陷，可用于对事故的分析和调查证据的评估，检验调查目的是否达成。

（4）通过清晰的图表推理展现组织和人的关系，深刻、准确、客观，使调查结果和调查报告更加有效。

（5）ECFC 能保证调查的客观性要求。ECFC 经常作为一种独立的分析技术单独使用，但与其他的方法如 FTA、MORT、BA、CA 等结合使用时更加有效。

3）变更分析法

变更分析法（change analysis，CA）是将导致事故的事件或状态顺序与类似的无事故的事件或状态顺序进行比较。变更分析的主要观点是，运行系统中与能量和失误相应的变化是事故发生的根本原因，没有变化就没有事故，人们能感觉到变化的存在，也能采用一些基本的反馈方法来探测哪些有可能引起事故的变化。

变更分析的基本方法是：以现有的、已知的系统为基础，研究计划和实际存在的变化的性质，分析每个变化单独或者和若干个变化共同对系统产生的影响，并据此提出相对应的防止不良变化的措施。

变更有两个最基本的性质：一是一旦发生变更，绝大多数情况下将不断发展，不可能恢复到原来的状态；二是变更所产生的影响随时间呈指数变化。这也说明，只有在变更的早期阶段采取措施，才能尽可能地减少不良变更造成的损失。

变更—失误—事故是变更导致事故的过程，但并非所有的变更都能导致事故。由于事故的偶然性，即使有不良变更发生，人也会产生失误，大多数情况下不会导致事故的发生。根据变更分析的观点，对变更的测定和分析，其最终目的是防止变更产生的不良影响，截断变更—失误—事故的过程，即是控制变更、防止事故的反变更方法。反变更的形式很多，包括调整生产工艺、工作日程，改变工作次序，用某种能源、工艺、方法等取代现有的条件，改变物体或设备的颜色、形状、声音、气味和照明等。其主要目的就是使人们更好地发现、判断、控制和防止变更产生的不良影响，并利用变更消除事故隐患，实现安全生产。

3. 基于能量模型的调查方法

1）防护屏障分析法

防护屏障分析法（barrier analysis，BA）的目的是识别和分析与事故有关的安全屏障或保护措施。防护屏障分析的类型有多种。目前大多数事故调查人员普遍采用危险—防护—屏障—目标分析方法，这种分析方法考虑潜在的危险和潜在的伤害目标，评估防护屏障或其他安全措施的正确性。除此以外，还有多种类似的分析技术，如能量跟踪和防护屏障分析及防护控制分析等都侧重于对危害及控制措施的分析。

防护屏障分析应用的工具是分析图和分析表，二者都是用来图解说明事故和需要设置或增加的安全防护措施或屏障以阻挡能量流的。

（1）防护屏障分析图可以是与事故有关的防护屏障的一份清单。这份清单可以摘自完整的工作表，摘要图可以作为事故报告或管理简报的附件，而且有助于制订整改方案。

如图 5-2 所示，防护屏障分析图说明了危险、防护屏障和目标三者的关系。分析图可以简单地理解为：调查人员通过识别危险和目标之间的关系，确定如何设置防止危险伤害到目标的屏障。

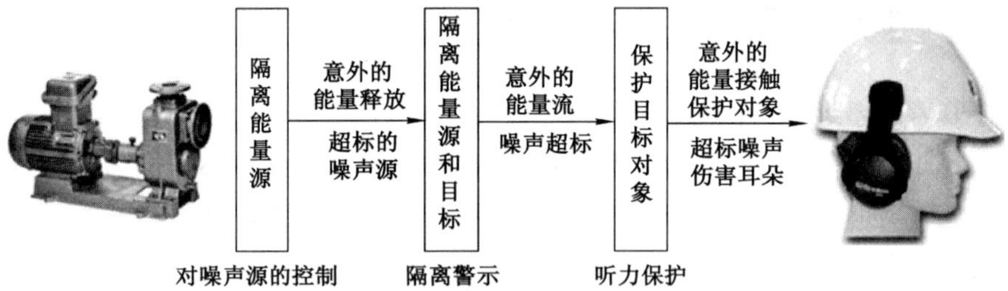

图 5-2　防护屏障分析程序图示例

（2）防护屏障分析表常用于描述每个防护屏障的目的和评估每个防护屏障的效果。表 5-1是防护屏障分析表的具体形式：

第 1 列：举例列出防护屏障。可以按分类（失效无用、不存在）或者类别（工程类或管理类）进行列表。

第 2 列：描述每个防护屏障设计的功能。

第 3 列：评估防护屏障的效果。每个防护屏障都有它的设计目的以保护某一对象。

表 5-1　　防护屏障分析表

防护措施	防护目标	防护效果
1	1	1
2	2	2
列出所有防护措施	记录每项措施的保护对象	分析每个防护措施或屏障效果。集中在防护措施对事故或事故顺序的作用上

防护屏障分析通常采用集体讨论（或者称为头脑风暴）方法进行。完成对所有的防护屏障的讨论后，就可以对防护屏障进行归类，将工程防护屏障和管理防护屏障分开，这对制订相应的工程和管理整改方案非常有用。通常情况下，由于设计问题而导致失效的工程防护屏障，可以通过工程师或维护部门进行整改；而由于管理系统问题导致的管理防护屏障失效，则必须由管理层进行修订。

2）事故演化与屏障功能模型

事故演化与屏障功能模型（accident evolution and barrier function，AEB）是将防护屏障分析方法进行改进后的一种事故调查分析方法。其目的是找出失效屏障并分析其失效原因以及提出相应的改进措施。

对失效屏障进行分析包括两大阶段：

（1）建立合适的事故模型。

（2）屏障分析，研究失效屏障功能破坏的原因并提出改进的意见和建议。

该方法较防护屏障分析法优越的地方在于考虑了事故发生的时间因素，更具动态性。

二、事故调查技术

事故调查要有强烈的证据意识，所有结论都要有可靠的证据支持，不能凭空臆想，靠猜测推论下结论。证据分物证、书证两大类。物证包括事故现场存留的各种设备设施、工具用品、残留物、破损部件、致害物、危险物品、有害气体等。书证包括当事人陈述、证人证言、视听材料、勘查笔录、鉴定结论、各种证照、培训资料和与事故有关的规章制度、文件、会议记录等。

1. 4P 技术

事故调查是一种信息处理技术。由于事故现场勘察主要关注 4 个方面的信息，即人（people）、部件（part）、位置（position）和文件（paper），人们把事故现场勘察技术也称之为 4P 技术。

（1）人。这里的人是指事故的当事人和目击者，主要包括当班带班长、跟班领导、上一班的工作人员、维修人员、基层管理技术人员、医疗人员、朋友、亲属或任何能够为事故调查工作提供帮助的人员。

（2）部件。部件是指失效的机器设备、工具、线缆、支柱、顶梁、通信系统、自救器、矿灯、矿帽、胶靴等劳保用品、不适用的保障设备、燃料、润滑剂和现场各类碎片等。

（3）位置。位置是指事故发生时的位置，包括各类工作场地距某安全标志点的距离、操作位置、运行方向、人的位置、各种部件位置或残骸位置等。

（4）文件。文件是指与事故有关的操作记录、生产记录、通话记录、会议记录、检修记录、安全检查记录、隐患排查和整改记录、报表、公告、指令、磁带、图纸、计划和报告，以及领导分工及职责文件、与事故有关的制度规定等其他文件等。

2. 事故调查的主要工作

事故调查更是一项综合性的工作,包括询问取证、事故现场勘察、物证鉴别分析、模拟实验及事故分析等工作。

1) 询问取证

在调查询问前,应研究制订询问提纲。询问一般安全监察人员为主体,调查询问时,调查组人员不少于两人,在必要时请技术组的专家陪同询问。在询问中要规范用语,不逼供、不诱供。要使用安全监察机关统一制定的调查询问笔录纸,记录时字迹要清楚。修改的部分,应当有当事人印手印,已示确认。提取的资料要登记、编号,由专人妥善保管,不得丢失、泄密。

(1) 询问人员范围。询问取证的询问范围应包括救援人员、法医和医生,灾区上一班作业人员和当班生还人员,各生产相关部门的负责人及有关人员,安全生产管理、生产部门有关领导和人员,有关地方政府领导、行业管理等部门领导及有关人员。

(2) 询问内容:

① 救援人员。救援队接到救援信息及到达现场的过程、时间,接受任务的情况,参加救援的人员,救灾路线及就如事故现场发现的死亡人员位置、状态、设备、设施破坏情况,对有害气体的检查情况,救护人员对事故的认识和看法等。

② 急救站和医院接收伤亡人员的时间、人数、伤势,施救过程,致伤致死原因,并检查遗物是否有导致事故的违禁品。

③ 灾区上一班作业人员和当班生还人员。所在岗位,工作任务,工作及环境情况,事故发生前后的经过及见闻,对事故的认识等。

④ 当班安全检查人员。接受培训及持证情况,事故当班本岗位工作任务及要求,交接班时间、地点,事故前检查生产环境情况,事故发生前后的经过及见闻,事故发生时本人所处的位置状态,对事故的认识等。

⑤ 各生产基层单位负责人及有关人员。安全生产管理措施执行落实、隐患排查处理等具体工作情况。与事故有关区域的生产活动及安全生产环境,事故当班的工作安排,事故前三班的工作及交接班情况,跟班情况,职工教育培训情况。

⑥ 企业有关领导和技术负责人。安全生产方针政策及安全生产法律法规执行情况,安全生产责任制执行情况,各岗位、各工种岗位责任制及落实情况,企业安全管理机构和管理人员的配备情况,安全规章制度制定和执行情况,灾害预防及处理计划的制订及落实情况,作业规程和技术措施的编制、审批和实施情况,职工安全教育和持证上岗情况,安全技术措施费用的提取及费用使用是否符合国家有关规定,定期召开安全办公会议工作情况,执行事故隐患排查制度及排查出的隐患处理情况,事故报告情况。

⑦ 政府有关部门领导及有关人员。安全方针政策执行情况,行业安全管理情况,关于安全管理工作的会议记录、规定、批示、通知等情况,企业报批的文件、资料的审批情况。

⑧ 政府主要领导人及分管领导。安全方针政策执行情况,定期召开安全生产工作会议情况,研究制定灾害应急预案、落实安全生产责任制情况,定期组织安全生产大检查情况,对近期上级安全生产文件精神的落实情况,关于安全生产工作的会议记录、规定、批示、通知情况,组织事故救助情况等。

2) 事故现场勘察与取证

事故现场勘察是指调查人员在法律、法规规定的范围内，使用科学的手段和调查研究的方法，对事故现场、有关的场所、物品、尸体和能够证明事故原因、性质及责任的一切现象所进行的实地勘察，并通过现场分析出事故结论的系统调查工作。

(1) 事故现场勘察方法。事故现场勘察应以事故现场所处的环境和痕迹、物证的分布情况为依据，有 4 种方法：

① 离心法：由事故中心向外围进行勘察。这种勘察方法适用于现场范围不大，痕迹、物证比较集中，中心处比较明显的事故现场。

② 向心法：由现场外围向中心进行勘察。这种方法适用于现场范围较大，痕迹、物证分散，物质燃烧均匀，中心处不突出的事故现场。

③ 分段法：根据现场的情况分片、分段进行勘察。如果现场范围较大或者现场较长、环境十分复杂，为了寻觅痕迹、物证，特别是微小物证，可以分片、分段进行勘察。

④ 循线法：对于纵火现场，若现场的痕迹反映清楚，纵火者行走的路线又容易辨别出来，或通过现场访问可查清纵火者行走的线路，即可沿着纵火者进出火场的路线进行勘察。

(2) 事故现场勘察步骤。现场勘察主要是为了找到事故发生地点和事故发生原因的痕迹与物证。由于每起事故的原因不同，再加上事发地建筑结构、生产设备、电源火源、工艺材料不同和破坏程度不同，造成现场有很大的差异。因此，不能采用统一的模式勘察现场，而应根据不同事故的特点采用符合客观实际的勘察方法。

事故现场勘察程序大体可分为准备阶段、勘察阶段、材料整理阶段、结论。勘察阶段又可分为环境勘察、初步勘察、细项勘察、专项勘察 4 个步骤。

① 环境勘察。环境勘察是调查人员在现场外围或周围对现场进行的巡视和视察，以便对整个现场获得一个总的概念。通过对现场环境进行勘察，可以发现、采取和判断痕迹及其他证物，核对与现场环境相关的陈述，在观察的基础上可以据此确定事故范围和勘察顺序，划定勘察范围。

② 初步勘察。初步勘察又称静态勘察，是指在不触动现场物体和不变动物体原来位置的情况下所进行的一种勘察。初步勘察的方法如下：

a. 在事故现场内部站在可以观察到整个现场的制高点，对整个现场从上到下、从远及近地巡视。观察整个现场残留的状态，确定现场中巡行的通道。

b. 沿着所选择的通道，对事故现场仍然按从上到下、从远及近地全面观察，对重点部位、可疑点反复观察。

c. 观察事故残留物终止部位周围的情况。

d. 观察整体蔓延情况。例如，当一个建筑群中有几栋建筑物被烧，或者一栋建筑物的几层被烧，这时要仔细观察研究每栋、每层、每个房间火灾蔓延的途径。要按火焰曾经蔓延过的地方寻找蔓延的痕迹，分析哪一层，哪一间先着火，进而再找起火点。

e. 从事故现场内部观察现场外围情况，观察内容与环境勘察内容一样，但观察角度不同。

f. 根据现场访问提供的线索，对可能造成事故发生的危险源及直接因素，进行验证性勘察。

g. 初步勘察以后，在不破坏现场的条件下，应该找出一条现场详细勘察的路线。

③ 细项勘察。细项勘察又称为动态勘察，是指在初步勘察过程中所发现的痕迹与物证，在不破坏的原则下，可以逐个仔细翻转移动地进行勘验和收集。细项勘察要对各组成部

分及一些痕迹和物证进行更深入全面的研究，容许重新布置，容许变动某些物体的位置和勘察过程中所必需的其他操作。详细观察和研究事故现场有关物体的表面颜色、烟痕、裂纹、燃烧余烬，测量、记录有关物体的位置，未燃完的木材碳化程度，地面上的余温等，同时还可以广泛运用现场勘察的技术手段，进行细目照相、录像、录音、测量距离、确定大小、采用各种仪器、技术手段发现和收集痕迹和物证。

④ 专项勘察。这是对火灾及爆炸事故现场找到的发火物、发热体及其他可以供给火源能量的物体和物质等具体对象的勘察。根据它的性能、用途、使用和存放状态、变化特征等，查找因什么原因发生故障，或什么原因造成事故。

(3) 现场勘察的善后处理：

① 对需要保存的现场处理。经过临场会议研究讨论，对个别重大、情况复杂的现场，因主客观条件的限制，一次不能勘察清楚的，需要对某些关键部位或疑难问题继续或重新勘察时，经过事故调查负责人批准，征得事故单位同意，在一定时期内可以保留。

② 对不需要保留的现场处理。现场勘察完后，如果认为现场无需继续保留时，经事故调查负责人决定，可通知单位进行清理。在勘察中借用的工具、器材及其他物品要如数交还物主。

③ 采取的物证证据要妥善保存，某些收取的物证应如数交还物主。

(4) 勘察记录。事故现场勘察记录是分析和处理事故的重要依据，是具有法律效力的原始文书。记录主要由现场勘察记录、现场照相和现场绘图 3 部分组成，还可采用录像、录音等记录方式作为补充。

3) 物证鉴别与分析

(1) 痕迹与物证。研究事故痕迹与物证，就是要研究每种痕迹和每种物证的形成过程，找出它们的本质特征，并利用这种特征证明火灾或爆炸的发生发展过程的事实真相。认识了它们的形成过程、特征及证明作用，也就基本掌握了临场鉴定的原理和一些鉴定方法。

从各种痕迹物证形成机理来说，由于事故的不同，形成痕迹物证的原物品的物理、化学性质不同，在事故中有的主要是发生化学方面的变化，有的主要是发生物理方面的变化，也有的兼而有之。各种痕迹物证的形成和遗留都有一般的规律性和它的特殊性，研究痕迹与物证的形成规律，尤其是它的特殊性，这是解决事故灾害现场勘察问题的关键。

(2) 痕迹与物证的提取。在进入现场实地勘察、寻找痕迹物证之前，必须向有关人员了解事故原因及发展变化的情况，充分掌握了现场情况以后，再进入现场勘察并采痕取证。

提取痕迹物证的方式主要有笔录、照相、绘图和实物提取四种。在实际工作中，这几种方法要结合进行。

痕迹与物证按其形态可分为固态、液态、气态 3 种。有时气态物证被吸附于固体、溶解于液体物质中，有的液态物证浸润在纤维物质、建筑构件或泥土中。

事故现场经常提取的物证主要是固体实物。对于比较坚固的固体物证，在拍照、记录后可直接用手拿取。如果怀疑是事故物证的物品，则应戴上手套，或垫上干净的纸持其边角处取下，并妥善保存，以避免留下自己的手印和擦掉上面原有的指纹。

对于液体物证可用干净的取样瓶装取。在条件许可的情况下，应用欲取液体把取样瓶冲洗两遍。浸润在木板、棉织物等纤维材料以及泥土里的液体，连其固体物品一并收取，样品也要放在广口玻璃瓶或者其他能密封的容器内，防止液体挥发。

弥散在空气中的气体物证最好用专门的气体收集器收集。在没有这种专门收集器的情况下，也可自制一些设备。

现场上所提取的任何物证都要仔细包装，除在勘察笔录中有所说明外，还应在包装外表贴上标签，注明物证名称、提取的现场、试样采取的具体位置、提取时间及提取人等。

现场发现的需要进一步分析和鉴定的实物证据，应该尽量保持它的原有状态，在条件允许时，应在现场原位置保留，暂不要移动，以备勘察和深入分析。对于试样类的物证尽量取双份，以备复检。

(3) 痕迹与物证的检验。痕迹与物证检验是指对现场勘察中发现并收集的各种痕迹物证的审查、分析、检验和鉴定。其目的是根据这种痕迹物证的本质特征，分析它的形成条件及火灾、爆炸过程的联系，从而确定其对事故的证明程度。痕迹与物证的检验一般有如下几种方法，即化学分析鉴定、物理分析鉴定、模拟实验、直接鉴定和法医鉴定。

① 化学分析鉴定。化学分析鉴定是以测定现场残留物的化学组成及化学性质为主要目的的一种鉴定。根据分析原理，化学分析鉴定有化学分析方法和仪器分析方法2种。

以化学反应为基础的分析方法称为化学分析方法。化学分析的优点是所用仪器设备简单，测定结果准确度高；缺点是分析速度比较慢，灵敏度低，一般要求被测组分的含量在1%以上。

用仪器测量试样的光学性质、电化学性质等物理或物理化学性质而求出待测组分及其含量的方法称为仪器分析方法。仪器分析的优点是操作简单、迅速、灵敏度高，能够准确地检测出试样中的微量和痕迹成分。

② 物理分析鉴定。物理分析鉴定是对物质物理特性的测定，如金属材料的力学性能测定、金相分析、断面与表面分析以及物质磁性、导电性的测定等。

痕迹与物证的物理分析鉴定经常采用的方法有如下几种：

a. 金相分析。通过金属构件内部金相组织变化，分析发生这种变化的条件，从而判断火场温度及发生这种变化的原因，爆炸破坏程度及过程。

b. 剩磁检测。剩磁检测用来测定火场上铁磁性物件的磁性变化，以判断该物体附近火灾前是否有大电流通过，它主要用来鉴别有可能是雷击或较大电流短路造成的火灾。

c. 炭化导电测量。电弧或强烈火焰可使用木材等有机材料炭化导电，通过炭化层电阻的测量，鉴别电弧造成的火灾或分析火势蔓延的方向。

d. 力学性能测定。力学性能测定主要是对材料包括焊缝的机械强度、硬度等方面的测定，以分析破坏原因、破坏力及火场温度。

e. 断面及表面分析。这主要是对金属材料破裂断面特征和材料内外表面腐蚀程度的观察检验，从而分析判断材料的破坏形式和破坏原因。

③ 模拟试验。模拟试验不只是检验痕迹和物证的一种手段，而且是验证事故原因、过程及有关证言真实性的一种方法。模拟试验解决的问题是由现场勘察的实际需要决定的。

模拟试验应当尽量模拟事故发生条件，如果不具备在原地进行试验的条件，可另选相似条件的地点或在实验室进行。

④ 直观鉴定。直观鉴定是具有鉴定经验的人员根据自己的知识、经验，用感官直接或用简单仪表对物证的鉴定。具有这种鉴定经验的人应该具备以下条件：长期从事现场勘察和物证检验的专门人员，以及有丰富现场经验的其他技术人员及专家；科学研究人员和工程技术人员；其他具有鉴定能力的人。

⑤ 法医鉴定。通过法医鉴定结论，可以分析死、伤者与事故的关系，借以判断事故性质

及火灾原因。

4）事故直接原因综合分析

事故原因分析是事故调查分析中最重要的环节和难点，也是其他后续工作的基础。只有找准、找全事故原因，才能深刻吸取事故教训，采取有效防范措施；也才能给事故准确定性，划分事故责任，进行事故处理。可是，事故一般都是在事先没有预料到的偶然情况下发生的意外事件。因此，事故原因只能在事故发生以后，通过调查分析和采取一系列的技术手段找出。

在事故调查过程中，调查人员自始至终要对事故的发生原因和发生过程进行分析、研究和逻辑推理工作，这项工作是指对事故发生过程中的各种情况、现场事实和与此有关的环境、条件、情况等进行因果关系的分析研究，为进一步指明现场勘察的方向、最终确定事故原因做出正确的结论。

(1) 分析的基本方法。通过事故现场勘察和调查访问，获得的大量与事故有关的材料是分析事故情况、恢复事故真相的物质基础。然而要由此得出调查结论，必须对材料进行分析研究。在实际工作中，常用的分析方法有排除法、归纳法和演绎法。正确使用这些方法，是做好调查工作的关键。

① 排除法。在运用此法进行火灾现场分析时，常根据客观存在的可能性，先提出几种假设，然后逐个审查；利用所掌握的证据，逐一进行排除，剩下的一个为不可推翻的假设，即是所要寻找的结论。对于火灾原因分析，这种分析推理成功的关键在于必须将真正的起火原因选入假设之中。为此，要考虑到各种可能的因素及相互之间的关系。若两种因素可以独立造成火灾，则它们之间为“或”的关系；若否定一个，则另一个成立。若两种因素必须结合在一起才能造成火灾，则它们之间为“与”的关系；若否定一个，则另一个也不成立。

② 归纳法。归纳法是以“归纳推理”为主要内容的科学研究方法。它是由个别过渡到一般的推理。在推理中，对某个问题有关的各个方面情况，逐一加以分析研究，审查它们是否都指向同一问题，从而得出一个无可辩驳的结论。

③ 演绎法。演绎法是由一般原理推得个别结论的推理方法。例如某场火灾被认为自燃的可能性比较大，为了证实这一假设，根据物质自燃的一般规律，采取演绎法就要沿纵向逐步地审查下列情况：起火点是否存在自燃性物质；起火前是否存在有利于自燃的客观条件；现场的物质燃烧痕迹是否符合自燃的特征等。当这一系列情况逐一得到证实后，就能最后认定这场火灾确定是自燃引起的。

上述方法既可单独又可综合加以运用，既可在随时分析中用，又可在结论分析中用。然而，这些方法运用的客观基础是事物之间的内在联系，辩证唯物主义观点的正确运用是正确分析认识问题的前提。只有如此才能有效地运用这些方法分析火灾调查中的问题，并得出符合实际的判断。

(2) 分析基本要求：

① 从实际出发，尊重客观事实。进行分析时，应注意把现场勘察和调查访问得来的材料，分类排队，比较鉴别，去伪存真；要尊重客观事实，切忌主观臆造，搞假材料、假证据。事故现场上的假材料、假证据除了可能来自潜在事故责任人伪造现场、当事人或者其他有关人员的虚假片面的陈述外，还有来自现场勘察人员本身的工作失误。当现场材料来源不清、事实不准或者占有得太少，就不要急于做出肯定或否定的结论，可以再次深入调查勘验补充后进行综合分析，最后得出结论。

② 既要重视现象，又要抓住本质。能够说明火灾发生、发展和起火原因的有关内容是火灾的本质问题。火灾现场上各种现象的表现形态千差万别、错综复杂，不一定哪一个个别现象、哪一个细小痕迹就能反映火灾的本质问题。因此，在分析现象时要重视每一个现象，即使是点滴的情况和细小的痕迹物证都应认真地分析研究，并且把它们联系起来研究其与火灾本质之间的关系。只有抓住本质问题，才能正确地分析火灾现场的各种情况。

③ 既要把握类似事故的共性规律，又要分析具体问题。同一类型事故的发生，都有其共同的规律和特点，如火灾事故、煤与瓦斯突出事故等。调查人员应善于掌握这些规律和特点，以指导一般的事故调查工作。然而不同环境条件下的事故其发生、发展过程仍有不同，在具体形成过程中也存在差异。因此在事故调查的实际工作中，要抓住事故形成的不同特点，结合当时的具体情况和条件，进行分析研究，在抓住普遍规律的基础上，要重点找出其特殊性，并分析研究某些特殊现象与事故的本质联系。

④ 抓住重点，兼顾其他。在调查过程中，要学会从大量的材料中抓住问题的关键和找出待解决的主要矛盾，并且学会兼顾其他。在开始分析事故原因时，不能把思维仅局限于一种可能性，从而造成判断僵化；要放开视野，留有两种或两种以上的可能性。既要分析可能性大的因素，又兼顾可能性小的因素。把可能性大的因素暂先定为重点，进行重点分析。一旦发现重点不准时，就要灵活而又不失时机地改变调查方向。分析中要防止不抓住主要矛盾，面面俱到；又要防止只抓重点，忽略一般。

第 5 节　事故调查报告的组成与要求

《事故调查报告》是事故调查组分析研究事故形成的文字总结，是事故调查组最核心的任务，是事故调查组工作成果的集中体现。其结论对事故处理及事故预防都有极其重要的作用。

《事故技术报告》是事故调查技术和专家组共同努力工作的结果，对事故的定性和防范措施的提出起着重要的作用。

《事故调查报告》和《事故技术报告》的撰写，一定要在掌握大量实际调查材料并对其进行分析研究的基础上完成。报告内容要真实、具体，文字要简练，能真实客观地反映事故的真相，能对人们起到启示、教育和参考的作用，并应有益于搞好事故的预防工作。

一、《事故调查报告》

1.《事故调查报告》的写作要求

1）深入调查，掌握大量的具体材料

这是写作的基础。《事故调查报告》主要靠实际材料反映内容，必须凭事实说话，这是衡量《事故调查报告》写得是否成功的关键要求。从写作方法上来讲，主要以客观叙述为主，在叙述时尽量不分析议论，不猜测。需要分析议论时要少而精，点到为止。客观事实，案件链条必须衔接，必须相互印证，不能仅凭一个人的口供就当成事实。能否做到这一点，取决于调查工作是否深入，了解情况是否全面，掌握材料是否充分。

2）反映全面，揭示本质

《事故调查报告》不能满足于罗列情况，列举事实，而要通过对调查了解的情况和事实加以分析和研究，得出令人信服、给人启示的相应结论。为此，要对调查材料认真甄别分析，力求去粗取精、去伪存真、由此及彼、由表及里，从中归纳出若干规律性的东西。

3）选用材料，力求内容精练

《事故调查报告》既是写故事，也不是写故事。既要像写故事那样写的让人一目了然，又不能像写故事那样对与事故关系不太密切的情节进行详述。只有选用最关键、既能说明问题又能揭示事故本质的典型材料，才能使报告内容精练，富有说服力。调查报告写作时，不能对事实和情况进行文学加工，不能用华丽的辞藻修饰事实，但并非不能运用对比、映衬等修辞方法，关键要看撰写人如何运用。某一事实、某个数据放在哪里叙述，从什么角度叙述，何处详述，何处略述，都需要仔细考虑。

2.《事故调查报告》的内容

1）《事故调查报告》的整体格式及内容

《事故调查报告》与一般文章相同，有标题、正文和附件 3 大部分。

（1）标题。作为事故调查报告，其标题一般都采用公文式，即“×××事故调查报告”，如山西省吕梁地区交口县蔡家沟煤矿“5・18”特大煤尘爆炸事故调查报告。

（2）正文。正文一般可分为前言和主体 2 部分。

① 前言部分。前言部分可以分 2 段或 3 段写，但都要力求简练。

第一段。写的要力求简练，但要让人一看就明白事故的概貌。一般要写明事故基本简况，包括时间、事故单位全称、事故地点、事故等级、事故类型、死伤人数和直接经济损失等，一般不设标题。例如：2014 年 5 月 18 日 18 时 18 分，山西省吕梁地区交口县某煤矿井下维修硐室发生一起特大煤尘爆炸事故，造成 33 人死亡，直接经济损失 293.3 万元。

第二段。一般写事故发生后，国家和省领导批示情况，国家有关部门及省级人民政府有关负责人赶赴事故现场指导抢险救灾情况。

第三段。一般写事故调查组组成及工作情况等。

② 主体部分。这一部分应详细介绍调查中的情况和事实，以及对这些情况和事实所做出的分析。

《事故调查报告》的主体一般应采用纵式结构，即按事故发生的过程和事实、事故或问题的原因、事故的性质和责任、处理意见、建议整改措施的顺序写。这种写法会使阅读人员对事故的发展过程有比较清楚的了解，然后再阅读和领会调查报告得出的相应结论，感到顺畅自然。正文部分典型的子标题如“事故基本情况，事故瞒报（或迟报、谎报）过程，事故应急处置情况，事故的直接原因及性质，事故责任及处理建议，防范措施”等。

《事故调查报告》没有单独的结尾，主体部分写完，就自然地收尾。

（3）附件

《事故调查报告》的最后一部分内容是附件。在《事故调查报告》中，为保证正文叙述的完整性、连贯性及相关证明材料的完整性，一般采用附件的形式将有关照片、技术报告、管理报告、调查组成员的签名表、现场示意图等各种图类、死亡人员名单及尸检报告附在事故调查报告之后，供有关人员查阅。

2）《事故调查报告》的附件内容

《事故调查报告》的附件也相当重要，它是对《事故调查报告》正文的补充或说明，也是正文中叙述事实的证明材料。对于一般事故和比较简单的较大事故，附件可以精减，如《技术鉴定报告》《管理调查报告》等可以不附。对于较大事故及以上等级事故，应尽量附全。事故调查报告的附件内容主要包括以下内容：

（1）调查组成员名单(签名)。

（2）《事故技术报告》及附件（专家组技术鉴定报告、事故救护报告、现场勘察报告、化验分析或试验报告、与事故直接原因有关的其他鉴定报告）。

（3）《事故管理报告》。

（4）事故现场示意图。

（5）事故死亡人员名单。

（6）公安机关出具的《尸检报告》。

（7）直接经济损失计算及统计表。

（8）其他与事故直接有关的材料。

二、《事故技术报告》

《事故技术报告》在较大以上事故中有十分重要的作用，因为它是确定事故直接原因和事故性质的重要文件。

《事故技术报告》的格式分 3 部分，即标题、正文和附件。

1）标题

标题的写法与《事故调查报告》大同小异，只是把“调查”改成“技术”即可。

2）正文

正文部分包括前言和主体两部分。

前言部分和《事故调查报告》的第一段基本一样，第二段和第三段一般不出现。

《事故技术报告》的写作核心是对“事故发生时间”、“事故地点”、“事故类别”、“事故直接原因”、“事故的部分间接原因”、“事故的性质”进行认定。所以，描写事故经过、事故地区、抢险经过等，可能会比《事故调查报告》更详细些，技术分析、技术测试、技术化验等写的可能多一些，必要时要附上照片等予以说明。与事故原因无关的一律不写，以免造成《事故技术报告》篇幅过长，不分主次，冲淡重点。

3）附件

《事故技术报告》的附件有时可能比《事故调查报告》还要多。因为技术鉴定报告有现场勘察、化验、检验等技术工作，所有的技术工作附件都要附上。其中包括：技术组成员签字名单；专家组《技术鉴定报告》或专家咨询意见；现场提取物检验报告；尸体检验报告，现场勘察报告；抢险救护报告；受伤人员伤害程度鉴定或医疗证明，技术检测或鉴定报告，事故现场示意图（A4 图幅）。

第 6 节　伤亡事故统计分析

一、伤亡事故统计分析的意义

“统计”是以概率论为基础的一系列数学方法的统称。按定义，“统计是研究从观测样本中得到的数据资料的理论原则和方法，它研究和比较造成现象变化的根源，以便做出对研究的现象之间的假设关系取舍的决断，并根据观测作出可靠的推断”。伤亡事故统计分析就是通过合理地收集与事故有关的资料、数据，对大量重复现象的数字特征进行分析和推断，从而掌握这些现象的发生规律，即用数据来说明规律。一般认为，伤亡事故统计分析有如下作用：

(1) 描述一个企业、部门当前的安全状况。

(2) 作为观察伤亡事故趋势比较的依据。

(3) 用以判断和确定问题的范围。

(4) 作为探查事故原因的依据。

(5) 根据统计分析得出的事故共同原因制定广泛的安全措施。

(6) 作为预测未来伤亡事故的依据。

统计理论研究共有 2 种类型：数值描绘与统计推断。前者把观测数据的集合做适当表达以便于了解和解释；后者是把从总体中抽取随机样本作为基础而归纳得到结论的过程。统计推断帮助我们从试验中最大限度地获得正确的信息。相应地，在伤亡事故统计中也有 2 种方法：描述统计法和推理统计法。

描述统计法是为概括和描述原始资料总体的主要特征而采用的方法。最常用的描述统计包括：频数分布、图形或图表、算术平均值、众数、全距、标准差以及相关等。这种统计方法提供了一种组织、归纳和运用资料的方法。目前，大多数安全专业人员所进行的伤亡事故统计，如提出伤害和事故的统计数字、统计图表等，都是属于描述统计范畴的。

推理统计是从一个较大的资料总体中抽取的样本来推断结论的方法，它能够表明可以推断出什么推论和推断出的结论的可靠性。推理统计的目的是使人们能够用数量来表示可能的论述，表明结论的绝对可靠。推理统计的作用主要分为 2 类：一类是对总体进行预测或估算时(如求平均值)，它能表明错误的界限；另一类是它能够对有关总体的假设进行检验。

当调查的内容超出了真正能做到的范围时，可以采用推理统计法把样本的知识概括到它的总体上去(对总体来说，样本只是总体的小部分)，引申出超出直接数据范围的结论。实际应用中描述统计是作为推理统计的先导，推理统计在性质上比描述统计更重要。对伤亡事故原因的专门研究，试验观察，主要应用推理统计法。

为了更好地预测伤亡事故的发生，应该更多地学习和应用统计方法。这里简要地介绍在伤亡事故统计分析中经常遇到的关于概率论和数理统计的基本知识。

二、概率及数理统计的基本知识

1. 随机现象及其概率

在自然现象和社会现象中，除了必然发生的或不可能发生的确定性现象外，还存在着另一类与此有着本质不同的现象，即随机现象。随机现象是在一定条件下可能发生也可能不发生；在个别试验观测中呈现出不确定性，但是在大量重复试验观测中又具有统计规律性的现象。一起事故的发生就是一种随机现象，研究和揭示随机现象的统计规律就依靠概率论和数理统计这门科学。

在概率论和数理统计中，通过随机变量来描述随机事件。随机变量的定义是“当对某一量重复测量时，仅由于机会而产生变化的量”。随机变量与人们通常理解的变量概念不同，它不能用一个数适当地来描绘，必须用实际数字系统的分布来描述。由于这种实际数字系统的分布不同，随机变量有 2 类：离散型随机变量和连续型随机变量。离散型随机变量与连续型随机变量之间没有严格界限。如果某种事件大量发生，就由离散型变成连续型分布了。

伤亡事故发生次数就属于离散型分布。例如，某个工厂在两年期间内逐月发生事故的次数为 2、4、8、3、2、1、0、4、0、3、4、5、6、11、5、4、3、5、6、7、3、2、0、4。把这些数据加以整理，得到表 5-2。

表 5-2　　某工厂两年内事故频率

事故次数	发生频数 f_i	累计频数 F	累计频率 $F_i n$	频率 f
0	3	3	0.125	0.125
1	1	4	0.167	0.042
2	3	7	0.292	0.125
3	4	11	0.460	0.167
4	5	16	0.669	0.208
5	3	19	0.796	0.125
6	2	21	0.877	0.083
7	1	22	0.919	0.042
8	1	23	0.958	0.042
9	0	23	0.958	0
≥10	1	24	1	0.042

在表 5-2 中，把事故发生次数划分为 11 个“等级区段”。频数是某一随机现象（如每月发生 2 次事故）在统计范围内（24 个月）出现的次数。累计频数是在某规定值以下所有等级区段频数之和（例如，事故次数为 3 时累计频数 $F=3+1+3+4=11$）。把频数除以事件总数，则为频率。在统计学中，人们把这样的处理数据方法叫作“组合频率分配法”。

频率在统计中具有重要意义，它在一定程度上反映了随机现象发生的可能性。但是它也有缺点，当观测次数少时，它有随机波动性。随着观测次数的增加，频率逐渐稳定于某个常数 P，称此常数为概率，它是随机现象发生可能性大小的度量。概率用 0～1 间的数来表示，即 $0\leqslant P\leqslant 1$。伤亡事故发生的概率很小，$P\ll 1$。伯努利大数定律以严格的数学形式表达了频率的稳定性。该定律指出，当观测次数数目很大时，随机现象发生的频率与概率有较大偏差的可能性很小。

在实际应用中，当观测次数很大时，可以用频率代替概率。

2. 随机变量的概率分布

根据表 5-2 中的数据可以绘出一个月内发生事故次数的频率分布，如图 5-3 所示。该分布也可近似地被看作发生事故次数的概率分布。

对于连续型随机变量，人们不能绘出像图 5-3 那样的分布图，于是引入了概率密度函数的概念。对于任意随机变量 x，存在 x 的概率密度函数 $f(x)$，它们具有如下性质：

(1) $f(x)$ 对所有的 x 均为正值。

(2) $f(x)$ 任意两点间曲线下的面积等于这两点间随机变量的概率。

(3) $f(x)$ 曲线下的总面积为 1。

例如，某种类别伤害事故损失的工时数为 0～100 h。又知在此区段内任一点的伤亡事故发生的概率相等。由上述性质可知，$f(x)$ 曲线恒为正值，且曲线为一平直线曲线下的面积为 1。于是，可以绘出 $f(x)$ 曲线如图 5-4 所示。

相应的概率密度函数为：

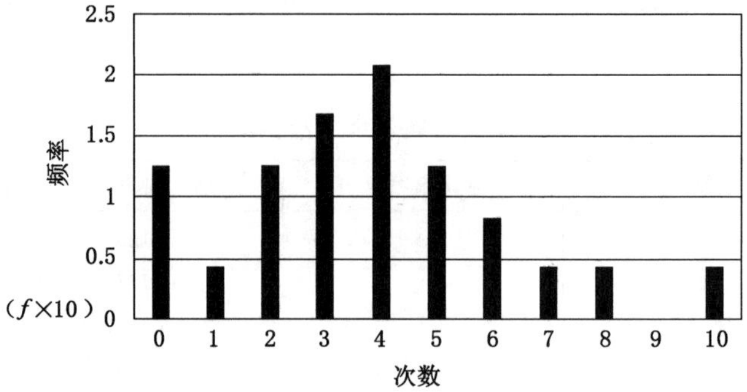

图 5-3 频率分布图

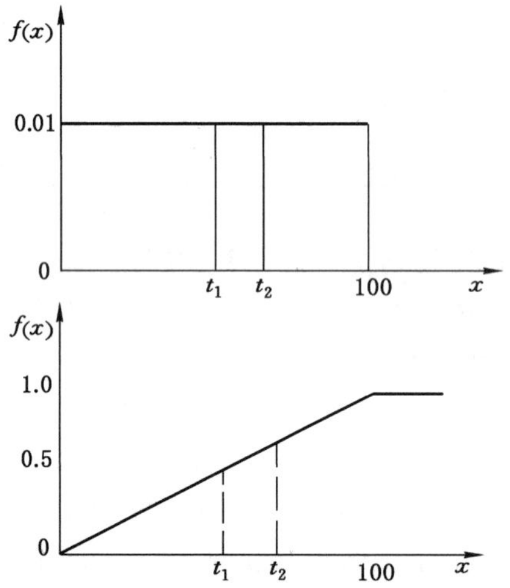

图 5-4 概率密度函数及概率分布函数

$$f(x)=\begin{cases}\dfrac{1}{100} & 0\leqslant x\leqslant 100\\ 0 & x\text{ 为其他值}\end{cases}\tag{5-1}$$

$f(x)$ 曲线的高度并不代表某点的概率，对于任何一点来说其概率为 0。由性质(2)可以计算任意区段内的随机变量的概率。随机变量概率分布函数 $F(x)$ 为：

$$F(x)=\int_0^x f(x)\mathrm{d}x\tag{5-2}$$

区段($t_1\leqslant x\leqslant t_2$)内随机变量概率：

$$P(t_1\leqslant x\leqslant t_2)=\int_{t_1}^{t_2} f(x)\mathrm{d}x\tag{5-3}$$

于是可以求算损失 t_1、t_2 间工时的概率。如，设 $t_1=40$ h，$t_2=50$ h，则损失工时 40～50 h的事故概率为：

$$\frac{1}{100}\times(t_2-t_1)=\frac{1}{100}\times(50-40)=0.1$$

许多随机变数的概率有向某点集中的趋势。这时，图形分布的形状不是直线，而是带有高峰的曲线。

根据研究，可以用二项式分布描述某一个部门在一定时期内发生事故的概率的分布。

设一个工厂有 n 名工人，在一年期间内每个人发生事故的概率相同，都是 P，则不发生事故的概率是（$1-P$）。在这种情况下，工厂总共发生 x 次事故的概率 $f(x)$ 为：

$$f(x)=\frac{n!}{x!(n-x)!}p^{x}(1-p)^{n-x} \tag{5-4}$$

发生 c 次以下事故的累积概率分布 $F(c)$ 为：

$$F(c)=\sum_{x=0}^{x=c}\frac{n!}{x!(n-x)!}p^{x}(1-p)^{n-x} \tag{5-5}$$

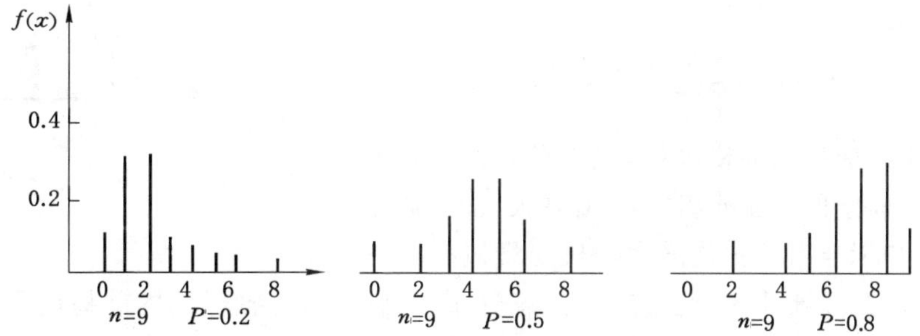

图 5-5　不同参数 n 和 P 的二项式分布

图 5-5 所示为不同参数 n 和 p 的二项式分布。实际上，大部分事故往往不能造成对人身的伤害。换言之，伤亡事故发生的概率是非常小的。工厂中的人数很多(或者说被观测的人次很多)。在这种情况下，假设 $P\to 0$，$n\to\infty$，并由上式导出二项式分布的极端情况。通常情况下，可用泊松分布来描述伤亡事故的概率分布：

$$f(x)=\mathrm{e}^{-\lambda}\frac{\lambda^{x}}{x!} \tag{5-6}$$

$$F(c)=\sum_{x=0}^{x=c}\mathrm{e}^{-\lambda}\frac{\lambda^{x}}{x!} \tag{5-7}$$

式中：λ 为发生事故的期望值，即 $\lambda=Pn$。

期望值是随机变量的平均值，这里可近似地取实际事故次数 x 的平均值。因此，λ 值取决于伤亡事故发生可能性的大小。对于不同的 λ 值，伤亡事故概率分布状况也不同。图 5-6所示为不同 λ 值时的概率分布图形。

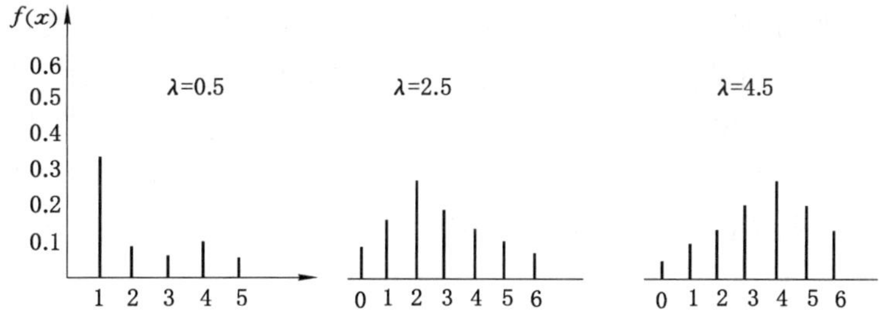

图 5-6　不同参数 λ 的泊松分布

从图 5-6 可以看出，λ 越小则纵坐标值越高，分布越集中。这表明，发生伤亡事故次数较少的可能性很大。当 λ 值增加时，分布图形向右扩展，曲线也变得平缓，分布比较离散。在泊松分布中，λ 又称为离差。离差是反映随机变量离散趋势的统计量。

当观测次数 n 很大时，二项式分布接近正态分布。在自然现象和社会现象中，大量的随机变量服从正态分布。实际中，还有许多随机变量，它们由大量相互独立的随机因素综合影响所形成的，并且其中每一因素在总的影响中所起的作用都是微小的。这样的随机变量往往也近似地服从正态分布。

如图 5-7 所示，分布曲线有个最高点，以该点的横坐标为中心对称向左右两侧快速下降。换言之，这是一种在平均值(中数)附近对称的分布。

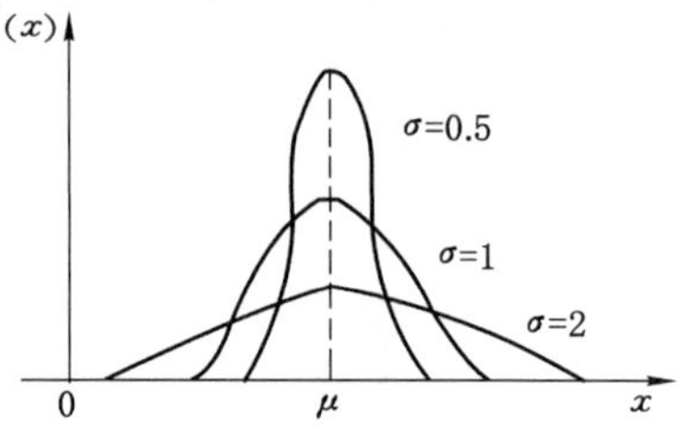

图 5-7　不同 σ 的正态分布

正态分布的概率密度函数为：

$$f(x)=\frac{1}{\sqrt{2\pi}\sigma}\mathrm{e}^{-\frac{(x-\mu)^2}{2\sigma^2}} \tag{5-8}$$

式中　μ——曲线最高点的横坐标，正态分布的平均值；

σ——正态分布的标准离差，σ 值越大，曲线越平缓。

平均值 μ 和标准离差 σ 是描述随机变量概率正态分布特征的参数。在推理统计中，经常应用正态分布。例如，行为抽样法的前提就是所测定数据应服从正态分布。

在正态分布条件下，在测取读数时，全部读数的 68.27% 可能落到($\mu\pm\sigma$)的范围内；95.45%的读数可能落到($\mu\pm2\sigma$)的范围内；99.73%的读数可能落入($\mu\pm3\sigma$)的范围(图 5-8)。

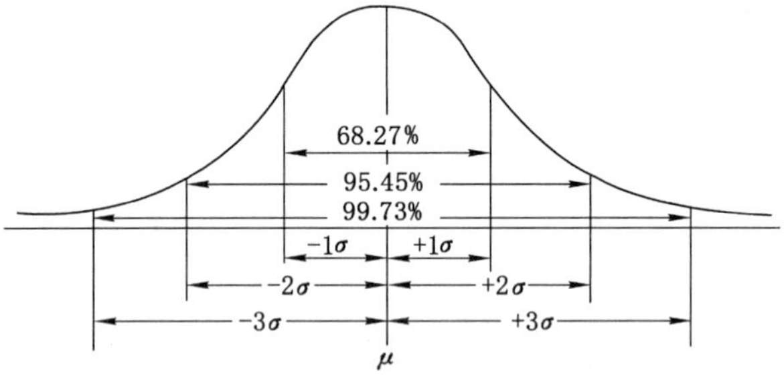

图 5-8　一种正态分布的特性曲线

3. 置信度和置信区间

人们在测量或计算时，常不以得到近似值为满足，还需要估计误差，即要求更确切地知道近似值的精确程度(亦即所求真值所在的范围)。类似地，对于总体的某一参数 θ，如平均数，我们还希望估计出一个范围，并希望知道这个范围包含参数 θ 真值的可靠程度。这样的范围通常以区间的形式给出，同时还要给出此区间包含参数 θ 真值的可靠程度。

我们从总体中随机地抽取一个大样本，如果我们关心的是总体的平均数，则可以计算样本的平均数。知道了概率密度函数，就可得到相应的量 t 落入任意两个值 t_1 与 t_2 间的概率。若

$$P(t_1\leqslant\theta\leqslant t_2)=1-a \tag{5-9}$$

其中，$1-a$ 为一特定的概率，则称 t_1 与 t_2 之间包括 t_1 和 t_2 在内的所有值的集合为参数 θ 的置信区间，t_1 和 t_2 称为置信限。

对应于置信区间的概率($1-a$)(百分数)为置信度。例如，前面提到的正态分布，95.45%的读数可能落入($\mu\pm2\sigma$)范围内。这相当于 95.45% 的置信度，其置信区间为 $\mu-$

$2\sigma \sim \mu+2\sigma$。当从总体中反复抽样多次时，每组样本的读数确定一个区间($\mu \pm 2\sigma$)，在这么多的区间里包含 μ 的约占 95%，不包含 μ 的占 5%左右。这时，称“显著性水平”为 0.05，即发生错误的概率为 5%。显著性水平用 a 表示。

置信区间在伤亡事故统计分析中具有极重要的实用价值。它用来估计统计分析的可靠程度。例如，某钢铁公司连续三年内伤亡事故的死亡数字为 20、15、10。三年中死亡数字由 20 减少到 10，恰好 1/2，若将它们分别作为样本的平均值，则在置信度 95%的置信区间，分别示于表 5-3。可见，这并不能体现真实情况的变化。用这些死亡数字比较安全工作情况得到的结论可靠性是比较低的，问题的关键在于做比较的死亡事故发生率很小。特别是对于规模不大的企业来说，用死亡率来比较安全情况是一种无谓的尝试。

表 5-3　　某钢铁公司伤亡事故置信区间

死亡事故	第一年		第二年		第三年	
	期望值平均数 20	95%概率区间(13～29)	期望值平均数 15	95%概率区间(9～23)	期望值平均数 10	95%概率区间(5～17)
死亡数差值	5			5		

三、伤亡事故的统计指标

目前，我国安全生产涉及到工矿企业(包括商贸流通企业)、道路交通、水上交通、铁路交通、民航飞行、农业机械、渔业船舶等行业。各有关行业主管部门针对本行业特点，制定并实施了各自的事故统计报表制度和统计指标体系来反映本行业的事故情况。指标通常分为绝对指标和相对指标。绝对指标指反映伤亡事故全面情况的绝对数值，如事故起数、死亡人数、重伤人数、轻伤人数、直接经济损失、损失工作日等。相对指标指伤亡事故的两个相联系的绝对指标之比，表示事故的比例关系，如千人死亡率、千人重伤率、百万吨死亡率等，如图 5-9所示。

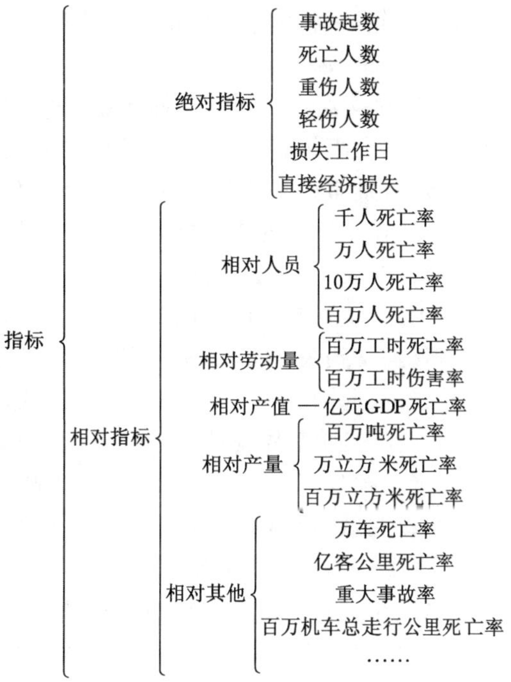

图 5-9　事故统计指标

我国安全生产事故统计指标体系分为四大类。

1. 综合类伤亡事故统计指标体系

综合类伤亡事故统计指标体系包括：事故起数、死亡事故起数、死亡人数、受伤人数、直接经济损失、重大事故起数、重大事故死亡人数、特大事故起数、特大事故死亡人数、特别重大事故起数、特别重大事故死亡人数、重大事故率、特大事故率。

2. 工矿企业类伤亡事故统计指标体系

工矿企业类伤亡事故统计指标体系包括：煤矿企业伤亡事故统计指标、金属和非金属矿企业(原非煤矿山企业)伤亡事故统计指标、工商企业(原非矿山企业)伤亡事故统计指标、建筑业伤亡事故统计指标、危险化学品伤亡事故统计指标、烟花爆竹伤亡事故统计指标。

这6类统计指标均包括伤亡事故起数、死亡事故起数、死亡人数、重伤人数、轻伤人数、直接经济损失、损失工作日、重大事故起数、重大事故死亡人数、特大事故起数、特大事故死亡人数、特别重大事故起数、特别重大事故死亡人数、千人死亡率、千人重伤率、百万工时死亡率、重大事故率、特大事故率。另外，煤矿企业伤亡事故统计指标还包括百万吨死亡率。

3. 行业类统计指标体系

(1) 道路交通事故统计指标包括：事故起数、死亡事故起数、死亡人数、受伤人数、直接财产损失、重大事故起数、重大事故死亡人数、特大事故起数、特大事故死亡人数、特别重大事故起数、特别重大事故死亡人数、万车死亡率、10万人死亡率、生产性事故起数、生产性事故死亡人数、重大事故率、特大事故率。

(2) 火灾事故统计指标包括：事故起数、死亡事故起数、死亡人数、受伤人数、直接财产损失、重大事故起数、重大事故死亡人数、特大事故起数、特大事故死亡人数、特别重大事故起数、特别重大事故死亡人数、百万人火灾发生率、百万人火灾死亡率、生产性事故起数、生产性事故死亡人数、重大事故率、特大事故率。

(3) 水上交通事故指标体系包括：事故起数、死亡事故起数、死亡和失踪人数、受伤人数、直接经济损失、重大事故起数、重大事故死亡人数、特大事故起数、特大事故死亡人数、特别重大事故起数、特别重大事故死亡人数、沉船艘数、千艘船事故率、亿客公里死亡率、重大事故率、特大事故率。

(4) 铁路交通事故统计指标包括：事故起数、死亡事故起数、死亡人数、受伤人数、直接经济损失、重大事故起数、重大事故死亡人数、特大事故起数、特大事故死亡人数、特别重大事故起数、特别重大事故死亡人数、百万机车总走行公里死亡率、重大事故率、特大事故率。

(5) 民航飞行事故统计指标包括：飞行事故起数、死亡事故起数、死亡人数、受伤人数、重大事故万时率、亿客公里死亡率。

(6) 农机事故统计指标包括：伤亡事故起数、死亡事故起数、死亡人数、重伤人数、轻伤人数、直接经济损失、重大事故起数、重大事故死亡人数、特大事故起数、特大事故死亡人数、特别重大事故起数、特别重大事故死亡人数、重大事故率、特大事故率。

(7) 渔业船舶事故统计指标包括：事故起数、死亡事故起数、死亡和失踪人数、受伤人数、直接经济损失、重大事故起数、重大事故死亡人数、特大事故起数、特大事故死亡人数、特别重大事故起数、特别重大死亡人数、千艘船事故率、重大事故率、特大事故率。

4. 地区安全评价类统计指标体系

地区安全评价类统计指标体系包括：死亡事故起数、死亡人数、直接经济损失、重大事故起数、重大事故死亡人数、特大事故起数、特大事故死亡人数、特别重大事故起数、特别重大事故死亡人数、亿元国内生产总值(GDP)死亡率、10万人死亡率。

通过伤亡事故的统计，可以衡量一个系统的安全状况。为便于比较分析，需要规定一些通用的指标。1946年8月，在加拿大蒙特利尔市，由国际劳工组织(International Labor Organization，ILO)主持召开的第六次国际劳动统计会议上通过了统一的指标，即伤亡事故频率和伤亡事故严重率。

1) 伤亡事故频率

生产过程中发生的事故次数 A，是统计范围内参加工作的人数 N、经历的时间间隔 T 和与工作条件有关的参数 a 的函数：

$$A = f(a, N, T) \tag{5-10}$$

当工作人数 N 和经历的时间间隔 T 一定时：

$$a = \frac{A}{NT} \tag{5-11}$$

a 为表明生产作业安全状况的指标，称之为事故频率。

世界各国统计伤亡事故频率的方法不尽相同；我国国家标准《企业职工伤亡事故分类》(GB/T 6441—86)规定如下：

(1) 千人死亡率：千人死亡率表示在某时期内，平均每千名职工中，因工伤事故造成死亡的人数。可按下式计算：

$$千人死亡率 = \frac{死亡人数}{平均职工人数} \times 10^3$$

(2) 千人重伤率：千人重伤率表示在某时期内，平均每千名职工中，因工伤事故造成重伤的人数。可按下式计算：

$$千人重伤率 = \frac{重伤人数}{平均职工人数} \times 10^3$$

(3) 百万工时伤害率：百万工时伤害率表示在某时期内，每百万工时中，因工伤事故造成的伤害总人数，其中包括轻伤、重伤和死亡人数。适用于行业、企业内部事故统计分析使用，计算方法如下：

$$百万工时伤害率(A) = \frac{伤害人数}{实际总工时数} \times 10^6$$

(4) 重大事故率：一定时期内，特大事故占总事故的比率。

$$重大事故率 = \frac{重大事故起数}{事故总起数} \times 100\%$$

(5) 特大事故率：一定时期内，重大事故占总事故的比率。

$$特大事故率 = \frac{特大事故起数}{事故总起数} \times 100\%$$

(6) 百万人火灾发生率：一定时期内，某地区平均每 100 万人中，火灾发生的次数。

$$百万人火灾发生率 = \frac{火灾发生起数}{地区总人口} \times 10^6$$

2) 伤亡事故严重率

(1) 伤害严重率：伤害严重率表示在某时期内，每百万工时中，因事故损失的工作日数。可按下式计算：

$$伤害严重率(B) = \frac{总损失工作日数}{实际总工时数} \times 10^6$$

(2) 伤害平均严重率：伤害平均严重率(N)表示平均每伤害一人次损失的工作日数。可按下式计算：

$$伤害平均严重率(N) = \frac{B}{A} = \frac{总损失工作日}{伤害人数}$$

(3) 百万吨死亡率：

$$百万吨死亡率 = \frac{死亡人数}{实际产量(t)} \times 10^6$$

(4) 万立方米木材死亡率：

$$万立方米木材死亡率 = \frac{死亡人数}{木材产量(m^3)} \times 10^4$$

(5) 百万人火灾死亡率：一定时期内，某地区平均每 100 万人中，火灾造成的死亡人数。

$$百万人火灾死亡率 = \frac{火灾造成的死亡人数}{地区总人口} \times 10^6$$

(6) 万车死亡率：一定时期内，平均每一万辆机动车辆中，造成的死亡人数。

$$万车死亡率 = \frac{机动车造成的死亡人数}{机动车数} \times 10^4$$

(7) 10 万人死亡率：一定时期内，某地区平均每 10 万人中，因事故造成的死亡人数。

$$10 万人死亡率 = \frac{死亡人数}{地区总人口} \times 10^5$$

(8) 亿客公里死亡率：一定时期内，按运送旅客人数和里程统计的死亡率，即一个客运飞行单位平均每亿客公里发生的飞行事故中造成的旅客死亡率。

$$亿客公里死亡率 = \frac{死亡人数}{运营旅客人数 \times 运营公里总数} \times 10^8$$

因工伤造成损失的工作日数按下列办法计算：

① 死亡或永久性全失能伤害为 6 000 日。

② 永久性部分失能伤害按《事故伤害损失工作日标准》(GB/T 15499—1995)计算。

③ 未规定数值的暂时失能伤害，按实际歇工天数计算。

④ 当一名受伤职工，按其负伤部位计算工作日数累计超过 6 000 日时，仍按 6 000 日计算。

四、伤亡事故统计分析中注意事项

1. 必须有足够的样本容量

按照伯努利大数定律，只有样本容量足够大时，随机事件发生的频率才趋于稳定。若观测数据量越少，统计出的伤亡事故频率和伤亡事故严重率的可靠性就越差。一般认为，统计的基础数字如果低于 200 000 人·时，则每年统计的事故频率将有明显波动，往往很难据此作出正确的判断。当总的人·时数达到 100 万时，可以得到较稳定的结果。在这种情况下，才能做出较为正确的结论。

当采用千人负伤率做为统计指标时，特别是对于人数较少的单位，一般应以一年为统计期间。设每天工作 8 h，每年工作 330 日，则每人每年工作 2 640 h。对于一个 100 人的单位来说，一年的工作小时数仅为 264 000。对这样的单位若以月为周期进行统计的话，得到的数字会有很大的波动。图 5-10 所示为某矿 1978—1980 年逐月统计的千人负伤率情况。由图 5-10 可以看到，伤亡事故频率波动很大。这种波动基本上是由于随机性造成的。在这种情况下，根据每月统计的千人负伤率来评价实际安全情况是很不可靠的，应该以一年为统计期间。

2. 采取措施扩大样本容量

大多数生产单位，在一年的统计时间内伤亡事故数都很低，同时也很难对本单位的安全情况作出确切判断。

一些国家建议把因工伤歇工不到一个工作日的事故也包括在统计范围内。美国 BLS-OSHA 测定法规定，把因受伤后调到其他临时岗位和虽仍在原岗位工作但不能发挥其全效率或不能全天工作的情况，作为“须记录的事故”也进行调查和统计。De. 莱阿梅尔则建议把全部到医院就诊的工伤事故都统计到伤害事故频率里。

也有人主张把极轻微的伤害事故或差一点受伤的险肇事故（如坠入溜井但没有受伤）包

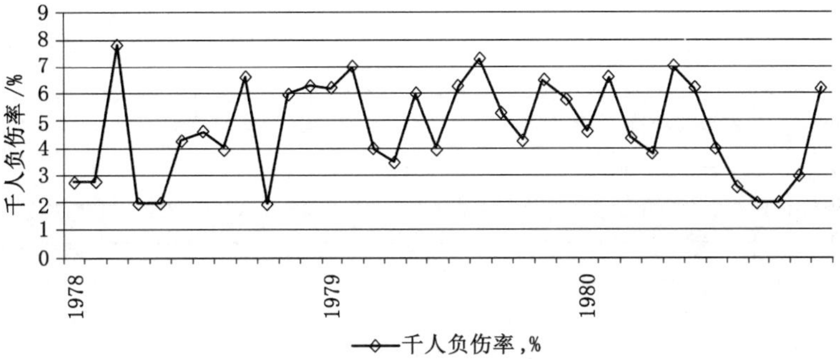

图 5-10　某矿三年千人负伤率

括在统计范围之内。一次事故可能没有形成人员的伤亡，或者只受微伤，但是很难断言同类原因就不能造成重伤或死亡事故。

一些研究人员开始对人的不安全行为和物的不安全状态进行统计调查，并相应地提出一些统计指标，但是目前仍处于研究阶段。

五、伤亡事故的统计方法

事故统计分析法是事故宏观分析法，其理论基础是概率统计理论。它根据事故统计的原始数据，从大量事故分析中探索事故发生规律，利用各种图表直观而形象地反映事故发生情况。它对于寻找主要矛盾，评价安全水平，确定安全工作的中心，能够提供确切的数据依据。事故统计图表有多种，下面仅介绍几种常用的统计分析法。

1. 主次图分析法

主次图又称主次因素排列图，它是寻找安全工作中主要矛盾的一种有效的以图的形式描述的分析方法。主次图是直方图和曲(折)线图的结合。直方图用来表示居于某项目各分类的工伤频数(人次数)，而折线点则表示各分类的相对频数。主次因素排列图可以直观地使管理人员看出主次因素，便于抓住主要问题，有步骤地采取措施，加以解决。

要完成主次图分析，必须收集事故的统计数据，经过整理、分析，方能画出。一般按下述步骤进行：

(1) 确定分析的内容，如事故类别分析，事故原因分析、事故场所分析、事故年龄分析和事故工种分析等。

(2) 统计事故的人次数和相对频数。

(3) 制图，纵坐标表示事故人次数和相对频率，横坐标表示分析的内容。根据统计的数据可画出柱状和折线图，如图 5-11 所示。

(4) 分析，由图中折线即可直观判断主要矛盾所在，采取措施，分别轻重缓急，加以解决。

例如，某厂 1990 年各工种发生事故的人次数见表 5-4，作主次图分析如图 5-11 所示。从图中可以看出，该厂冲压工、木工工伤事故严重，占全部工伤人数的 80%。

表 5-4　　某厂主要工种工伤事故统计表

工种	冲压工	木工	厂内司机	起重工	钳工	电工	电焊工	车工	锻工
事故人次数	125	22	10	7	7	5	4	2	2
相对频率/%	67.9	12	5.4	3.8	3.8	2.7	2.2	1.1	1.1

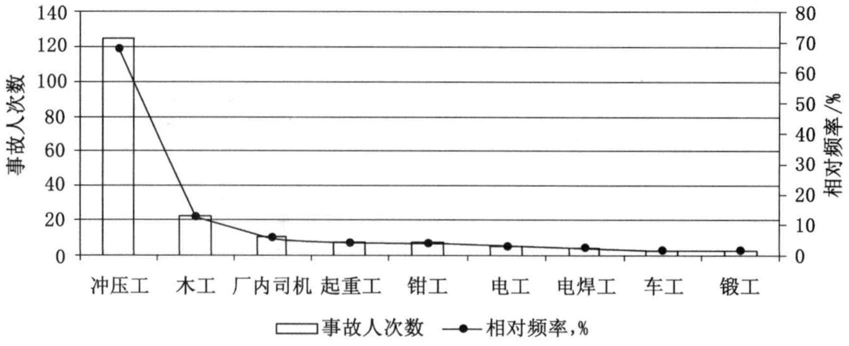

图 5-11　某厂主要工种工伤事故主次图

应查明其原因,限期解决。在查明原因时,可采用系统危险识别方法,如事件树分析、事故树分析等,达到事半功倍的效果。

同理,可分别作事故原因主次图(图 5-12)、事故部位主次图(图 5-13)、事故场所主次图(图 5-14)、事故类别主次图(图 5-15)、事故工龄主次图(图 5-16)等,视需要而定。

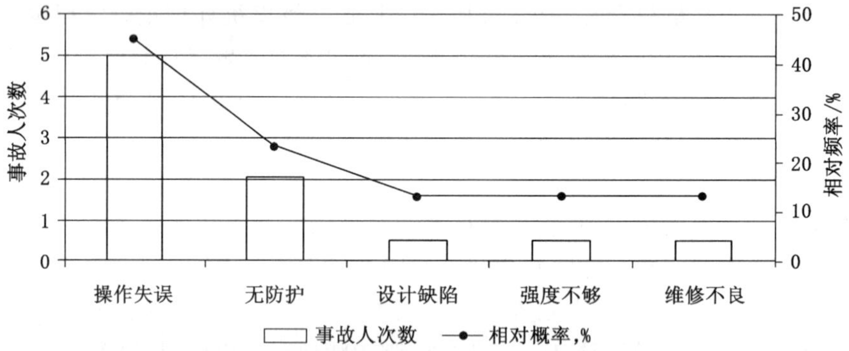

图 5-12　事故原因主次图

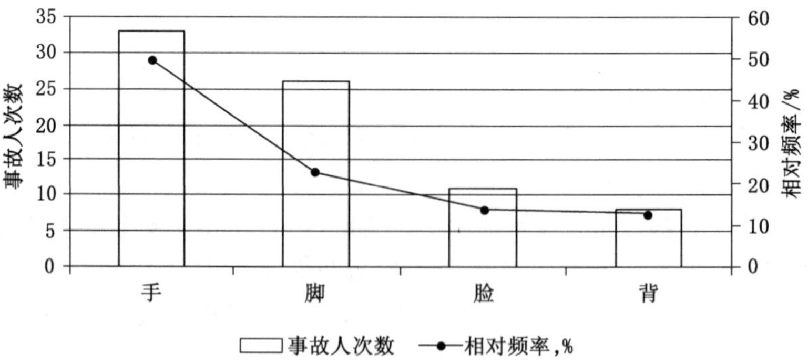

图 5-13　事故部位主次图

在研究伤亡事故发生规律时,常常配合使用各种统计图形来增加其直观性。除了上面所采用的柱状图形外,图 5-17 所示为事故发生原因的扇形图;图 5-18 所示为描述不同时刻

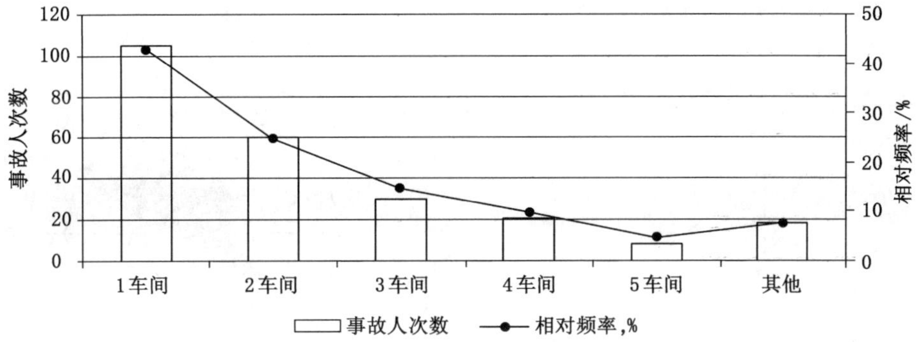

图 5-14　事故场所主次图

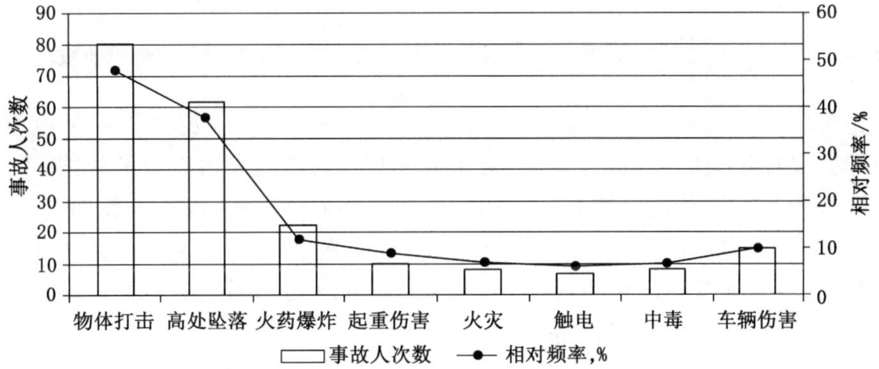

图 5-15　事故类别主次图

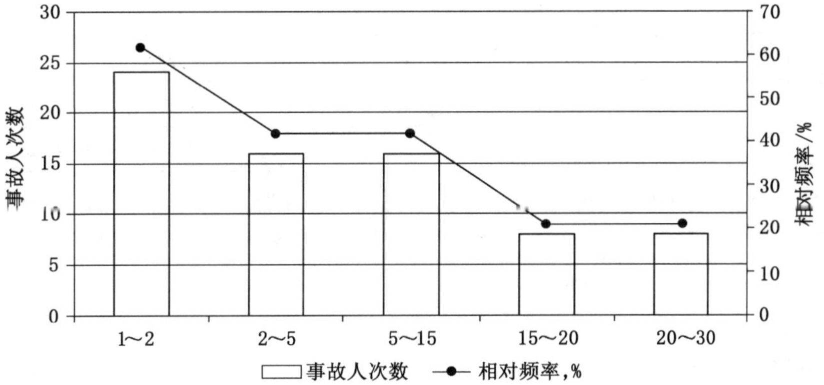

图 5-16　事故工龄主次图

风向频率的玫瑰图。

2. 事故趋势图分析法

事故趋势图又称为事故动态图，是按照系统内事故发生的情况，根据时间顺序对比不同时期事故指标，评价各个时期内的安全状况，分析事故发展趋势的一种图形。也可以根据历史数据进行外推，预测未来事故发展状况，以便采取防范措施。

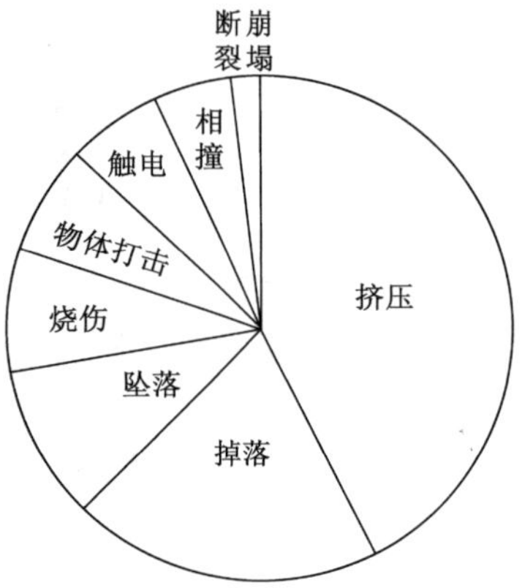

图 5-17　事故发生原因扇形图

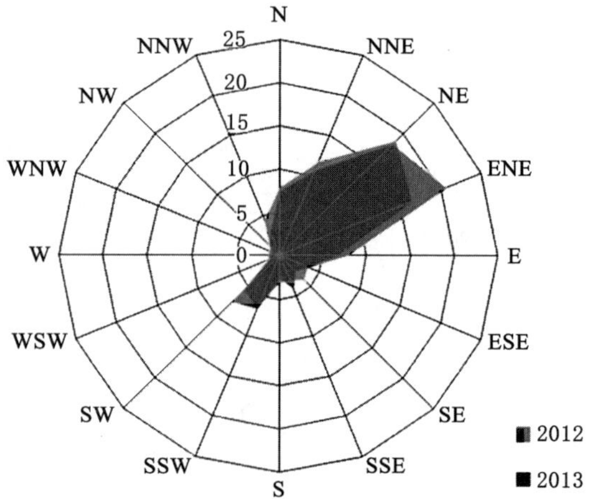

图 5-18　不同时刻风向频率玫瑰图

应用趋势图分析未来事故的发展趋势，是建立在系统安全状况处于一个稳定状态的基础上的；否则，以往历史的发展规律就不能作为推测今后事故发展趋势的根据。

应用趋势图还可以分析以往某个时期安全状况不好的原因，以吸取教训，改进工作。

编制趋势图，是以时间（一般以年份）作为动态参数，以伤害频率或其他指标作为分析指标。图 5-19 所示为某铁矿伤亡事故趋势图。由图 5-19 可以看出，1984 年以前千人负伤率下降幅度较大，之后呈稳定下降趋势。

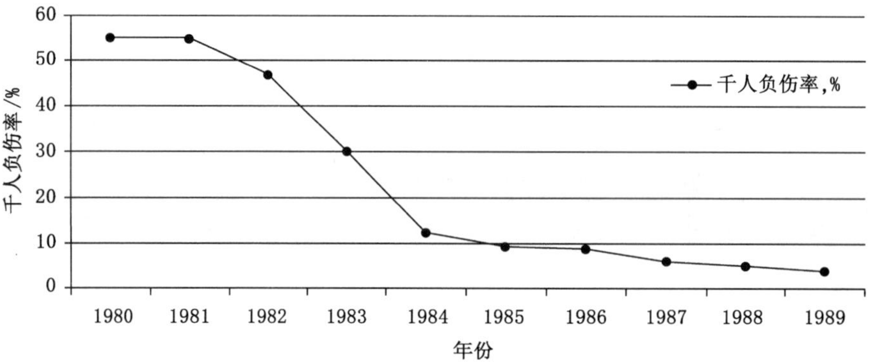

图 5-19　某铁矿伤亡事故发生趋势图

六、伤亡事故经济损失计算

伤亡事故经济损失计算方法和标准按照《企业职工伤亡事故经济损失统计标准》(GB 6721—86)进行计算。伤亡事故经济损失是指企业职工在劳动生产过程中发生伤亡事故所引起的一切经济损失，包括直接经济损失和间接经济损失。在事故调查中，事故造成的直接经济损失也是确定事故等级大小的依据。因此，必须正确核算和统计伤亡事故经济损失。

1. 直接经济损失及范围

直接经济损失指因事故造成人身伤亡及善后处理支付的费用和毁坏财产的价值。其范围包括：

(1) 人身伤亡后所支出的费用：医疗费用(含护理费用)；丧葬及抚恤费用；补助及救济费用；歇工工资。

(2) 善后处理费用：处理事故的事务性费用；现场抢救费用；清理现场费用；事故罚款和赔偿费用。

(3) 财产损失价值：固定资产损失价值；流动资产损失价值。

2. 间接经济损失及范围

间接经济损失是指因事故导致产值减少、资源破坏和受事故影响而造成其他损失的价值。其范围包括：

(1) 停产、减产损失价值。

(2) 工作损失价值。

(3) 资源损失价值。

(4) 处理环境污染的费用。

(5) 补充新职工的培训费用。

(6) 其他损失费用。

国外在计算事故间接损失时，除考虑产量损失外，还考虑以下几项：

① 负伤者的时间损失。

② 负伤者以外的人员的时间损失(如照顾负伤者的人员时间损失等)。

③ 救护者、医院有关人员等时间的损失。

④ 机械工具材料及其他的财产损失。

⑤ 负伤者复工后、能力低下引起劳动生产率下降的损失。

⑥ 因事故影响职工情绪、诱发其他事故发生的损失。

3. 经济损失计算方法

1) 经济损失计算

$$E = E_d + E_i \tag{5-12}$$

式中　E——经济损失，万元；

E_d——直接经济损失，万元；

E_i——间接经济损失，万元。

2) 工作损失价值计算

$$V_W = \frac{D_L M}{SD} \tag{5-13}$$

式中　V_W——工作损失价值，万元；

M——企业上年税利(税金加利润)，万元；

S——企业上年平均职工人数；

D 为企业上年法定工作日数，日；

D_L——一起事故的总损失工作日数，死亡一名职工按 6 000 个工作日计算，受伤职工视伤害情况按《企业职工伤亡事故分类标准》(GB 6441—86)的附录确定，日。

3) 固定资产损失价值按下列情况计算

(1) 报废的固定资产，以固定资产净值减去残值计算；固定资产(如设备、设施、工具等)损失价值的计算公式：

$$X_g = Z_j - C_j \tag{5-14}$$

式中 X_g——固定资产损失价值,元;

Z_j——固定资产净值,元;

C_j——残存价值,元。

(2) 损坏的固定资产,以修复费用计算。固定资产可修复时,其修复费用折算价格计算公式:

$$X_{gx} = X_f/(1 - g_1 - g_2 - \cdots - g_n) \tag{5-15}$$

式中 X_{gx}——固定资产可修复时的折算价格,元;

X_f——修复费用,元;

1——设备功能系数,总和为 1;

$g_1, g_2, \cdots, g_n$——设备功能折损系数,按设备功能数量分配。

设备功能折损系数,其中主要功能占 40%,如果设备的主要功能受损,该设备即为报废;设备的次要功能和辅助功能不论多少项总和共占 60%,即 $g_1 + g_2 + \cdots + g_n = 0.6$ 平均分配。

4) 流动资产损失计算按下列情况计算

$$X_d = W_1 + W_2 \tag{5-16}$$

式中 X_d——流动资产的损失价值,元;

W_1——原材料、燃料、辅助材料等均按账面值减去残值计算,元;

W_2——成品、半成品、在制品损失,按本期成本减去残值计算,元。

5) 事故已处理结案而未能结算的医疗费、歇工工资等,采用测算方法计算

(1) 医疗(含护理)费用。其测算公式为:

$$F = F_1 + F_2 + \cdots = \sum F_n \tag{5-17}$$

$$F_n = F_b + \frac{F_b}{P} \cdot D_c \tag{5-18}$$

式中 F——被伤害人员的医疗(含护理)费,万元;

F_n——某一个被伤害人员的医疗(含护理)费,万元;

F_b——事故结案日前的医疗(含护理)费,万元;

P——事故发生之日至结案之日的天数,日;

D_c——延续医疗天数,指事故结案后还须继续医治的时间,日,由医院医生、企业、工会等共同认定。

一次事故多人伤害时,用式(5-18)算出每个人员的医疗(含护理)费用后,再用式(5-17)累加起来,就是总的医疗(含护理)费用。

(2) 歇工工资。歇工工资按下式计算:

$$L = L_1 + L_2 + L_3 + \cdots = \sum L_n \tag{5-19}$$

$$L_n = L_q(D_a + D_k) \tag{5-20}$$

式中 L——被伤害职工的歇工工资,元;

L_n——某一个被伤害职工的歇工工资,元;

L_q——被伤害职工日工资,元;

D_a——事故结案日前的歇工日,日;

D_k——延续歇工日,是指事故结案后被伤害职工还需继续歇工的时间,日。

一次事故多人受伤时，用式(5-20)算出每个受伤人员的歇工工资后，用式(5-19)累加起来，就是总的歇工工资。

6）对分期支付的抚恤、补助等费用，按审定支出的费用从开始支付日期累计到停发日期抚恤费用，其测算公式为：

$$H = H_1 + H_2 + H_3 + \cdots = \sum H_n \tag{5-21}$$

$$H_n = \sum_{i=1}^{m}(18 - P_i) \cdot H_{Yi} + \sum_{j=1}^{n}(71 - Q_j) \cdot H_{Yj} \tag{5-22}$$

式中　H——伤亡职工的抚恤费用，万元；

H_n——单个伤亡职工支付的抚恤费用，万元；

m——伤亡人员供养的未成年人数量，名；

i——伤亡人员供养的第 i 个未成年人；

P_i——伤亡人员供养的第 i 个未成年人在事故发生时的年龄，岁；

H_{Yi}——针对第 i 个未成年人应支付的年抚恤费用，万元；

n——伤亡人员供养的直系亲属数量，名；

j——伤亡人员供养的第 j 个直系亲属；

Q_j——伤亡人员供养的第 j 个直系亲属在事故发生时的年龄，岁；

H_{Yj}——针对第 j 个直系亲属须支付的年抚恤费用，万元。

一次事故多人死亡时，用式(5-22)算出每个死亡人员的抚恤费用后，再用式(5-21)累加起来，就是总的抚恤费用。

若是按年分期支付，补助等费用也可参照式(5-21)和式(5-22)计算。

7）停产、减产损失，按事故发生之日起到恢复正常生产水平时止计算其损失的价值

4. 经济损失的评价指标

1）千人经济损失率

计算按下式：

$$R_S = \frac{E}{S} \times 1\,000 \tag{5-23}$$

式中　R_S——千人经济损失率；

E——全年内经济损失，万元；

S——企业平均职工人数，人。

2）百万元产值经济损失率

计算按下式：

$$R_V = \frac{E}{V} \times 100 \tag{5-24}$$

式中　R_V——百万元产值经济损失率；

E——全年内经济损失，万元；

V——企业总产值，万元。

复习思考题

1. 简述事故调查工作原则中为什么要遵循属地原则？
2. 查阅文献并简述目前伤亡事故统计分析还有哪些研究方法？
3. 查阅并收集近三年内发生的某一重大事故资料，并以该事故为例撰写事故调查报告一份。

本章参考文献

[1] 何学秋. 安全科学与工程[M]. 徐州：中国矿业大学出版社，2008.
[2] 金龙哲. 安全学原理[M]. 北京：冶金工业出版社，2010.
[3] 韦冠俊. 安全原理与事故预测[M]. 北京：冶金工业出版社，1995.
[4] 史宗保. 煤矿事故调查技术与安全分析[M]. 北京：煤炭工业出版社，2009.
[5] 徐伟东. 事故调查与根源分析技术[M]. 广州：广东科技出版社，2006.
[6] 蒋军成. 事故调查与分析技术[M]. 2 版. 北京：化学工业出版，2009.
[7] 隋鹏程，陈宝智. 安全原理与事故预测[M]. 北京：冶金工业出版社，1988.
[8] 姚建，曾宪荣. 事故调查与案例分析[M]. 北京：煤炭工业出版社，2012.
[9] 刘双跃. 事故调查与分析技术[M]. 北京：冶金工业出版社，2014.
[10] 国家技术监督局. 事故伤害损失工作日标准：GB/T 15499—1995[S]. 北京：中国标准出版社，1995.
[11] 国家标准局. 企业职工伤亡事故分类：GB/T 6441—86[S]. 北京：中国标准出版社，1986.
[12] 中华人民共和国人民代表大会. 中华人民共和国安全生产法[M]. 北京：法律出版社，2014.
[13] 中华人民共和国国务院令第 493 号. 生产安全事故报告和调查处理条例[OL].（2016-12-15）. http://www.npc.gov.cn/npc/zfjc/zfjcelys/2016-12/15/content_2003642.htm.

第 6 章 事故预防理论与方法

第一节 事故可预防原理

一、事故的可预防性

事故的可预防性，也就是“一切事故均可避免”是科学的安全理念。既然就某一起事故而言，如果预先采取了针对性的预防措施，完全可以避免；那么，如果我们预先对工作场所、设备等所有工作对象、劳动工具以及人的行为进行了全面的、科学的危险识辨和评估，并根据评估结果采取了针对性的预防措施，则无数个可以预防的个体总和，便是所有事故均可避免的结论。

我们应当从“事故可以预防” 这一原则出发，一方面要考虑事故发生后减少或控制事故损失的应急措施，另一方面更要考虑消除事故发生的根本措施。前者称为损失预防措施，属于消极的对策，后者称为事故预防措施，属于积极的预防对策。

事故预防，以往多倾向于研究事故发生后的应急对策。例如，为了减少或控制火灾、爆炸事故发生后造成的损失，常见采取诸如用防火结构的构筑物，或者限制易燃、易爆物的储存数量，或者控制一定的安全距离，或者构筑防爆墙、防油堤等预防措施，以及安装火灾报警设备、灭火机等以便及早发现并及早扑灭火灾，和预留安全避难设施、急救设施，以便进行事故后的紧急处理。当然，在事故预防工作中，这些消极的预防对策都是完全必要的，但这些措施都是应急措施。安全科学研究的重点是加强积极的预防对策的研究，如妥善管理事故发生源和危险物，使事故根本不可能发生，这才是事故预防的上策。而这又是建立在“事故可以预防”这一总的认识基础上的。

二、主动预防与被动预防

现代的安全技术，在吸收以往经验的基础上，更注重对事故的预测研究，既要施行事前控制，又要主动地预防事故的发生，而不是消极地等事故发生后再来总结经验教训。根据安全科学思想，预防事故的发生分 4 个层次。第一层次是根除、限制或减少危险因素，这是最理想的方法；第二层次是采用隔离故障的安全措施和安全技术；第三层次是个体防护；第四层次就是事故应急救援。当代事故预防就是通过主动预防与被动预防相结合来达到避免事故发生或减少事故损失的目的。

三、事故的预防原则

事故预防可从两个方面去考虑：一是排除妨碍生产的因素，促进生产的发展；二是排除不安全因素，保障人民生命财产的安全。前者是从经济效益考虑的，后者是从保护劳动者考虑的。事故的可预防原理可以从以下几个方面考虑。

1."防患于未然"原则

事故与损失有偶然性的关系。任何一次事故的发生都是其内在因素作用的结果,但事故何时发生、发生以后是否造成损失、损失的种类、损失的程度等都是由偶然因素决定的。即使是反复出现的同类事故,各次事故的损失情况通常也是各不相同的,有的可能造成伤亡,有的可能造成物质、财产损失,有的既有伤亡、又有物质财产的损失,也可能未造成损失(险肇事故)。例如,瓦斯爆炸事故发生以后,破坏的范围及程度、人员受伤害的情况、有无火灾并发现象等,是与爆炸的地点、人员所处的位置、周围可燃物的数量等偶然因素有关的,我们无法预先予以判断。由此说明,由于事故与后果存在着偶然性关系,唯一的、积极的办法是防患于未然,因为只有完全防止了事故出现,才能避免由事故所引起的各种程度的损失。如果仅从事故后果的严重程度来分析事故的性质,以此作为判断事故是否需要预防的依据,这显然是片面的,甚至是错误的。因为它极少能反映事故前的不安全状态、不安全行为以及管理上的缺陷。因此,从预防事故的角度考虑,绝对不能以事故是否造成伤害或损失作为是否应当预防的依据。对于未发生伤害或损失的险肇事故,如果不采取及时、有效的防范措施,则以后也必然会发生具有伤害或损失的偶然性事故。我们对于已发生伤害或损失的事故及未发生伤害或损失的险肇事故均应全面判断隐患,分析原因,只有这样才能准确地掌握发生事故的倾向及频率,提出比较切合实际的预防对策。

2."事故的可能原因必须予以根除"原则

事故与其发生的原因是必然性关系。任何事故的出现总是有原因的,事故与原因之间存在着必然性的因果关系。我们可按下述事故与原因的关系,去理解事故发生的经过:损失←事故←直接原因←间接原因←基础原因。

为了使预防事故的措施有效,首先应当对事故进行全面的调查和分析,准确地找出直接原因、间接原因以及基础原因。在事故调查报告中,一般只列出造成事故的直接原因,即在事故发生前的瞬间所做的或发生的事情,或者在时间上最接近事故发生的原因,而没有从管理缺陷及造成管理缺陷的基础原因去分析,所采取的预防对策也往往只是针对直接原因而言,所以预防措施常常无效。这是因为显而易见的直接原因几乎很少是事故的根本原因。例如,一台安装在走廊上的机器,因为漏油使走廊的路面上积了一大滩油迹,某工人踩着油迹滑倒摔伤。若对这次事故的分析不深入,则我们只是针对直接原因——因有油迹而滑倒去采取预防措施,即清扫走廊地面上的油迹。实际上,进一步分析原因,即找出前一个原因之所以发生的原因——为什么会漏油,不难理解,真正的预防滑倒事故发生的措施应当是防止漏油,因为漏油才是引起事故的根源。这个简化了的例子说明,即使去掉了直接原因(暂时地),但只要间接原因还存在,就会重新出现直接原因。所以,有效的事故预防措施来源于深入的原因分析。

3."全面治理"原则

在引起事故的各种原因之中,技术原因、教育原因以及管理原因是3种最重要的原因,必须全面考虑、缺一不可。预防这3种原因的相应对策分别是技术对策、教育对策及法制(或管理)对策。这是事故预防的3根支柱,发挥这3根支柱的作用,事故预防就可以取得满意的效果。如果只是片面地强调某一根支柱,事故预防的效果就不好。

4."四不伤害"原则

"四不伤害"原则包括:不伤害自己,不伤害他人,不被他人伤害,保护他人不受伤害。

1) 不伤害自己

所谓不伤害自己，就是要提高自我保护意识，不能由于自己的疏忽、失误而使自己受到伤害。它取决于自己的安全意识、安全知识、对工作任务的熟悉程度、岗位技能、工作态度、工作方法、精神状态、作业行为等多方面因素。

要做到不伤害自己，应做到以下方面：

在工作前应思考下列问题：是否了解这项工作任务，责任是什么？具备完成这项工作的技能吗？这项工作有什么不安全因素，有可能出现什么差错？万一出现故障该怎么办？该如何防止失误？可采取的措施包括：

(1) 保持正确的工作态度及良好的心理状态，保护自己的责任主要靠自己。

(2) 熟知所操作的设备的危险因素及掌握必要控制方法，遵守安全规则，使用必要的防护用品，不违章作业。

(3) 任何活动或设备都可能存在危险性，确认无伤害威胁后再实施，三思而后行。

(4) 杜绝侥幸、自大、逞能、想当然心理，莫以患小而为之。

(5) 积极参加安全教育训练，提高识别和处理危险的能力。

(6) 虚心接受他人对自己不安全行为的纠正。

2) 不伤害他人

在多人作业同时，由于自己不遵守操作规程，对作业现场周围观察不够以及自己操作失误等原因，自己的行为可能对现场周围的人员造成伤害。不伤害他人，就是个人行为或后果不能给他人造成伤害。他人生命与你的一样宝贵，不应该被忽视，保护同事是你应尽的义务。

要做到不伤害他人，应做到以下方面：

(1) 个人的活动随时会影响他人安全，尊重他人生命，不制造安全隐患。

(2) 对不熟悉的活动、设备、环境多听、多看、多问，必要时沟通协商后再做。

(3) 操作设备，尤其是启动、维修、清洁、保养时，要确保他人在免受影响的区域。

(4) 个人所知的危险及时告知受影响人员，及时加以消除或予以标识。

(5) 对所接受到的安全规定、标识、指令，认真理解后执行。

(6) 管理者对危害行为的默许纵容是对他人最严重的威胁，安全表率是其职责。

3) 不被他人伤害

人的生命是脆弱的，变化的环境蕴含多种可能失控的风险，个人的生命安全不应该由他人来随意伤害。不被他人伤害，即每个人都要加强自我防范意识，工作中要避免他人的错误操作或其他隐患对自己造成伤害。

要做到不被他人伤害，应做到以下方面：

(1) 提高自我防护意识，保持警惕，及时发现并报告危险。

(2) 个人的安全知识及经验与同事共享，帮助他人提高事故预防技能。

(3) 不忽视已标识的、潜在的危险并远离之，除非得到充足防护及安全许可。

(4) 纠正他人可能危害自己的不安全行为，不伤害生命比不伤害情面更重要。

(5) 冷静处理所遭遇的突发事件，正确应用所学安全技能。

(6) 拒绝他人的违章指挥，即使是你的主管所发出的，不被伤害也是你的权利。

4) 保护他人不受伤害

任何组织中的每个成员都是团队中的一分子，要担负起关心爱护他人的责任和义务，不仅自己要注意安全，也要保护团队的其他人员不受伤害，这是每个成员对集体中其他成员的承诺。

要做到保护他人不受伤害，应做到以下方面：

(1) 任何人在任何地方发现任何事故隐患都要主动告知或提示他人。

(2) 提示他人遵守各项规章制度和安全操作规范。

(3) 提出安全建议，互相交流，向他人传递有用的信息。

(4) 视安全为集体的荣誉，为团队贡献安全知识，与他人分享经验。

(5) 关注他人身体、精神状况等异常变化。

(6) 一旦发生事故，在保护自己的同时，要主动帮助身边的人摆脱困境。

第2节 事故预防的方法

事故的发展可归纳为3个阶段：孕育阶段、生长阶段和损失阶段。孕育阶段是事故发生的最初阶段，此时事故处于无形阶段，人们可以感觉到它的存在，而不能指出它的具体形式；生长阶段是由于基础原因的存在，出现管理缺陷，不安全状态和不安全行为得以发生，构成生产中事故隐患阶段，此时事故处于萌芽状态，人们可以具体指出它的存在；损失阶段是生产中的危险因素被某些偶然事件触发而发生事故，造成人员伤亡和经济损失的阶段。安全工作的目的，是要避免因发生事故而造成损失，因此最好将事故消灭在孕育和生长阶段。

事故是有其固有规律的，除了人类无法左右的自然因素造成的事故（如地震、山崩等）以外，在人类生产和生活中所发生的各种事故都是可以预防的。事故预防对策是企业采取的消除、预防事故和控制、减弱事故损失的技术措施和管理措施，实质上是保障整个生产、劳动过程的安全与健康的对策。事故的宏观预防工作应该遵循“全面治理”的原则，即从教育（education）、技术（engineering）和组织管理（enforcement，含法制）3方面归纳总结出的“3E”预测对策，加上安全文化（culture）措施。形成了3E＋1C形式的事故预防支柱。

安全技术对策着重解决物的不安全状态方面的问题；安全教育对策和安全管理对策则主要着眼于人的不安全行为，通过安全教育使人知道应该怎么做；而安全管理（法规）则是依靠法律法规、制度、标准等要求人必须怎么做。安全技术和安全管理水平是实现系统本质安全化的条件，但因为生产过程、生产技术是在不断变化发展的，所以要保证系统的安全，安全教育是不可忽视的环节。安全文化着重解决人的精神层面问题，其包含了物质财富和精神财富。

从现代安全管理的观点出发，安全管理不仅要预防和控制事故，而且要给劳动者提供一个安全舒适的工作环境。所以，安全技术对策是事故预防措施的首选。

一、事故预防的组织管理措施

组织管理措施主要是通过对安全工作的计划、组织、控制和实施实现安全目标，这是实现安全生产重要的、日常的、基本的措施。

1. 系统整体性对策

安全工作是一项系统性、整体性的工作，它涉及企业生产过程中的各个方面。安全工作的整体性要体现出：有明确的工作目标，综合地考虑问题的原因，动态地认识安全状况；而且落实措施要有主次，要有效地抓住各个环节，并且能够适应变化的要求。

2. 计划性对策

安全工作要有计划和规划，近期的目标和长远的目标要相协调。工作方案，人、财、物的使用要按照规划进行，并且有最终的评价，形成闭环的管理模式。

3. 效果性对策

安全工作的好坏，要通过最终成果的指标来衡量。但是，由于安全问题的特殊性，安全工作的成果既要考虑经济效益，又要考虑社会效益。正确认识和理解安全的效果性，是落实安全生产措施的重要前提。

4. 党政工团协调安全工作对策

党制定正确的安全生产方针和政策，教育干部和群众遵章守法，了解和解决工人的思想负担，把不安全行为变为安全行为。政府实行安全监察管理职责，不断改善劳动条件，提高企业生产的安全性。工会代表工人的利益，监督政府和企业把安全工作做好。青年是劳动力中的有生力量，青年工人中往往事故发生率高。因此，动员青年开展事故预防活动，是安全生产的重要保证。

5. 责任制对策

各级政府及相关的职能部门和企事业单位应当实行安全生产责任制，对违反劳动安全法规和不负责任而造成的伤亡事故应当给予行政处罚，造成重大伤亡事故的，应当根据刑法追究刑事责任。只有将安全责任落到实处，安全生产才能得以保证，安全管理才能有效。

二、事故预防的技术措施

技术对策是保证安全的重要对策，它以设备等的本质安全化为目标，通过应用新的技术工艺和设备、推行先进的安全设施和装置、强化安全检验、检测、警报、监控、应急救援系统等工程技术手段，来提高系统的安全可靠性。

1. 安全技术措施的基本原则

安全技术可以划分为预防事故发生的安全技术及防止或减轻事故损失的安全技术。评价一个设计、设备、工艺过程是否安全，可从以下几个方面加以考虑：

1）防止人失误的能力

必须能够防止在装配、安装、检修或操作过程中发生的可能导致严重后果的人的失误。如单项电源插头，规定火线、零线、地线的分布呈等腰三角形而非正三角形，还规定了三线各自的位置，这样就可以避免因插错位置而造成的事故。

2）对人失误后果的控制能力

人的失误是不可能完全避免的，一旦人发生可能导致事故的失误时，应能控制或限制有关部件或元件的运行，保证安全。如触电保安器就是在人失误触电后防止对人造成伤害的一种技术措施。

3）防止故障传递的能力

防止一个部件或元件的故障引起其他部件或元件的故障，以避免事故的发生。如电气线路中的保险丝，压力锅上的易熔塞。后者在限压阀发生故障或堵塞时，自动熔开以释放压力，避免因压力超高引发锅体爆炸；前者也是以熔断的方式防止过电流对其他设备的损害。

4）失误或故障导致事故的难易

应能保证只有两个或两个以上相互独立的人失误或故障，或者一个失误、一个故障同时发生才能导致事故发生。对安全水平要求较高的系统，则应通过技术手段保证至少 3 个或更多的失误或故障同时发生才会导致事故的发生。常用的并联冗余系统就可以达到这个目的。

5）承受能量释放的能力

运行过程中偶然可能会产生高于正常水平的能量释放，应采取措施使系统能够承受这种释放。如加大系统的安全系数就是其中的一种方法。

6）防止能量蓄集的能力

能量蓄集的结果将导致意外的过量的能量释放。因而应采取防止能量蓄集的措施，使能量不能积聚到发生事故的水平。如矿井通风就可以防止瓦斯积聚到爆炸的水平，避免事故发生。

2. 安全技术对策的基本手段

为使系统符合上述基本原则，人们提出了许多种实施安全技术对策的手段，其中最典型的论述包括以下 3 个方面。

1）生产设备的事故防止对策

这是由日本学者北川彻三提出的。具体包括：

(1) 围板、栅栏、护罩。

(2) 隔离。

(3) 遥控。

(4) 自动化。

(5) 安全装置。

(6) 紧急停止。

(7) 夹具。

(8) 非手动装置。

(9) 双手操作。

(10) 断路。

(11) 绝缘。

(12) 接地。

(13) 增加强度。

(14) 遮光。

(15) 改造。

(16) 加固。

(17) 变更。

(18) 劳保用品。

(19) 标志。

(20) 换气。

(21) 照明。

2）防止能量意外释放的措施

美国学者哈登则根据能量转移论的观点，认为防止事故应着眼于防止能量的不正常转移，并以此提出了防止能量逆流于人体的措施。具体包括：

(1) 限制能量。

(2) 用较安全的能源代替危险性大的能源。

(3) 防止能量积聚。

(4) 控制能量释放。

(5) 延缓能量释放。

(6) 开辟能量释放渠道。

(7) 在能源上设置屏障。

(8) 在人、物与能源之间设置屏障。

(9) 在人与物之间设置屏障。

(10) 提高防护标准。

(11) 改善工作条件和环境，防止损失扩大。

(12) 修复和恢复。

上述第(1)至(10)类即“屏障”。哈登还指出：中断能量非正常流动的屏障，在能量转移过程中建立的越早越好。潜在的事故损失越大，屏障就越应在早期建立，而且应当建立多种不同类型的屏障。

3) 消除、预防设备、环境危险和有害因素的基本原则

针对设备、环境中的各种危险和有害因素的特点，综合归纳各种消除、预防对策措施，就可得出消除、预防设备、环境危险和有害因素的基本原则。具体包括：

(1) 消除。

(2) 减弱。

(3) 屏蔽和隔离。

(4) 设置薄弱环节。

(5) 联锁。

(6) 防止接近。

(7) 加强。

(8) 时间防护。

(9) 距离防护。

(10) 取代操作人员。

(11) 传递警告和禁止信息。

这些原则可以单独采用，也可综合应用。如在增加结构强度的同时，设置薄弱环节；在减弱有害因素的同时，增加人与之的距离等。

3. 预防事故的安全技术

通过设计来消除和控制各种危险，防止所设计的系统在研制、生产、使用和保障过程中发生导致人员伤亡和设备损坏的各种意外事故，是事故预防的最佳手段。为了全面提高现代复杂系统的安全性能，在系统安全分析的基础上，即在运用各种危险分析技术来识别和分析各种危险，确定各种潜在危险对系统的影响的同时，系统设计人员必须在设计中采取各种有效措施来保证所设计的系统具有满足要求的安全性能。因此，为满足规定的安全要求，可以采用不同的安全设计方法。

1) 控制能量

对于任何事故，其后果的严重程度与事故中所涉及的能量的大小紧密相关，因为事故中涉及的能量绝大多数情况下就是系统自身所具有的能量，因而用控制能量的方法，可以从根本上保证系统的安全性。如系统的电源部分，可以用 36 V 安全电压或电池的，尽量不用 220 V 交流电；可以用 220 V 交流电的，不用高压电，即可大大减少电气事故发生的可能性。

另一方面，事故造成人员伤亡和设备损坏的严重程度也随失控能量的大小而变化。例如，两辆汽车相撞损坏的严重程度与汽车所具有的动能成正比，降低汽车的速度就可以降低事故的损失程度。

当然，能量的类型也是很重要的一个因素。例如，假设某种性能稳定的炸药爆炸时所释放的能量与汽油燃烧时释放的能量相同，但所产生的危险却各不相同。汽油易燃，炸药则一般需要雷管或其他类型的炸药引爆。因此，前者比后者更危险。然而，炸药爆炸时能量的释放速度比汽油高得多，爆炸的冲击波和热量都是毁灭性的，因此从这一点上讲，炸药爆炸产生的危害比汽油燃烧的危害更大。

2）危险最小化设计

通过设计消除危险或使危险最小化，是避免事故发生、确保系统安全水平的最有效方法，而本质安全技术则是其中最理想的方法。

所谓本质安全技术，是指不是从外部采取附加的安全装置和设备，而是依靠自身的安全设计，进行本质方面的改善，即使发生故障或误操作，设备和系统仍能保证安全。

本质安全(intrinsic safety)一词来源于电气设备的防爆构造设计，即不附加任何安全装置，只利用本身构造的设计，限制电路自身的电压和电流来防止电弧或火花引起火灾或引燃爆炸性气体。该电气设备在正常工作时，即使发生短路、断线等异常情况，仍能保持其防爆性能。

目前，这类研究已扩展到了所有机械装置和其他相关领域，尤其是人的能力难以适应和控制的设备和装置。

在本质安全系统中，人发生失误也不会导致事故，因为发生事故的条件不存在。故障—安全装置和隔离等方法不能保证本质安全，因为发生事故的条件并未消除，只是采取了一定的控制措施。

当然，在设计中使系统达到本质安全是很难的，但可以通过设计使系统发生事故的风险尽可能地最小化，或降低到可接受的水平。为达到这一目标，设计系统时应从以下 2 个方面采取措施。

(1) 通过设计消除危险。可以通过选择恰当的设计方案、工艺过程和合适的原材料来消除危险因素。如消除粗糙的棱边、锐角、尖端和出现缺口、破裂表面的可能性，即可大大防止皮肤割破、擦伤和刺伤类事故；在填料、液压油、溶剂和电绝缘等类产品中使用不易燃的材料，即可防止发生火灾；用气压或液压系统代替电气系统，就可以防止电气事故；用液压系统代替气压系统，即可避免压力容器或管路的破裂而产生的冲击波；用整体管路取代有多个接头的管路，以消除因接头处泄漏造成的事故；消除运输工具中的突出部位(如车辆上的把手和装饰品)，就可防止突然刹车时对车内人员造成的伤害；选择应用可燃材料或物体时，应选择燃烧时不产生有毒气体的材料等。

(2) 降低危险严重性。在不可能完全消除危险的情况下，可以通过设计降低危险的严重性，使危险不至于对人员和设备造成严重的伤害或损失。如限制易燃气体的浓度，使其达不到爆炸极限；在非金属材料上采用金属镀层或喷涂其他导电物质，以限制电荷的积累，防止静电引起火灾、爆炸、设备损坏等事故；在电容器或容性电路中采用旁路电阻，以保证电源切断后将电荷减少到可接受水平；利用液面控制装置，防止液位过高或溢出等。

3）隔离

隔离是采用物理分离、护板和栅栏等将已识别的危险同人员和设备隔开，以防止危险或将危险降低到最低水平，并控制危险的影响。隔离是最常用的一种安全技术措施。

预防事故发生的隔离措施包括分离和屏蔽 2 种。前者指空间上的分离，后者指应用物理的屏蔽措施进行隔离，它比空间上的分离更加可靠，因而最为常见。利用隔离措施也可以将不相容的物质分开，以防止事故。如氧化物和还原物分开放置就可避免氧化还原反应的发生及引发事故。

隔离也可用于控制能量释放所造成的影响，如在坚固的容器中进行爆炸试验，防止对人或其他物体的影响。

隔离也可用于防止放射源等有害物质等对人体的危害，如 X 光室医生的含铅防护服装即可防止 X 射线对医生的伤害。

护板和外壳也常用于隔离危险的工业设备，如各种旋转部件、热表面和电气设备等。

此外，时间上的隔离也是一种隔离手段，如限定有害工种的工作时间就可防止受到超量的危害，保障人的安全。

常见的隔离的示例还有：将高电压部件或电路安置在保护罩、屏蔽间或栅栏中；在热源和可能因热产生有害影响的材料或部件之间设置隔热层；将电器的接插头予以封装以避免潮湿和其他有害物质的影响；利用防护罩、防护网等防止外来物卡住关键的控制装置，堵塞孔口或阀门；在微波、X 射线或核装置上安装防护屏以抑制辐射；采用带锁的门、盖板以限制接近运动机械或高压配电设备；把带油的擦布装进金属容器中，防止接触空气发生自燃等。

4）闭锁、锁定和联锁

闭锁（lockouts）、锁定（lockins）和联锁（interlock）是另一类最常用的安全技术措施。他们的安全功能是防止不相容事件发生或事件在错误的时间发生或以错误的次序发生。

（1）闭锁和锁定。所谓闭锁，是指防止某事件发生或防止人、物等进入危险区域。如油罐车上的闭锁装置，可以防止在车体未接地的情况下向车内加注易燃液体；将开关锁在开路位置，防止电路接通等都是闭锁的手段。锁定则是指保持某事件或状态，或避免人、物脱离安全区域。例如，在螺栓上的保险销就可防止因振动造成的螺母松动，飞机弹射座椅上的保险销可避免地面人员误启动引发弹射坐椅上的雷管和火箭；停车后在车轮前后放置石块等物体，可防止车辆意外移动而引发事故等。

（2）联锁。联锁装置主要应用于电气系统中，其是以某种方法使一些元件相互制约以保证机器在违章操作时不能启动，或处在危险状态时自动停止，如起重机械的超载限制器和行程开关。

5）故障—安全设计

在系统、设备的一部分发生故障或失效的情况下，在一定时间内也能保证安全的安全技术措施称为故障—安全设计（fail-safe design）。故障—安全设计确保故障不会影响系统的安全，或使系统处于不会伤害人员或损坏设备的工作状态。一般情况下，故障—安全设计能在故障发生后使系统、设备处于低能量状态，防止能量意外释放。

按系统、设备在其中一部分发生故障后所处的状态，故障—安全设计分为以下 3 种类型。

（1）故障—安全消极设计（fail-safe passive design）。这种设计当系统发生故障时，使系统停止工作，并将能量降低到最低值，直至采取矫正措施。如电气系统中的熔断器在电路过负荷时熔断，把电路断开以保证安全。

（2）故障—安全积极设计（fail-safe active design）。故障发生后，保持系统以一种安全的形式带有正常能量，直至采取矫正措施。如在交通信号指示系统的大部分故障模式中，一旦发生信号系统故障，信号将转为红灯，以避免事故发生。

（3）故障—安全工作设计(fail-safe operational design)。这种设计保证在采取矫正措施前，设备、系统正常地发挥其功能，这是理想的工作方式。如图 6-1 所示的进水阀，即使阀瓣从阀杆上脱落，也能保证锅炉正常上水。

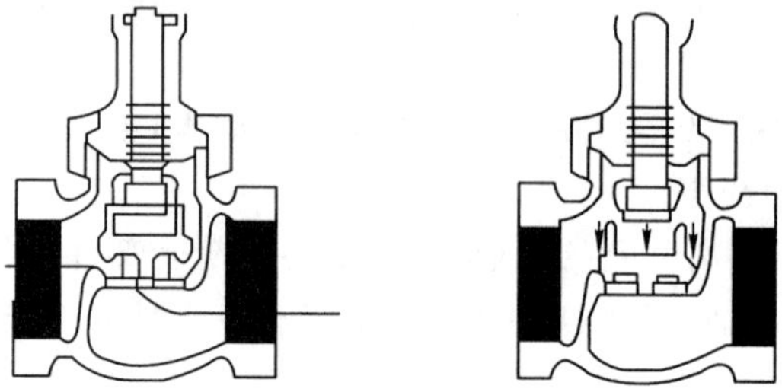

图 6-1　进水阀门

6）故障最小化

故障—安全设计在有些情况下并非总是最佳选择，如它可能会过于频繁地中断系统的运行，这对系统的运行是相对不利的，特别是对于需要连续运行的系统更是如此。如化工厂中的化学反应过程、高炉冶炼过程，如果中断系统运行，后果相当严重。因此，在故障—安全不可行的情况下，可采用故障最小化方法。故障最小化方法主要有降低故障率和实施安全监控两种形式。

降低故障率是可靠性工程中用于延长元件或整个系统的期望寿命或故障间隔时间的一种技术。降低了可能导致事故的故障发生率，就会减少事故发生的可能性，起到预防和控制事故的作用，即以提高可靠性的方法提高系统的安全性。降低故障率通常有 6 种方案：

（1）安全系数。

（2）概率设计。

（3）降额(derating)。

（4）冗余(redundancy)。

（5）筛选(screening)。

（6）定期更换。

监控是利用监控系统对某些参数进行检测，保证这些选取的参数达不到导致意外事件危险水平。监控方法可以指出系统是否正常运行，是否产生不希望的输出，或某参数是否已超过了特定的阈值等。通常情况下，监控系统往往也与警告、联锁或其他安全技术措施相结合，使操作者能够及时、正确地采取适当的措施。

典型的监控系统通常包括 4 个功能，即检测、量度、判断和响应。而检测和量度功能由检知部分来实现，故而典型的监控系统由检知、判断和响应 3 大部分组成。

检知部分主要由传感元件构成，用以感知特定物理量的变化。通常检知部分的灵敏度比人的感官灵敏度高得多，所以能够发现人们难以直接觉察的潜在的变化。检知部分的传感元件应安放在能感受到被测物理量参数变化之处，有时安装位置不当会使监控系统起不到应有的作用。

判断部分把检知部分感知的参数值与预先规定的参数值相比较，判断被监测对象状态是否正常。

响应部分的功能是在判断部分判明存在异常，有可能出现危险时，实施适当的措施。如停止设备运行、停止装置运转、启动安全装置或向有关人员发出警告等。在不立即采取措施就可能发生严重事故的场合，则应采用自动装置以迅速消除或控制危险。

7）警告

警告通常用于向有关人员通告危险、设备问题和其他值得注意的状态，以便使有关人员采取纠正措施，避免事故发生。警告可按人的感觉方式分为：视觉警告、听觉警告、嗅觉警告、触觉警告和味觉警告等。

（1）视觉警告。眼睛是人们感知外界的主要器官，视觉警告是最广泛应用的警告方式。视觉警告主要有：亮度、颜色、信号灯、小旗和飘带、标志、书面告警等警告方法。

① 亮度。即使存在危险之处亮于没有危险之处，以至于人能集中注意力于危险区域。如对有障碍物处的照明可以减少人或车辆误入此区域的可能性，自行车尾灯通过反射灯光告知其的存在及位置等。

② 颜色。通过明亮、鲜明的颜色，或明暗交替的颜色，引起人们的注意，发出告警信息。如环卫工人身穿桔红色的背心，使机动车辆易于发现与识别；有毒、有害、可燃、腐蚀性的气体、液体管路涂上特殊的颜色等。国标《安全色》(GB 2893—2008)规定了安全色、对比色的意义及其使用方法。

安全色分为红、蓝、黄、绿 4 种颜色。

红色表示禁止、停止、消防和危险的意思。禁止、停止、消防和有危险的器件、设备环境均应涂以红色的标记，如禁止标志，交通禁令标志，消防设备，停止按钮，停车、刹车装置的操纵手柄，仪表刻度盘上的极限位置刻度，机器转动部件的裸露部分，液化石油气槽车的条带及文字，危险信号旗等。

黄色表示提醒人们注意。需警告人们注意的器件、设备及环境，均应涂以黄色的标记。如各种警告标志；道路交通标志和标线；警戒标记，如危险机器和坑池周围的警戒线等；各种飞轮、胶带轮及其防护罩的内壁；楼梯的第一级和最后一级的踏步前沿；防护栏杆及警告信号旗等。

蓝色表示指令，要求人们必须遵守的规定，如指令标志、交通指示标志等。

绿色表示给人们提供允许、安全的信息。可以通行或安全涂以绿色标记，如表示通行、机器启动按钮、安全信号旗等。

对比色则是使安全色更加醒目的反衬色，有黑、白两种颜色。

黑色为黄色安全色的对比色，白色则为红、绿、蓝安全色的对比色。黑、白两色也可互为对比色。

黑色用于安全标志的文字、图形符号、警告标志的几何图形和公共信息标志。白色则作为安全标志中红、绿、蓝三色的背景色，也可用于安全标志的文字和图形符号及安全通道、交通上的标线及铁路站台上的安全线等。

红色与白色相间隔的条纹，比单独使用红色更加醒目，表示禁止通行、禁止跨越的意思，用于公路交通等方面所用的防护栏杆及隔离墩。

黄色与黑色相间隔的条纹，比单独使用黄色更为醒目，表示特别注意的意思，用于各种机械在工作或移动时容易碰撞的部位。如移动式起重机的外伸腿、起重机的吊钩滑轮侧板、起重臂的顶端、四轮配重，平板拖车排障器及侧面栏杆，剪板机压紧装置，冲床的滑块，压铸机的动型板及圆盘送料机的圆盘等有暂时或永久性危险的地方或装置。

蓝色与白色相间隔的条纹，比单独使用蓝色更为醒目，表示指示方向，用于交通上的指导性导向标志等。

③ 信号灯。着色的信号灯是一种指示危险存在的常用方法。一般情况下，信号灯所用的颜色及所指的意义是：红色表示存在危险、紧急情况、故障、错误和中断等；黄色表示接近危险、临界状态、注意和缓行等；绿色表示良好状态、继续进行、准备好的状态、功能正常和在规定的参数限度内；白色表示系统可用或系统在运行中。闪动的灯光可用于引起人们的注意或指示紧急事件，效果比固定灯光更好。

④ 小旗和飘带。飘带用于提醒、注意，如汽车超宽时在两边均系有飘带，提醒对面司机的注意；小旗则用于表示危险状态，如在开关上挂上小旗，表示正在修理或因其他原因不能合开关，爆破作业时挂上红旗以防止人员进入等。

⑤ 标记。在设备上或有危险的地方可以贴上标记以示警告。如指出高压危险，功率限制，负荷、速度或温度限制等，提醒人们危险因素的存在或需要穿戴防护用品等。

⑥ 标志。利用事先规定了含义的符号表示警告危险因素的存在或应采取的措施。如指出具有放射性危险的设备及处理方法，电子设备的高压电源，道路急转弯处的标志等。国标《安全标志》(GB 2894—2008)规定，安全标志由图形符号、安全色、几何形状或文字构成，分为禁止标志、警告标志、指令标志及提示标志。

a. 禁止标志是禁止人们不安全行为的一种图形标志。其基本形式为带斜杠的圆边框，图形背景为白色，圆环和斜杠为红色，图形符号为黑色，如“禁止吸烟”等。

b. 警告标志是提醒人们对周围环境引起注意，以避免可能发生危险的一种图形标志。其基本形式为正三角形边框，图形背景为黄色，三角形的边框及图形符号均为黑色，如“当心爆炸”等。

c. 指令标志是强制人们必须做出某种动作或采用防范措施的一种图形标志。其基本形式是圆形边框，图形背景为蓝色，图形符号为白色，如“必须戴安全帽”等。

d. 提示标志是向人们提供某种信息的一种图形标志。其基本形式是正方形边框，图形背景为绿色，图形符号及文字为白色，如太平门、安全通道为一般提示标志，地下消火栓等为消防设备提示标志。

⑦ 书面警告。在操作、维修规程，指令、手册、说明书及检查表中写进警告及注意事项，警告人们存在着危险因素，特别需要注意的事项及应采取的行动，必须使用的防护设备、服装或工具等；而且任何需要引起操作、使用者关注的危险都必须予以提及。

(2) 听觉警告。在某些情况下，仅依靠视觉警告不足以引起人们的注意，如工作过于繁忙，不断地走动的工作等。尽管一个明亮的视觉信号能在很远看到，但在规定范围内，听觉信号效果会更好。听觉信号还可以用来提醒人们注意视觉信号，并通过视觉信号掌握更详尽的信息。此外，我们还可以通过编码的方式表示事先规定好的不同的警告内容。

在下列情况下，一般应用听觉信号较为合适。

① 所传递的信息简短、简单、需要及时做出反应时。

② 视觉警告方式受到限制时，如光线的变化使操作者目视范围受限或对操作人员还有其他目视要求等。

③ 信号十分重要，需要多种警告信号相结合时，如消防报警装置。

④ 需要提醒有关人员注意进一步的信息时。

⑤ 习惯于采用听觉信号的场合。

⑥ 进行必要的声音通信时。

常见的听觉警告装置有喇叭、电铃、蜂鸣器或闹钟等。

(3) 嗅觉警告。通常只有当气体分子影响到鼻腔中约为 645 mm^2 的微小敏感区域时，人能闻到气味。由于有些气体是无味的，有些气体又气味过强，而且不同的人对气体的敏感能力有较大差别，如一般吸烟者均比不吸烟者的敏感能力差，因而嗅觉告警装置的应用受到了很大的限制。但嗅觉警告仍有一定的应用价值，如在易燃易爆且无色无味的气体中加入某些气味剂，譬如，在天然气中加入少量气味很强的硫醇，就可以使人迅速感觉到天然气的泄漏并及时采取措施，避免火灾爆炸事故的发生。

设备过热通常也会产生特定的气味。如轴承过热，则气化温度较低的润滑剂挥发就可使操作人员闻到气味；对燃烧后所产生的气体气味的探测可发现火灾的部位等。

(4) 触觉警告。振动是触觉警告的主要方式。设备的过度振动表明设备运行不正常。例如，转轴、轴承等磨损较为严重时，都会产生剧烈振动；国外高速公路路面上的凸起的分道线会通过振动的方式提醒驾驶者注意道路、方向等方面的变化。

温度是触觉警告的另一种方式。维修人员通过触摸可确定设备是否工作正常，温度的升高意味着故障或过负荷等情况。

(5) 味觉警告。味觉警告通常是用以确定或指示放入口中的食物、饮料或其他物质是否有危险存在。如某些药物，为防止婴幼儿误食、过量，在其中添加有苦味的添加剂就是典型的一例。在工业生产中，极少用到味觉告警方式。

值得指出的是，并非采取了预防事故的安全技术，就完成了事故控制的工作。在实际工作中，为保证取得最佳的安全效果，我们必须先选择预防事故效果较好的安全技术措施。

一般可按下面的优先次序选择：

① 根除危险因素。

② 限制或减少危险因素。

③ 隔离、屏蔽或联锁。

④ 故障—安全措施。

⑤ 减少故障危险因素。

⑥ 安全规程。

⑦ 校正行动。

其中前两项应优先考虑。因为根除或控制危险因素可以实现“本质安全”。但是，在实际工作中，针对生产工艺或设备的具体情况，还要考虑生产效率、成本及可行性等问题，应综合地加以分析考虑，不能一概而论。但对于风险较大的危险，仅依赖于管理措施或者在操作说明中予以叙述和强调，而不采取可行的技术手段，是绝对不可取的。

4. 避免和减少事故损失的安全技术

有危险存在，尽管可能性很小，但总存在导致事故的可能性，而且没有任何办法精确地确定事故发生的时间。另一方面，事故发生后如果没有相应的措施迅速控制局面，则事故的规模和损失可能会进一步扩大，甚至引起二次事故，造成更大、更严重后果。因此，我们必须采取相应的应急措施，避免或减少事故损失，至少能保证或拯救人的生命。这类措施在技术上包括隔离、个体防护、逃逸、救生和营救措施等。

1）隔离

隔离除了作为一种广泛应用的事故预防的方法之外，还经常用于减少因事故中能量剧烈释放而造成的损失。隔离技术在避免或减少事故损失方面的应用有距离隔离、偏向装置、封闭等。

（1）距离隔离。这是一种常用的对爆炸性物质的物理隔离方法，即把可能发生事故、释放出大量能量或危险物质的工艺、设备或设施布置在远离人群或被保护物的地方。例如，把爆破材料的加工制造和储存等安排在远离居民区和建筑物的地方；爆破材料之间保持一定距离等。

（2）偏向装置。隔离也可以通过偏向装置来实现，其主要目的是把大部分剧烈释放的能量导引到损失最小的方向。如在爆炸物质与人和关键设备之间设置坚实的屏障，并用轻质材料构筑厂房顶部。当爆炸发生时，防护墙承受一部分能量，而其余能量则偏转向上，使损失减小。

（3）封闭。利用封闭措施可以控制事故造成的危险局面，限制事故的影响。

① 控制事故的蔓延。如利用防火带可以限制森林火灾的蔓延，在储藏有毒或易燃易爆液体的容器周围设置排泄设施可防止溢出物的扩散。

② 限制事故的影响。如防火卷帘把火灾限制在某一区域之内，盘山路转弯处的栏杆可以减少车辆失控时跌入山谷的可能性。

③ 为人员提供保护。如在一些系统中设置"安全区"，并保证人员在该区域的安全。矿井里的避难硐室就是一个例子。

④ 对材料、物资和设备予以保护。如金属容器都可以减小环境对容器内物质的损害，飞机上的飞行数据记录仪（俗称黑匣子），其外壳既耐冲击（1 000g），又耐高温（1 100 ℃的高温火焰燃烧 30 min）、耐潮湿（在海水中长期浸泡）、耐腐蚀，使得飞机失事后为事故调查保存了足够的资料。

2）个体防护

在对所发生的事故没有较好的技术控制措施或采用的措施仍不能完全保证人的生命安全的情况下，个体防护不失为一种好的解决方案。它向使用者提供了一个有限的可控环境，将人与危险分隔开。个体防护装备范围很广，包括从简单的防噪声耳塞到带有生命保障设备的宇航服。其应用方式主要有以下 3 种情况：

（1）必须进行的危险性作业。由于危险因素不能根除，又必须进行相关作业，采用个体防护的方法可以起到防止特定的危险对人员伤害的作用。这时采用的个体防护装备的针对性非常强，如焊接作业的护目墨镜，在存在有毒有害气体的环境中工作时戴的防毒面具等。必须指出的是，在条件可行的情况下，我们不应以个体防护代替根除或控制危险因素的设计或安全规程。例如，在采取了通风措施，排除了有毒、有害气体或降低其浓度于危险水平以下的条件下，操作人员就没有使用防毒面具的必要。

（2）进入危险区域。为调查研究或因其他原因进入极有可能存在危险的区域或环境时，也应配戴相应的个体防护装备。如在火灾后进入现场调查或搜寻，应佩戴防毒装置等，但有时该区域的危险不十分明确。因此，为达到防护的目的，此类个体防护设备需要考虑对多种潜在危险的防护问题。

（3）紧急状态下。对紧急状态使用的个体防护器具，因为事故或事件发生非常突然，因而开始的几分钟就成了是控制危险还是造成灾难，是保证安全还是受到伤害的关键。这时的个体防护装备也起着至关重要的作用。一般来说，对紧急状态下使用的个体防护装备，在设计、使用功能等方面都有严格的要求。主要有如下 4 点：

① 使用简便，穿戴容易，能够迅速为人所用。

② 可靠性高且适用范围广，可以有效地应对多种危险。

③ 不降低使用者的灵活性、可视性。

④ 装备本身对人无伤害。

此外，防护装备，特别是紧急状态下的防护设备，其设计和试验都应确保最大限度地满足下列要求：

① 在储存中或在所防护的环境中不会迅速退化。

② 不会因正常的弯曲、阳光照射、极限温度等环境影响而损坏。

③ 易于清洗和净化。

④ 储存应急防护装备的设施应尽可能靠近使用装备的区域。

⑤ 为防毒或防腐蚀而设计的服装应是密封的。

⑥ 用于防火的服装应是不可燃或可自动灭火的。

⑦ 应有简单、清晰的说明书介绍防护装备的装配、测试和维修的正确方法。

3）能量缓冲装置

通过能量缓冲装置在事故发生后吸收部分能量，也可以保护有关人员和设备的安全。例如，工人戴的安全帽、汽车中的安全带，都可以吸收冲击能量，防止或减轻伤害。

4）薄弱环节

所谓薄弱环节，是指系统中人为设置的容易出故障的部分。其作用是使系统中积蓄的能量通过薄弱环节得到部分释放，以小的代价避免严重事故的发生，达到保护人和设备的目的。常用的薄弱环节有电薄弱环节，如电路中的保险丝在电路产生过载电流时熔断，从而使电路切断，达到保护其他用电设备的目的；热薄弱环节，如压力锅上的易熔塞系由易熔材料构成，当压力超过限值时，易熔塞熔化，蒸气从其中排出，达到减小压力，避免超压爆炸的目的；机械薄弱环节，如压力灭火器的安全隔膜，当灭火器由于过热而使压力过大，则隔膜会因超压而破裂，使灭火器的内部压力保持在规定限度内；结构薄弱环节，如主动联轴节中的剪切销，当持续过载会损坏传动设备或从动设备时，剪切销会先切断，保证设备的安全。

5）逃逸、避难与营救

当事故发生到不可控制的程度时，则应采取措施逃离事故影响区域，采取避难等自我保护措施和为救援创造可行的条件。这时，人们往往要依赖于逃逸、避难或营救措施以获得继续生存的条件。

这里逃逸和避难是指人们使用本身携带的资源自我救护；营救是指其他人员救护在紧急情况下有危险的人员。

逃逸、避难和营救设备对于保障人的生命安全是非常重要的。当采用安全装置、建立安全规程等方法都不能完全消除某种危险，系统存在发生重大事故的可能性时，应考虑应用逃逸、避难、营救等设备。

逃逸设备用于使有关人员逃离危险区，如大型公共设施中的各类安全疏散设施，飞机驾驶员的弹射座椅等；避难设施则是通过隔离等手段保证有关人员在危险区域的安全，如矿井中的避难硐室等；消防人员使用的云梯车既是一种控制火灾事故的设备，也是一种典型的营救设备。

选取减少事故损失安全技术的优先次序为：

（1）隔离和屏蔽。

（2）接受小的损失。

（3）个体防护。

（4）避难和救生设备。

（5）营救。

三、事故预防的教育措施

1. 安全教育的意义

安全教育是事故预防的重要手段之一。从事故致因理论中的瑟利模型可以看出，要想控制事故，首先是通过技术手段，如报警装置等，通过某种信息交流方式告知人们危险的存在或发生；其次则是要求人在感知到有关信息后，正确理解信息的意义，即何种危险发生或存在，该危险对人会有何种伤害，以及有无必要采取措施和应采取何种应对措施等。而上述过程中有关人对信息的理解认识和反应的部分均是通过安全教育的手段实现的。

显然，用安全技术手段消除或控制事故是解决安全问题的最佳选择。在科学技术较为发达的今天，即使人们已经采取了较好的技术措施对事故进行预防和控制，人的行为仍要受到某种程度的制约。相对于用制度和法规对人的制约，安全教育是采用一种和缓的说服、诱导的方式，授人以改造、改善和控制危险之手段和指明通往安全稳定境界之途径，因而更容易为大多数人所接受，更能从根本上起到消除和控制事故的作用；而且通过接受安全教育，人们会逐渐提高其安全素质，使得其在面对新环境、新条件时，仍有一定的保证安全的能力和手段。

所谓安全教育，实际上应包括安全教育和安全培训 2 大部分。安全教育是通过各种形式，包括家庭的教育、学校的教育、媒体宣传、政策导向等，努力提高人的安全意识和素质，学会从安全的角度观察和理解要从事的活动和面临的形势，用安全的观点解释和处理自己遇到的新问题。安全教育主要是一种意识的培养，是长时期的甚至贯穿于人的一生的，并在人的所有行为中体现出来，而与其所从事的职业并无直接关系。而安全培训虽然也包含有关教育的内容，但其内容相对于安全教育要具体得多，范围要小得多，主要是一种技能的培训。安全培训的主要目的是使人掌握在某种特定的作业或环境下正确并安全地完成其应完成的任务，故也有人称在生产领域的安全培训为安全生产教育。

安全培训，又称为安全生产教育，主要是指企业为提高职工安全技术水平和防范事故能力而进行的教育培训工作，也是企业安全管理的主要内容。它与消除事故隐患、创造良好的劳动条件相辅相成，二者缺一不可。

开展安全教育既是企业安全管理的需要，也是国家法律法规的要求。另外，开展安全教育，是企业发展经济的需要，是适应企业人员结构变化的需要，是发展、弘扬企业安全文化的需要，是安全生产向广度和深度发展的需要，也是做好安全管理的基础性工作，掌握各种安全知识，避免职业危害的主要途径。

2. 安全教育的内容

安全教育承担着传递安全生产经验的任务，内容主要包括安全知识教育、安全技能教育和安全思想（态度）教育 3 个方面。

1）安全知识教育

安全知识教育包括安全管理知识教育和安全技术知识教育。对于带有潜藏的只凭人的感觉不能直接感知其危险性的危险因素的操作，安全知识教育尤其重要。

（1）安全管理知识教育。安全管理知识教育涉及安全管理组织结构、管理体制、基本安全管理方法及安全心理学、安全人机工程学、系统安全工程等方面的知识。通过对这些知识的学习，可使各级领导和职工真正从理论到实践上认清事故是可以预防的；避免事故发生的管理措施和技术措施要符合人的生理和心理特点；安全管理是科学的管理，是科学性与艺术性的高度结合。

（2）安全技术知识教育。安全技术知识教育的内容主要包括：一般生产技术知识、一般安全技术知识和专业安全技术知识教育。

一般生产技术知识教育主要包括：企业的基本生产概况，生产技术过程，作业方式或工艺流程，与生产过程和作业方法相适应的各种机器设备的性能和有关知识，工人在生产中积累的生产操作技能和经验及产品的构造、性能、质量和规格等。

一般安全技术知识是企业所有职工都必须具备的安全技术知识，主要包括：企业内危险设备所在的区域及其安全防护的基本知识和注意事项，有关电气设备（动力及照明）的基本安全知识，起重机械和厂内运输的有关安全知识，生产中使用的有毒有害原材料或可能散发的有毒有害物质的安全防护基本知识，企业中一般消防制度和规划，个人防护用品的正确使用以及伤亡事故报告方法等。

专业安全技术知识是指从事某一作业的职工必须具备的安全技术知识。专业安全技术知识比较专门和深入，其中包括安全技术知识，工业卫生技术知识，以及根据这些技术知识和经验制定的各种安全操作技术规程等。

2）安全技能教育

（1）安全技能。仅有了安全技术知识，并不等于能够安全地从事操作，还必须把安全技术知识变成进行安全操作的本领，才能取得预期的安全效果。要实现从“知道”到“会做”的过程，就要借助于安全技能培训。

技能是人为了完成具有一定意义的任务，经过训练而获得的完善化、自动化的行为方式。技能达到一定的熟练程度，具有了高度的自动化和精密的准确性，便称为技巧。技能是个人全部行为的组成部分，是行为自动化的一部分，是经过练习逐渐形成的。

安全技能培训包括正常作业的安全技能培训，异常情况的处理技能培训。

安全技能培训应按照标准化作业要求来进行。故进行安全技能培训应预先制定作业标准或异常情况时的处理标准，有计划、有步骤地进行培训。

安全技能的形成是有阶段性的，不同阶段显示出不同的特征。一般来说，安全技能的形成可以分为 3 个阶段：即掌握局部动作的阶段，初步掌握完整动作阶段，动作的协调和完善阶段。在技能形成过程中，各个阶段的变化主要表现在行为结构的改变，行为速度和品质的提高及行为调节能力的增强 3 个方面。

行为结构的改变主要体现在动作技能的形成，表现为许多局部动作联系成为完整的动作系统，动作之间的互相干扰以及多余动作的逐渐减少；智力技能的形成表现为智力活动的多个环节逐渐联系成一个整体，概念之间的混淆现象逐渐减少以至消失，内部趋于概括化和简单化，在解决问题时由开展性的推理转化为“简缩推理”。

行为速度和品质的提高主要体现在动作技能的形成，表现为动作速度的加快和动作的准确性、协调性、稳定性、灵活性的提高；智力技能的形成则表现为思维的敏捷性与灵活性、思维的广度与深度、思维的独立性等品质的提高，掌握新知识速度和水平是智力技能的重要标志。

行为调节能力的增强主要体现在一般动作技能形成，表现为视觉控制的减弱与动作控制的增强以及动作的紧张性的消失；智力技能则表现为智力活动的熟练化、大脑劳动的消耗减少等。

(2) 安全技能培训计划。在制订培训计划时，一般要考虑以下几个方面的问题：

① 要循序渐进。对于一些较困难、较复杂的技能，可以把它划分成若干简单的、局部的成分，有步骤地进行练习。在掌握了这些局部成分以后，再过渡到比较复杂的、完整的操作。

② 正确掌握对练习速度和质量的要求。在开始练习阶段可以要求慢一些，而对操作的准确性则要严格要求，使之打下一个良好的基础。随着练习的进展，要适当地增加速度，逐步提高效率。

③ 正确安排练习时间。一般来说，在开始阶段，每次练习的时间不宜过长，各次练习之间的间隔可以短一些。随着技能的掌握，可以适当地延长各次练习之间的间隔，每次练习的时间也可延长一些。

④ 练习方式要多样化。多样化的练习可以提高兴趣，促进练习的积极性，保持高度的注意力。练习方式的多样化还可以培养人们灵活运用知识的技能。当然，方式过多、变化过于频繁也会导致相反的结果，即影响技能的形成。

3) 安全思想(态度)教育

要想增强人的安全意识，首先应使之对安全有一个正确的态度。安全思想(态度)教育包括两个方面，即思想教育和态度教育。

思想教育包括安全意识教育、安全生产方针政策教育和法纪教育。

安全意识是人们在长期生产、生活等各项活动中逐渐形成的。由于人们实践活动经验的不同和自身素质的差异，对安全的认识程度不同，安全意识就会出现差别。安全意识的高低将直接影响着安全效果。因此，在生产和社会活动中，要通过实践活动加强对安全问题的认识并使其逐步深化，形成科学的安全观。这就是安全意识教育的主要目的。

安全生产方针政策教育是指进行党和政府有关安全生产的方针、政策的宣传教育。不论是实施安全生产的技术措施，还是组织措施，都是在贯彻安全生产的方针、政策。只有安全生产的方针、政策被理解和掌握，并得到贯彻执行，安全生产才有保证。在此项教育中要特别认真开展的是“安全第一、预防为主、综合治理”这一安全生产方针的教育。只有充分认识、深刻理解其含义，才能在实践中处理好安全与生产的关系。特别是安全与生产发生矛盾时，要首先解决好安全问题，切实把安全工作提高到关系全局及稳定的高度来认识，把安全视作头等大事，从而提高安全生产的责任感与自觉性。

法纪教育的内容包括安全法规、安全规章制度、劳动纪律等。安全生产法律、法规是方针、政策的具体化和法律化。通过法纪教育，使人们懂得安全法规和安全规章制度是实践经验的总结，它们反映安全生产的客观规律；自觉地遵章守法，安全生产就有了基本保证。同时，通过法纪教育还要使人们懂得，法律带有强制的性质，如果违章违法，造成了严重的事故后果，就要受到法律的制裁。企业的安全规章制度和劳动纪律是劳动者进行劳动时必须遵守的规则和程序，遵守劳动纪律是劳动者的义务，也是国家法律对劳动者的基本要求。加强劳动纪律教育，不仅是提高企业管理水平，合理组织劳动，提高劳动生产率的主要保证，也是减少或避免伤亡事故和职业危害，保证安全生产的必要前提。据统计，我国因职工违反操作规程，不遵守劳动纪律而造成的工伤事故占事故总数的60%～70%。

在安全教育中，第一阶段应该进行安全知识教育，使操作者了解生产操作过程中潜在的危险因素及防范措施等，即解决“知”的问题；第二阶段为安全技能训练，掌握和提高熟练程度，即解决“会”的问题；第三阶段为安全思想(态度)教育，使操作者尽可能地实行安全技能。3 个阶段相辅相成，缺一不可。只有将这 3 种教育有机地结合在一起，才能取得较好的安全教育效果。在思想上有了强烈的安全要求，又具备了必要的安全技术知识，掌握了熟练的安全操作技能，才能取得安全的结果，避免事故和伤害的发生。

3. 安全教育的形式和方法

按照教育的对象，可把安全教育分为对管理人员的安全教育和对生产岗位职工的安全教育。

1) 各级管理人员的安全教育

管理人员安全教育是指对企业车间主任(工段长)以上干部、工程技术人员和行政管理干部的安全教育。

企业管理人员，特别是上层管理人员对企业的影响是重大的，他们既是企业的计划者、经营者、控制者，又是决策者。其管理水平的高低，安全意识的强弱，对国家安全生产方针政策理解的深浅，对安全生产的重视与否，对安全知识掌握的多少，直接决定了企业的安全状态。因此，加强对管理人员的安全教育是十分必要的。

2) 生产岗位职工安全教育

生产岗位职工的安全教育一般有三级安全教育，特种作业人员安全教育，经常性安全教育，“五新”作业安全教育，复工、调岗安全教育等。

3) 安全教育的形式

安全教育应利用各种教育形式和教育手段，以生动活泼的方式，来实现安全生产这一严肃的课题。

安全教育形式大体可分为以下 7 种。

(1) 广告式：安全广告、标语、宣传画、标志、展览、黑板报等形式，它以精炼语言，醒目的方式，在醒目的地方展示，提醒人们注意安全和怎样才能安全。

(2) 演讲式：教学、讲座的讲演，经验介绍，现身说法，演讲比赛等。这种教育形式可以是系统教学，也可以专题论证、讨论，用以丰富人们的安全知识，提高对安全生产的重视程度。

(3) 会议讨论式：事故现场分析会、班前班后会、专题研讨会等，以集体讨论的形式，使与会者在参与过程中进行自我教育。

(4) 竞赛式：口头、笔头知识竞赛，安全、消防技能竞赛，以及其他各种安全教育活动评比等。激发人们学安全、懂安全、会安全的积极性，促进职工在竞赛活动中树立安全第一的思想，丰富安全知识，掌握安全技能。

(5) 声像式：用声像等现代艺术手段，使安全教育寓教于乐。主要有安全宣传广播、电影、电视、录像等。

(6) 文艺演出式：以安全为题材编写和演出的相声、小品、话剧等文艺演出的教育形式。

(7) 学校正规教学：利用国家或企业办的大学、中专、技校，开办安全工程专业，或穿插渗透于其他专业的安全课程。

4. 提高安全教育的效果

在进行安全教育过程中，为提高安全教育效果，应注意以下 4 个方面：

1）领导者要重视安全教育

企业安全教育制度的建立，安全教育计划的制定、所需资金的保证及安全教育的责任均由企业领导者负责。因此，企业领导者对安全教育的重视程度决定了企业安全教育开展的广泛与深入程度，决定了安全教育的效果。

2）安全教育要注重效果

搞好安全教育，要想取得良好的效果，应注意以下 4 点：

（1）教育形式要多样化。安全教育形式要因地制宜，因人而异，灵活多样，采取符合人们的认识特点的、感兴趣的、易于接受的方法。

（2）教育内容要规范化。安全教育的教学大纲、教学计划、教学内容及教材要规范化，使受教育者受到系统、全面的安全教育，避免由于任务紧张等原因在安全教育实施中走过场。

（3）教育要有针对性。要针对不同年龄、工种、作业时间、工作环境、季节、气候等进行预防性教育，及时掌握现场环境和设备状态及职工思想动态，分析事故苗头，及时有效地处理，避免问题累积扩大。

（4）充分调动职工积极性。应深入群众，了解工人的所需、所想，并启发工人提出合理化建议，使之感到自己不仅仅是受教育者，同时也在为安全教育的实施和完善做贡献，从而充分调动他们的积极性。

3）要重视初始印象对学习者的重要性

对学习者来说，初始获得的印象非常重要。如果最初留下的印象是正确的、深刻的，他将会牢牢记住，时刻注意；如果最初的印象是错误的、不重要的，他也将会错误下去，并对自己的错误行为不以为然。例如，在对刚入厂的新工人进行安全教育时，如果使他认为不仅操作规程重要，所有的安全技术措施、安全操作规程也同样重要，他对安全会非常重视；反之，如果教新工人学习操作技术，第一次教授的操作方法不正确，再让他改正就很困难。因此，必须严密组织安全技能培训和安全知识教育工作，为提高操作者安全素质奠定基础。

4）要注意巩固学习成果

多年的实践表明，进行安全教育，不仅应注重学习效果，更应注重巩固学习所获得的成果，使学习的内容更好地为学习者所掌握，安全教育也是如此。因此，在安全教育工作中，应注意以下 3 个问题：

（1）要让学习者了解自己的学习成果。每一个人都愿意知道其所从事的工作收效如何，学习也是如此。因此，将学习者的进展、成果、成绩与不足告知他们，就会增强其信心，明确方向，有的放矢地、稳步地使自己各方面都得到改善。

此外，人在学习过程中有时会出现停滞时期，有些人往往在这时丧失勇气，使学习受到影响。如使其了解学习的成果和进步，同时说明出现这种情况在学习过程中是正常情况，也会起到鼓励人们树立信心，坚持学习的作用。

（2）实践是巩固学习成果的重要手段。当通过反复实践形成了使用安全操作方法的习惯之后，工作起来就会得心应手，安全意识也会逐步增强。

（3）以奖励促进巩固学习成果。心理学家通过实验发现，对于学习效果的巩固，给予奖励比不用奖励效果好得多。对某个工人通过学习取得进步的奖励和表扬，不仅能够巩固其本人的学习效果，对其他人也会产生很大影响。

四、事故预防的安全法制措施

“3E”对策中的组织管理对策的英文单词“enforcement”的原意是“严厉、强制、执行”的意思，在这里将其广义地翻译为“管理”，实际上，它还应包含“法制”的含义。即利用法律法规、标准条例等约束人的行为，指导企业安全管理工作。

安全法制措施就是利用法律的强制性，通过建立、健全劳动安全健康法律、法规，约束人们的行为，通过劳动安全卫生监督、监察，保证法律、法规的有效实施，从而达到预防事故发生的目的。

安全法制措施主要通过以下方面实现：

(1) 建立健全劳动安全健康法律法规：国家要以“安全第一、预防为主、综合治理”的方针为指导，建立起完善的劳动安全健康法律体系、技术标准；企业要建立起完善的劳动安全健康规章制度、安全操作规程、安全生产责任制，这是预防事故的保证。

(2) 实行安全生产监察和监督：劳动安全卫生行政部门以国家的名义，运用国家的权利，以法律法规为依据对企事业单位实施劳动安全健康监察，以保证法律实施的有效性；工会代表职工的利益，监督企事业对国家劳动安全健康法律法规的实施情况，并参与劳动安全卫生法律法规的制定。

五、事故预防的安全文化措施

1. 文化及安全文化的涵意

文化是人类生活的聚合体，有人类存在的地方就有文化存在，其往往需要长时间的酝酿与发展，这样的结果则形成了一种独特的生活方式，它包含了特定人群所具备的价值观、共同的信念，以及特有的行为方式，而文化的特有性区别出不同的群体。

最早的文化定义由英国文化学家泰勒，在 1871 年其《原始文化》著作中提出了狭义文化的早期概念。他认为，文化是包括知识、信仰、艺术、道德、法律、习俗和任何人作为一名社会成员而获得的能力和习惯在内的复杂整体。

“文化”一词，源于古拉丁语 Cultura，本意是指耕耘栽种，蕴涵着古人对天地的崇敬。近世以来亦用以翻译英文之 Culture，二者内涵亦略可相通。Culture 原意乃指人之能力的培养及训练，使之超乎单纯的自然状态之上。在中国，“文化”最早见于《易经》：“文明以止，人文也。观乎天文，以察时变；观乎人文，以化成天下。”观察人的伦常秩序，以教化天下，达到转移风俗的目的。可见，文化的含义基本上是文治教化。

《辞海》对“文化”的解释：广义文化是指人类社会实践过程中，所创造的物质财富和精神财富的总和；狭义文化是指社会的意识形态，以及与之相适应的制度和组织结构，即人类的思想道德建设和科学文化。由此可知，“文化”是人类价值、信仰、意识、思想与行动的综合体，即使它无形的存在，却有形的规范着成员及组织的行动与表现，进而以正确的方式对所遇到的问题加以思考及感觉。

安全文化的概念最先由国际核安全咨询组（INSAG）于 1986 年针对切尔诺贝利事故，在 INSAG-1（后更新为 INSAG-7）报告提到“苏联核安全体制存在重大的安全文化的问题。”1991 年出版的 INSAG-4 报告给出了安全文化的定义：安全文化是存在于单位和个人中的种种素质和态度的总和。安全文化是安全生产在意识形态领域和人们思想观念上的综合反映，包括安全价值观、安全判断标准和安全能力、安全行为方式等。因而安全文化可以表述为：其是在人类生存、繁衍和发展的历程中，在其从事生产、生活乃至实践的一切领域内，为保障人类身心安全(含健康)并使其能安全、舒适、高效地从事一切活动,预防、避免、控制和消除意外事故和灾害(自然的、人为的或天灾人祸的);为建立起安全、可靠、和谐、协调的环境和匹配运行的安全体系;为使人类变得更加安全、康乐、长寿,使世界变得友爱、和平、繁荣而创造的安全物质财富和精神财富的总和。

2. 安全文化的地位

安全发展的第一个阶段是设备设施阶段,安全的进步通常是通过企业的安全防护技术来实现,即设备的本质安全。设备设施安全阶段控制风险的手段、水平是有限的,也就是说通过设备设施、工程技术的手段来降低事故发生概率这一水平是有限的。在这一阶段,如果我们加强了管理,可降低事故发生的概率,那么就进入到第二阶段,即系统安全管理阶段。这一阶段企业在安全生产方面变得更加主动,通过监控设备设施运行的情况及不断提高安全标准等手段,改善企业安全现状,预先辨识危险有害因素、评价和控制风险。但设备设施阶段和系统安全管理阶段,这两个阶段都只能解决事故发生概率各 1/3 的问题,那么,剩下的 1/3 靠安全文化来解决。事故发生概率与安全文化之间的关系可描述为如图 6-2所示。

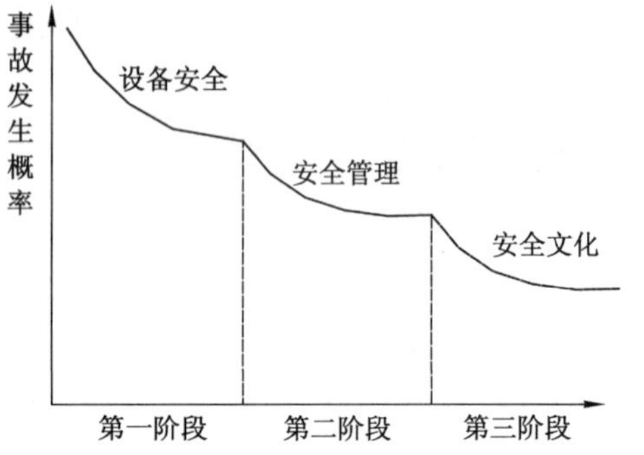

图 6-2　事故发生概率与安全文化关系

当代人类在生存、繁衍和发展中,必须首先解决自己的衣、食、住、行即生理要求,同时还必须创建保障人进行一切活动的安全条件和卫生环境,包括生理活动在内的安全需求。二者相依并存、互为条件,不能分离。生理需求没有安全条件和卫生环境为先决前提,生理活动也无法进行,生命就无法存活与延续。可见安全的需求在生命繁衍和人类生存中,它在层次中的级梯和地位已由图 6-3 中的 Maslow 的层次需要论中发展到图 6-4中的当代人民的层次需求论。

3. 安全文化的影响因素

安全文化是各种安全活动的总和,从安全活动的层面,可以分为以下 4 个方面,用鱼刺图(图 6-5)表示。

安全物质文化:安全物质文化是安全文化的表层部分,是形成安全精神文化和安全行为文化的条件,包括各类防护安全技术措施、安全设备和使人处于安全、卫生、舒适乃至享受的环境文化和标志文化。

安全制度文化:安全制度文化主要包括党和国家颁布的安全法律法规、条例,各种安全教育、安全规章制度及安全规程等。

安全行为文化:安全行为文化是指在安全精神文化指导下,员工在生活和学习过程中的安全行为准则、思维方式、行为模式的表现。行为文化既是精神文化的反映,同时又作用于精神文化并改变精神文化。

安全精神文化:安全精神文化主要是指安全思想意识、安全理念、安全价值标准及网络媒介文化,在安全文化中,呈观念形态的价值观、信念、行为规范,是安全文化的核心。

4. 安全文化的建设措施及建设方法

中华人民共和国安全生产行业标准,《企业安全文化建设评价准则》(AQ/T 9005—

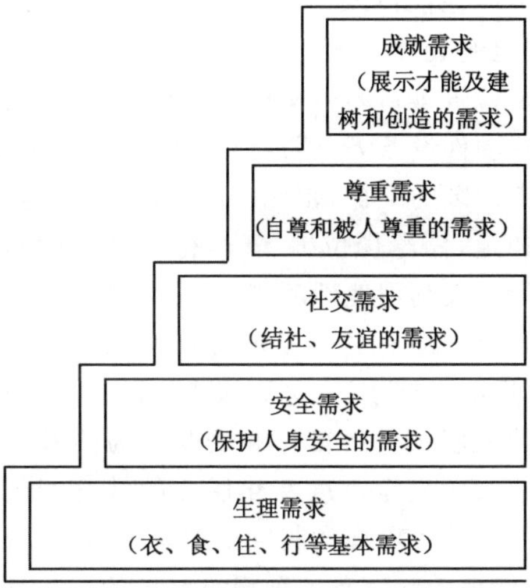

图 6-3　Maslow 的层次需要论示意图

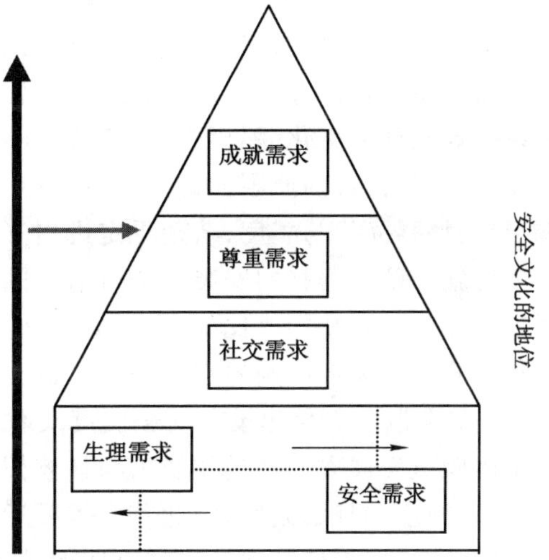

图 6-4　当代人层次需要论示意图

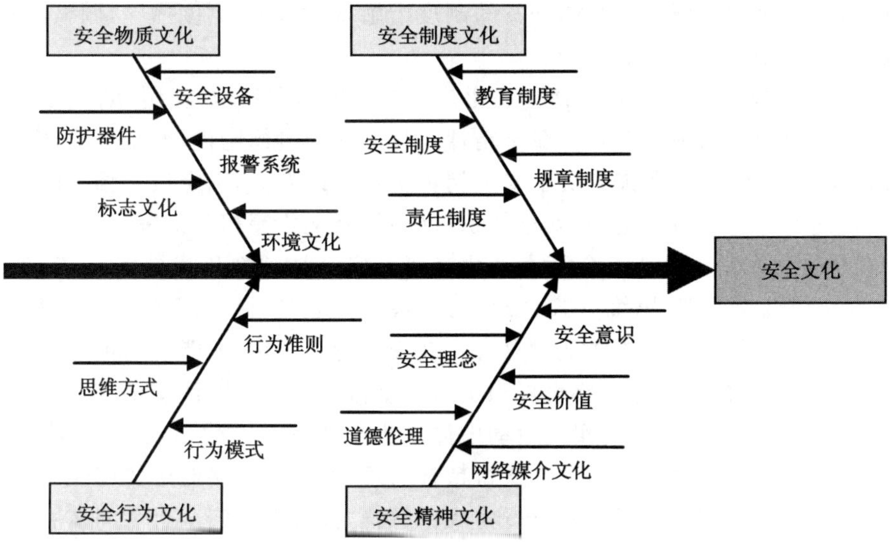

图 6-5　安全文化层次结构鱼刺图

2008)将安全文化建设水平划分为 6 个阶段：

第一阶段为本能反应阶段。

第二阶段为被动管理阶段。

第三阶段为主动管理阶段。

第四阶段为员工参与阶段。

第五阶段为团队互助阶段。

第六阶段为持续改进阶段。

根据上述安全文化建设水平 6 个阶段划分及安全文化的范畴，安全文化的建设措施及建设方法可通过如下途径实施：

1）安全文化的建设措施

（1）安全物质文化建设。从安全物质文化中往往能体现出领导的安全认识和态度，反映出安全管理的理念和哲学，折射出安全行为文化的成效。

安全物质文化由标志文化（安全标志、警示及警告等），固体文化（安全设施、防护器材及报警系统等）、环境文化（隔离措施、角落明暗及软硬件设备等）等构成。比如，在环境安全规划建设中，规划设计的原则如运用自然监控、私密地区的维护、领域区的界定、运用美绿化的景观手法、加强光线与亮度、清楚界定进出安全通道、停车场位置、安全标志、警示警告标志及安全设施和防护器材的安装。透过适当的设计以及利用地理环境，可提高企业安全程度，起到安全文化教育功能。比如，在隔离措施方面，首先可将各处室的环境空间划分清楚，开放区与非开放区需要明确界定，让外来人员尽量远离非开放区，进而减少事故发生的机会。

（2）安全制度文化建设。安全制度文化是约束职工日常工作和安全行为的基本准则，也是全体职员发展方向和具体要求与具体体现。属于安全制度文化层面的教育制度、安全制度、责任制度和规章制度，因此首先需要运用严格的各项规章制度来协调公司、领导、职员三者之间的关系，确保实现公司的有序运转和预期绩效。完善各项规章制度的约束性，坚持做到各项规章制度的公平、严格执行、认真监督，营造良好的制度文化氛围。制度文化建设一定要深入了解员工不同利益群体及群体内部的利益诉求，缩小分歧，扩大共识，形成能最大限度地体现、满足和保障员工共同利益的制度措施，通过这些制度措施，调整利益格局，协调利益关系，进一步增进公司的和谐。

（3）安全精神文化建设。安全精神文化是安全意识形态领域经过长期积淀、提炼、升华并相对定型后的思想、精神的总和。属于精神文化层面的道德伦理、安全价值、安全意识、安全理念和网络媒介文化，故在提升员工安全精神文化建设方面，确定员工相关的工作规范与职权，同时通过举办公司道德伦理、安全知识、网络媒介文化等相关讲座来进行倡导。

（4）安全行为文化建设。安全行为文化是指在安全精神文化指导下，员工在工作和生活过程中的安全行为准则、思维方式、安全行为模式的表现，是员工安全文化素质、精神面貌、道德品质与安全行为的具体体现。只有发展安全行为文化，才能使精神文化在实践中得到践行和弘扬。安全行为文化主要表现为个人安全行为文化和团体安全行为文化。个人安全行为文化是个人在交往行为与实践活动中体现出来的安全文化，这种往往体现为个人的安全行为要符合社会的道德规范，自觉践行精神与理念，形成文明健康的安全生活方式与安全行为准则。因此，要加强员工的安全行为规范教育，提升个人安全行为的文明程度。团体安全行为文化主要是团体在交往行为与实践活动中体现出来的安全文化。应加强员工利益共同体的安全教育，培养良好的团队精神，增强团体的凝聚力。

2）安全文化的建设方法

（1）树立“以人为本”的安全精神文化。打造安全文化，努力提高全员安全观念，通过宣传教育等手段不断强化“安全第一、预防为主、综合治理”的思想，并将“关爱他人、善待自己”的安全理念融入到各级管理实践中，建立起管理层的“认同感”和“责任感”，强化各级安全管理的主体责任意识，树立“生产服从安全，效益服从安全，一切依靠安全”的管理理念，形成“谁主管，谁负责”的安全工作格局和“齐抓共管”的安全精神文化氛围。要将“关爱他人、善待自己”的安全理念融入到全体员工每一天的操作中，体现在作业现场的每一个环节中，培育员工的“认知感”与“归属感”。坚持以人为本，把尊重人、关心人作为企业安全生产的中心内容，通过《职工安全手册》、安全警示标识、培训、媒体等宣传手段，把企业安全生产的价值观念进行强化灌输，使职工在潜移默化之中转变安全观念，自觉地将安全文化理念落实到自己的操作行为之中。

(2) 培育"全员参与"的安全行为文化。通过安全行为文化的建设,不断提高员工行为的安全性,使每一位员工都要认真遵守规章制度,切实做到不伤害自己、不伤害别人、不被别人伤害及保护他人不被伤害,确保生产顺利。建立健全防止各类事故发生的规章制度,不断完善各工种的作业标准,建立职工安全教育长效机制,教育职工养成良好的作业行为和习惯;用安全生产法和企业规章制度来强化、约束员工的作业行为,层层落实安全生产责任制,狠抓标准化作业,严格执行上岗制度、岗前培训制度、持证上岗制度等,大力开展"反违章、查隐患"活动,杜绝违章操作和违章指挥,把安全隐患消灭在萌芽状态,有效控制"人"的不安全行为和"物"的不安全状态,不断提高职工安全技能,避免事故的发生。

(3) 构建"人人为安全负责"的安全制度文化。将安全生产的价值观融入到各项工作制度之中,建立起企业独具特色的安全制度文化体系,利用科学有效的管理,不折不扣地贯彻落实企业的各项规章制度,规范员工工作行为,提高安全文化执行力度。建立起安全生产问责制,严格执行安全生产责任追究制,严肃查处各种违章行为,切实整治好企业安全生产隐患,进一步增强各级、各部门安全生产第一责任人的责任感、使命感和危机感,自上而下,层层履职,形成纵向到底、横向到边、党政工团齐抓共管的安全网络体系,使安全管理形成一种自我约束、持续改进、反应迅速的长效机制,对各项具体安全管理制度不断进行调整、创新、充实和完善,分解细化目标,不留制度和管理上的空档,实现预防为主、管理持续改进的良好状态,从根本上遏制安全事故的发生。同时,企业要结合实际,制订出安全文化建设方案和事故应急救援预案,通过熟知和强化演练,提高职工安全责任意识和事故处置能力,使企业重大危险源和重大隐患均处于受控和可控状态,为预防和控制重大安全生产事故的发生提供组织、人力、物质和制度上的保障。

(4) 打造"人人保安全"的安全物质文化。安全生产是需要投入大量的、足够的成本。作为一个企业,做好人、财、物的保障工作尤为重要。要不断充实安监人员,落实安全经费,完善安全措施,消除安全隐患,加快安全技术的升级改造;对设备实施定期检测,定期进行设备的维护保养工作,确保生产设备处于安全稳定的运行状态;加强对备品备件的质量管理,采取招、投标办法,制定多级验收制度,把好进货、运输、存储和装机前的各种检查工作,确保备品备件的质量和生产设备的安全。设备老化、安全设施欠缺与滞后是安全生产的致命隐患,要切实杜绝为了节省资金而降低安全成本。

六、事故预防的各种措施之间的关系

在上述组织管理措施、技术措施、教育措施、安全法制措施和安全文化这5种措施中,首先必须提出技术措施。在事故预防措施中,应当把安全技术作为主要的研究对象,创造一种不发生事故的客观条件,创造安全生产的良好物质基础。

为了防止事故发生,必须在上述5个方面实施事故预防措施,而且还应始终保持它们之间的均衡,合理地采用相应措施,或结合使用上述措施,才有可能做好事故的预防工作。

总之,在事故预防中,应选择最恰当的措施,而最恰当的措施,是在原因分析的基础上得出来的。最根本的措施则是以间接原因及基础原因为对象的措施。一旦对策确定以后,必须尽快地去实施,从总体上提高预防事故的能力,有效地控制事故,保证生产和生活的安全。

复习思考题

1. 为什么说事故是可预防性的？在安全工作中，如何有效防范事故的发生。
2. 安全文化在事故预防中有哪些的作用？
3. 避免和减少事故损失的安全技术措施有哪些？

本章参考文献

[1] 陈宝智. 安全原理[M]. 北京：冶金工业出版社，2004.

[2] 何学秋. 安全工程学[M]. 徐州：中国矿业大学出版社，2000.

[3] 沈斐敏. 安全系统工程理论与应用[M]. 北京：煤炭工业出版社，2001.

[4] 金龙哲. 安全科学技术[M]. 北京：化学工业出版社，2004.

[5] 周世宁，林柏泉，沈斐敏. 安全科学与工程导论[M]. 徐州：中国矿业大学出版社，2005.

[6] 金龙哲，宋存义. 安全科学原理[M]. 北京：化学工业出版社，2004.

[7] 吴宗之. 重大危险源辨识与控制[M]. 北京：冶金工业出版社，2001.

[8] 国家安全生产监督管理总局. 安全评价[M]. 3 版. 北京：煤炭工业出版社，2011.

[9] 吴穹，许开立. 安全管理学[M]. 北京：煤炭工业出版社，2002.

[10] 程根银. 安全科技概论[M]. 徐州：中国矿业大学出版社，2008.

[11] 田水承，景国勋. 安全管理学[M]. 北京：机械工业出版社，2009.

[12] Jeffrey W. Vincoli. Basic Guide to System Safety[M]. 2ed. John Wiley & Sons, Inc. Hoboken, New Jersey, 2006.

[13] 邓奇根，牛国庆. 校园安全文化建设研究[J]，安全，2015(S)，28-31.

[14] 国家安全生产监督管理总局. 企业安全文化建设导则：AQ/T 9004—2008[S]. 北京：煤炭工业出版社，2009.

[15] 国家安全生产监督管理总局. 企业安全文化建设导则：AQ/T 9005—2008[S]. 北京：煤炭工业出版社，2009.

第 7 章

事故预测理论与方法

预测作为人类的一种思维活动早已存在于人类的社会实践中，并一直为人们所重视。2 000 多年前的“孙子兵法”就谈到预测，如“生死之地，存亡之道，不可不察也”。这里的察，就是预测的意思；“凡事预则立，不预则废”，则是我国古代学者对预测的深刻认识，精辟地概括了预测的重要意义。

预测是研究未来的一门学科。随着科学技术的进步和生产水平的日益提高，人类的预测活动愈来愈频繁，涉及的领域越来越广阔，预测方法和手段越来越科学和先进，广泛应用于经济、技术和社会发展的各个领域。预测技术和控制手段的有效结合，是现代安全技术的基本发展方向。

第一节　事故预测概述

事故预测又称为安全预测、危险性预测，是对系统未来的安全状况进行预测，预测系统中存在哪些危险及其危险程度，以便对事故进行预报和预防。通过预测，可以掌握一个企业或部门伤亡事故的变化趋势，帮助人们认识事故的客观规律，制订政策、发展规划和技术方案。

一、事故预测种类

1. 按预测对象范围分

1）宏观预测

宏观预测是预测整个行业或部门未来一个时期的安全状况，如预测明年百万吨死亡率的变化。

2）微观预测

微观预测是具体研究一个企业的某种危险能否导致事故、事故发生概率及其危险程度，如对某厂（矿）的生产系统或对其子系统的安全状况的预测。

2. 按预测时间长短分

1）长（远）期预测

长（远）期预测是指对 5 年以上的安全状况的预测，为安全管理方面的重大决策提供科学依据。

2）中期预测

中期预测是指对 1 年以上、5 年以下的安全生产发展前景进行的预测，也是制订 5 年发展规划计划和任务的预计。

3）短期预测

短期预测是指对1年以内的安全状况的预测，也是年度计划、季度计划以及制订短期发展任务的依据。

3. 按预测技术的性质分类

1）定性预测

所谓定性，就是确定预测目标未来发展的性质。定性预测大多根据专业知识和实际经验进行，对把握事物的本质特征和大体程度有重要作用。这种预测主要利用直观材料，依靠个人经验，对今后的状况进行预测。主要有专家调查法、市场调查法、主观概率法、交叉概率法、领先指标法、类推法等较常用的方法。

2）定量预测

所谓定量，就是确定未来事件可能出现的具体结果（数据），从数量上来描述事件发展的趋势和程度。其中，利用历史数据来推断事物发展趋势的叫作外推法，主要有时间序列方法；利用系统内部发展因素的因果关系来预测系统发展趋势的叫作因果法，常用的有回归分析法、系统动力学方法等。

二、事故预测原则

任何事故虽然都是随机事件，但也是有规律可循的。事故是一个动态变化过程，它的发生与它的过去和现状紧密相关，这就有可能经过对事故的现状和历史的综合分析，推测它的未来。预测的结论不是来自于主观臆断，而是建立在对事故的科学分析上。因此，只有掌握了事故随机性所遵循的规律，才能对安全进行预测预报。

认识事故的发展变化规律，利用其必然性，是进行科学预测所应遵循的总的原则。具体进行系统安全预测时，应遵循以下基本原则：

1. 相关性原理

系统的安全预测的对象是系统，而系统有大有小，千差万别，但其基本特征是一致的。系统的整体功能和任务是组成系统的各子系统、单元综合发挥作用的结果。因此，不仅系统与子系统、子系统与单元有着密切的关系，而且各子系统之间、各单元之间也存在着密切的相关关系。

2. 类推性原理

对于具有相同特征的类似系统的安全性预测，可采用类推原理。主要有：

（1）平衡推算：根据相互依存的平衡关系来推算所缺有关指标的方法。例如，利用事故法则（1∶29∶300），在已知重伤死亡数据的情况下，推算轻伤和无伤害数据；利用事故的直接经济损失与间接经济损失的比例为1∶4的关系，从直接损失预测、评价间接损失和事故总经济损失。

（2）代替推算：利用具有密切联系（或相似）的有关资料，来代替所缺少资料项目的办法。

（3）因素推算：根据指标之间的联系，从已知因素数据推算有关未知指标数据的方法。例如，已知系统事故发生概率 P 和事故损失严重度 S，就可利用风险率 R 与 P、S 的关系来求得风险率值 R。

$$R = P \cdot S$$

（4）抽样推算：根据抽样或典型调查资料推算系统总体特征的方法。这种方法是数理统计分析中的常用方法，是以部分样本代表整个样本空间来对总体进行统计分析。

（5）比例推算：根据社会经济现象的内在联系，用某一时期、地区、部门或单位的实际比例，推算另一类似时期、地区、部门或单位有关指标的方法。例如，控制图法的控制中心线的确定，是根据上一个统计期间的平均事故率来确定的。

(6) 概率推算：任何随机事件，在一定条件下发生与否是有规律的，其发生概率是一客观存在的定值。因此，可以用概率值来预测现在和未来系统发生事故的可能性大小，以此来衡量系统危险性的大小、安全程度的高低。美国原子能委员会关于《商用核电站风险评价报告》基本上是采用了概率推算的方法。

3. 惯性原理

按照这一原则，认为过去的行为不仅影响现在，而且也影响未来。尽管未来时间内有可能存在某些方面的差异，但对于系统安全状况的总的情况看，今天是过去的延续，明天则是今天的发展。

事故发展的惯性运动也受“外力”的影响，使其加速或减速。例如，安全投资、安全措施、安全管理等，均可认为作用于“事故”上的“外力”，使事故发展产生负加速度，使其发展速度减慢，惯性变小。而今天的安全投资，则是以昨天的事故损失大小为依据的。安全投资过少，则不能阻止事故发展的惯性运动。这就需要建立安全投资与减少事故损失的相关模型，以期取得最佳的安全投资效益。

4. 反馈原理

预测未来的目的是为了更好地指导当前，因此应用反馈原理不断地修正预测才会更好地指导当前工作，为决策提供依据。

三、事故预测程序

1. 确定事故预测目标

确定事故预测目标是做好预测的前提，是制订预测分析计划、确定信息资料来源、选择预测方法及组织预测人员的依据。

2. 收集、整理和分析资料

事故预测目标确定后，应着手搜集有关事故资料，这是开展事故预测的前提条件。在收集事故资料的过程中，要尽量保证资料的完整全面。在占有大量资料的基础上，对资料进行加工、整理、归集、鉴别、去伪存真，找出各因素之间的相互依存、相互制约的关系，从中发现事物发展的规律，作为事故预测的依据。

3. 选择预测方法

不同的事故预测方法能达到不同的目的。选择预测方法时，主要考虑预测对象的种类和性质、对预测结果精度的要求、现已掌握资料的可靠性和完整性，以及现实条件(人力、物力、财力和时间期限)等，经分析，合理选择预测效果好、经济又方便的预测方法。在可能的情况下，最好能对同一预测对象采用不同的预测方法进行预测，以便比较分析。

对于那些资料齐全、可以建立数学模型的预测对象，应在定量预测方法中选择合适的方法；对于那些缺乏定量资料的预测对象，应当结合以往的经验选择最佳的定性预测方法。

4. 建立预测模型

预测的核心是建立符合客观规律的数学模型，即通过对资料的分析、推理和判断，揭示所要预测对象的结果和变化，根据实际情况和需要做出必要的假设，建立反映预测对象内部结构、发展规律的模型。

5. 模型的检验与分析

只有通过检验的模型才能用于预测，否则预测的结果就难以令人信服。检验过程中如果发现错误，则必须对模型进行修正。模型的分析是指对系统内部、外部的因素进行评定，找出使系统转变的内部因素和客观环境对系统的影响，以分析预测对象的整体规律性。

6. 进行预测

根据所建立的模型进行预测计算。在进行预测计算的前后，都应认真分析模型内外因素的变化情况。如果这些变化使预测对象的未来显著地不同于过去和现在，就需要根据分析判断，对预测模型或结果进行必要的修正。

7. 分析预测误差

由于实际情况受多方面因素的影响，而预测又不可能将所有因素均考虑在内，故预测结果往往与实际值有一定的差距，即产生预测误差。虽然预测允许有一定的误差，但是如果误差太大，预测就失去了实际意义。所以，需要认真分析产生误差的程度及原因，并进行必要的修正。

8. 改进预测模型

如果预测结果经检验出现不显著，即表明预测结果与实际值出现较大的误差，这往往是由于所建立的预测模型未能准确地描述预测对象的实际情况所致。如果出现这种情况，就需要对原有的预测模型进行修改或重新设计。同时，如果实际情况发生了较大的变化，原有的方法也必须重新选择。

9. 规划政策和行动

预测的目的一般不只是为了设想未来的情况将会怎样，更重要的在于根据对未来情况的推断，制定当前的行动和相应的政策，以便影响、控制以至改变未来的情况。

上面所列的预测程序只是一般的过程，在实际工作中，要根据具体情况灵活运用。实际上，预测是对客观事物不断认识和深化的动态过程，这一动态过程见图 7-1。

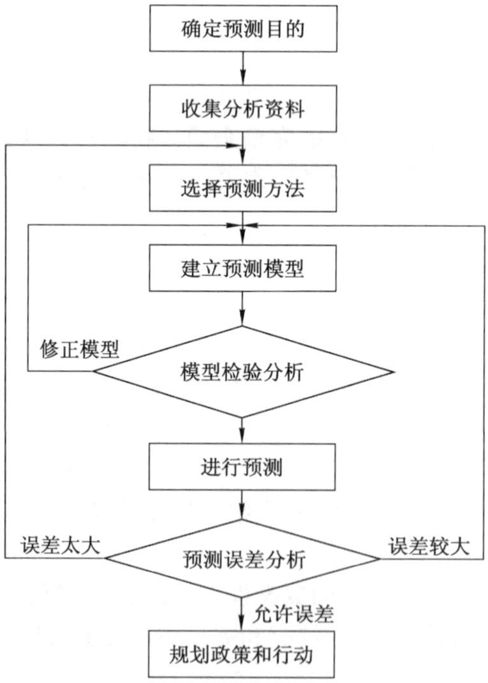

图 7-1 事故预测程序

四、事故预测注意事项

在事故预测的过程中，需要注意以下几个问题：

1. 加强预测工作的领导

预测工作往往是由一个小组来完成的，所以必须加强工作小组的领导，组长最好由单位的主要领导担任。领导的支持是预测工作顺利进行的有力保证。

2. 依靠集体的力量

系统预测是一项复杂的工作，需要集体大力协作才能很好完成。因此，在进行预测工作时，必须借助集体的力量。

3. 协调预测人员的认识

预测工作小组中各个成员的文化层次不同、专业背景不同、社会经历不同，所以对问题的认识有时可能不一致，这时需要协调预测人员的认识，使他们的认识尽可能一致，以便顺利地开展工作。

4. 注意积累资料

每次预测工作结束后，应将本次预测工作所用的资料整理好后保存，以备将来参考和使用。

5. 采用先进的计算技术和工具——计算机

在预测工作中，尤其是采用定量预测技术时，计算量往往比较大。因此，应尽可能采用先进的计算技术，利用计算机提高运算的速度和精度。

第 2 节　定性预测技术

一、定性预测概述

定性预测是一种直观性预测。它主要根据预测人员的经验和判断能力，不用或仅用少量的计算，即从对被预测对象过去和现在的有关资料及相关因素的分析中，揭示出事物发展规律，求得预测结果。

定性预测是应用最早的一种预测技术，它的作用十分重要。即使是在定量预测技术得到很大发展，出现了诸如时间序列分析、因果关系分析、概率统计及灰色预测等大量的定量预测方法，电子计算机技术进入预测领域的今天，定性预测技术仍有其不可忽视的重要作用，不失为实用而又科学的预测方法。

现实工作中切不可片面地认为只有建立数学模型、用定量方法进行预测才是科学的，因为大量的预测实践证明，在预测工作中仅靠数学手段和数学模型有很多局限性和不足之处。

(1) 系统的影响因素是多种多样的，这些因素中有些可以定量地加以分析，但还有大量的因素只有定性的特征，难以定量地加以表示。例如，人的心理因素和生理因素对人的不安全行为的影响就难以定量表示，因此也就难以用定量方法预测。

(2) 在预测中应用定量预测技术，一般必须有大量历史与现实的数据资料。一方面，这些数据可能因为种种原因(如未做统计)根本不存在；另一方面，即使数据存在，但要得到这些数据又往往因为费用过高而在经济上不合理，或太浪费时间而不允许。

(3) 定量预测是建立在历史数据和现实的数据资料基础上的定量分析，某些原始数据资料失真或反映不出客观发展的规律性，常常造成定量预测的失误。

(4) 定量预测技术一般是以过去和现在系统的发展状况推测未来的发展趋势，并假定决定过去和现在发展的条件同样适用于未来。由于定量预测往往无法灵敏地反映外界因素的影响，缺乏自适应能力，因此即使数据资料充足、准确，在进行定量预测特别是中长期预测时，其结果往往带有一定的片面性，有时甚至因为估计不到系统发展的转折点而导致预测失误。

基于以上原因，在国内外当前实际预测工作中，定性预测所占的比重仍然是相当大的。一些重大的经济预测、技术预测、企业经营预测等，往往采用定性预测的方法进行，或者是在采用定量预测的同时辅以定性预测方法加以修正。

定性预测方法很多，本节将重点介绍德尔菲法、交叉概率法、类推法。

二、德尔菲法

德尔菲(Delphi)法是美国兰德公司在承担美国空军名为“德尔菲计划”的预测中，由数学家黑尔莫(O. Helmet)和达凯(N. Dalkey)共同研究成功的一种方法。德尔菲法是一种专家调查法，这是一种利用专家们的经验和知识对所要研究的问题进行分析和预测的方法，它具有 3 个特征：匿名、循环和有控制地反馈、统计团体响应。它是依靠若干专家背靠背地发表意见（各抒己见），同时对专家们的意见进行统计处理和信息反馈，经过几轮循环，使得分散的意见逐渐收敛，最后达到较高准确性的一种方法。此种方法最常用于中长期预测。

1. 德尔菲法的程序

德尔菲法的程序可用图 7-2 表示。

1）组织专门小组

通常组织一个专门小组进行预测工作。其任务是：拟订调查提纲，提供背景材料，专人负责与专家联系，收集、分析和整理调查结果，提出预测报告。

2）拟订调查提纲

预测组织者把需要预测的内容拟成几个或十几个问题，列成调查提纲。提纲要明确具体、用词确切，尽量避免含糊不清和缺乏定量概念的词汇；问题不宜过多，估计回答问题的时间尽量不超过 2～4 h，以避免答复的人不耐烦，有利于保证预测质量；对有怀疑、有争议的问题预测必须指明参考的资料，并提供必要的背景材料；提纲后面要留有足够的空白，供专家阐明个人意见和理由。

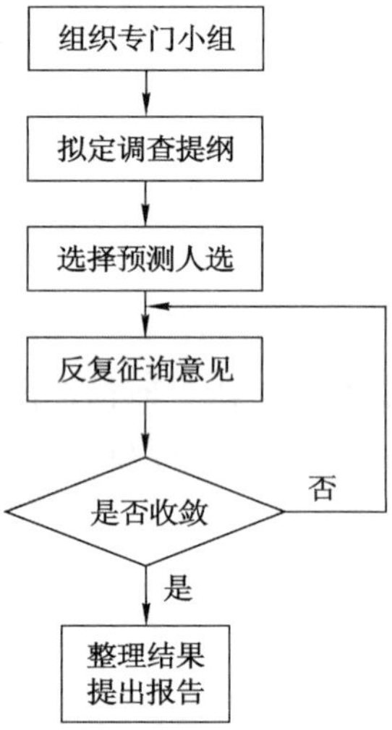

图 7-2　德尔菲法程序

3）选择预测人选

这是德尔菲法成败的关键。一般选择与预测问题有关的各领域、具有数年以上专业工作经验、熟悉业务、有预见性和分析能力、有一定声望的人士，同时还要聘请边缘学科和其他专业的专家，这样可以开阔思路，提高预测质量。专家预测的人选还可以是全国各地，甚至是世界各地的有关人士，这样就避免了开座谈会方法使参加人员受地区限制的弊端，从而可能得到在部分地区不易得到的一些宝贵意见，并提高预测的准确性和权威性。专家人数多少与预测规模、被预测内容是否经常交流、估计调查表回收率高低、研究经费数量等有关，根据现有经验，一般 10～15 人为宜。有一点值得注意，聘请专家要事先征得本人同意，坚持自愿的原则，否则调查表回收率太低，也会影响预测的质量。

4）专家征询和轮间信息反馈

德尔菲法一般分 3～4 轮征询。

第 1 轮：因素征询：发给专家的征询表格只提出分等定级目标，由专家提出分等定级的因素，组织者经筛选、分类、归纳和整理，用准确的技术语言制订一览表，作为第 2 轮征询表发给专家。

第 2 轮：因素评估：专家对第 2 轮表格中的每个因素作出评价。评价以等级（1，2，3 等）号或分值（5 分制或 100 分制均可）表示，不要求专家阐述评估理由，不要提供详细论据。第 2 轮征询表收回后，立即进行统计处理，求出专家总体意见的概率分布，并制订第 3 轮征询表。

第 3 轮：轮间信息反馈与再征询：将前一轮的评估结果进行统计处理，得出专家总体的评估结果的分布，求出其均值与方差，将这些信息反馈给专家，并对专家进行再征询。专家在重新评估时，可以根据总体意见的倾向（以均值表示）和分散程度（以方差表示）来修改自己前一次的评估意见。

采用类似的办法对第 3 轮结果进行处理和开始第 4 轮征询，最后就能得到协调程度较高的结果，并写出测定结果报告。至此，测定工作即告一段落。

在实际测定中，也有采用派生德尔菲法的。派生方法主要有以下几种：

（1）取消第 1 轮征询，由组织者根据已掌握的资料直接拟订出因素一览表，以减轻专家负担和缩短测定周期。

（2）提供背景材料和数据，以缩短专家在查找资料或计算数据的时间，使专家能在较短的时间内作出正确决策。

（3）部分取消匿名和部分取消反馈。匿名和反馈是德尔菲的重要特点，但在某些情况下，部分取消匿名和部分取消反馈，有利于加快预测进程。

5）权重测定结果的数据处理及整理预测结果

在征询结束后，必须对最后一轮征询意见进行整理和评价，将取得一致意见的事件写成一份公认的预测报告（包括未来事件的名称、实现时间、数量及概率等）。对预测结果处理，常用中位数法和主观概率法。

2. 德尔菲法的特点

1）匿名性

它采用调查表，并以通信的方式征集专家意见。这样可以避免当面谈或署名探讨问题时可能受到社会、心理方面有意或无意的干扰，较易得到比较实事求是的科学意见。

2）反馈性

为了使参加预测的专家掌握每轮预测的汇总结果和其他专家提出意见的论证，专门小组对每一轮的预测结果做出统计，并作为反馈材料发给每位专家，供下一轮预测时参考。

3）收敛性

通过多次征询意见，专家们之间的意见，一轮比一轮更趋向一致。

3. 预测结果的处理

预测结果的处理，技术预测常采用中位数法，经济预测常用主观概率法。

1）中位数法

中位数法是将专家预测结果从小到大依次排列，然后把数列二等分，则中分点值称为中位数，表示预测结果的分布中心，即预测的较可能值。为了反映专家意见的离散程度，可以在中位数法前后二等分中各自再进行二等分，先于中位数的中分点值称为下四分位数，后于中位数的中分点值称为上四分位数。用上、下四分位数之间的区间来表示专家意见的离散程度，也可称为预测区间。

其中位数按下式计算：

$$\bar{x} = \begin{cases} x_{k+1} & n = 2k+1\text{（奇数）} \\ \dfrac{x_k + x_{k+1}}{2} & n = 2k\text{（偶数）} \end{cases} \tag{7-1}$$

式中 $\bar{x}$——中位数；

x_k——第 k 个数据；

x_{k+1}——第 $k+1$ 个数据；

k——正整数。

上四分位点记为 $x_{上}$，其计算公式为：

$$x_{上} = \begin{cases} x_{\frac{1}{2}(3k+3)} & n = 2k+1, k\text{ 为奇数} \\ \dfrac{x_{\frac{3}{2}k+1} + x_{\frac{3}{2}k+2}}{2} & n = 2k+1, k\text{ 为偶数} \\ x_{\frac{1}{2}(3k+1)} & n = 2k, k\text{ 为奇数} \\ \dfrac{x_{\frac{3}{2}k} + x_{\frac{3}{2}k+1}}{2} & n = 2k, k\text{ 为偶数} \end{cases} \tag{7-2}$$

下四分位点记为 $x_{下}$，其计算式为：

$$x_{下} = \begin{cases} x_{\frac{k+1}{2}} & n = 2k+1, k\text{ 为奇数} \\ \dfrac{x_{\frac{k}{2}} + x_{\frac{k}{2}+1}}{2} & n = 2k+1, k\text{ 为偶数} \\ x_{\frac{k+1}{2}} & n = 2k, k\text{ 为奇数} \\ \dfrac{x_{\frac{k}{2}} + x_{\frac{k}{2}+1}}{2} & n = 2k, k\text{ 为偶数} \end{cases} \tag{7-3}$$

例如：某企业邀请 16 位专家对该企业某事件发生概率进行预测，得 16 个数据，即 $n=16$，$n=2k$，$k=8$ 为偶数。由小到大将所得数据排列见表 7-1。

表 7-1　事件概率专家预测值

n	1	2	3	4	5	6	7	8	9	10	11	12	13	14	15	16
事件发生概率 $P/10^{-3}$	1.35	1.38	1.40	1.40	1.40	1.45	1.47	1.50	1.50	1.50	1.50	1.53	1.55	1.60	1.60	1.65

$k=8$ 为正整数，$n=2k$ 为偶数，则中位数 $\bar{x}$ 为：

$$\bar{x} = \frac{1}{2}(x_8 + x_{8+1}) = \frac{1}{2}(1.5 + 1.5) = 1.5$$

由于 $k=8$ 是偶数，由式(7-2)第 4 式，得 $\frac{3}{2}k=12$，$\frac{3}{2}k+1=13$，则上四分点 $x_{上}$ 是第 12 个数与第 13 个数的平均值，即：

$$x_{上4} = \frac{1}{2}(x_{12} + x_{13}) = \frac{1}{2}(1.53 + 1.55) = 1.54$$

由式(7-3)的第 4 式，得 $k/2=4$，$k/2+1=5$，可知下四分位点是第 4 个数与第 5 个数的平均值为，即：

$$x_{下4} = \frac{1}{2}(x_4 + x_5) = \frac{1}{2}(1.40 + 1.40) = 1.40$$

则该事件发生概率期望值为：

$$p = \bar{x} \times 10^{-3} = 1.5 \times 10^{-3}$$

预测区间：$p_{上} = 1.54 \times 10^{-3}$；$p_{下} = 1.40 \times 10^{-3}$ 。

2）主观概率法

主观概率法（又称为空想预测法）是预测者对所预测的事件发生的概率（即可能性大小）进行主观估计，或者说对事件变化动态的一种心理评价，然后计算它的平均值，以此作为预测事件的结论的一种定性预测方法。主观概率是某人对某一事件可能发生程度的一种主观估量，因此要求专家不仅要有估量（概率），还要说明根据。对同一事件在相同情况下的预测，不同专家可能提出不同的数量估计和实现概率，甚至对于成功和失败的机会持完全相反的意见。正是因为存在着不同的个人估计，所以才有寻求合理或最佳估计量的必要。在处理中，一般也是取预测结果的分布中心作为预测结论。常用的主观概率法有主观概率加权平均法和累计概率中位数法。

要预测某一事件发生可能性的大小，可以调查一组专家的预测概率，然后相加求平均值，得出某事件的预测概率，即：

$$P = \frac{\sum_{i=1}^{n} P_i}{n} \tag{7-4}$$

式中 P——事件预测概率平均值；

P_i——每一位专家主观预测概率；

n——专家人数。

例如：以某公司的管理人员和销售人员对下一年第一季度销售量的预测为例。表 7-2 所列为该公司 3 位销售人员对下一年第一季度销售量的估计。

表 7-2　某公司销售人员的估计销售量

销售员	估计销售量/万件		主观概率
甲	最高	1 000	0.16
	最可能	700	0.68
	最低	600	0.16
乙	最高	1 200	0.16
	最可能	1 000	0.68
	最低	800	0.16
丙	最高	900	0.16
	最可能	700	0.68
	最低	500	0.16

首先，以主观概率为权数，计算每人的最高销售、最低销售和最可能销售的加权平均数，

作为个人期望值。

甲的估计销售量：1 000×0.16＋700×0.68＋600×0.16＝732(万件)。

乙的估计销售量：1 200×0.16＋1 000×0.68＋800×0.16＝1 000(万件)。

丙的估计销售量：900×0.16＋700×0.68＋500×0.16＝700(万件)。

然后求出3位销售人员预测的销售量的平均数为：

$$(732+1\,000+700)/3=810.667(\text{万件})$$

如果两位管理人员也分别做了估计预测，甲管理人员预测销售量为1 000万件，乙管理人员预测销售量为900万件。现在把两位管理人员的意见加以综合，可得两位管理人员预测销售量的平均数为：

$$(1\,000+900)/2=950(\text{万件})$$

然后将管理人员和销售人员预测的意见再加以综合，做出最后的预测。

计算时用加权平均数，分清主次轻重。选择权数时要考虑经验丰富程度，对管理人员的预测量用较大的权数，对销售人员的预测量用较小的权数。假定前者权数为2，后者权数为1，则可得的综合销售量预测数为：

$$(950\times2+811\times1)/3=903.667(\text{万件})$$

4. 几点注意事项

(1) 如果专家人数较少，结果处理的工作量不大，可用一般的科学计算器完成运算。在专家人数多，测定的因素也多时，靠计算器很难保证计算质量，而且费时较长，应采用计算机进行数据处理。

(2) 由于德尔菲法不是所有专家都熟悉，所以预测组织者要在制订征询表的同时，对德尔菲法作说明，重点是讲清德尔菲法的特点、实质、轮间反馈的作用、方差、均值和其他统计量的意义。

(3) 专家评估的最后结果是建立在统计分布的基础上的，它具有一定的稳定性。不同的专家总体，其直观评估意见和协调情况不可能完全一样，这是德尔菲法的主要不足之处。但是由于德尔菲法简单易行，对许多非技术性的因素反映敏感，能对多个相关因素的影响作出判断，因而是一种值得推广的预测方法。

三、交叉概率法

交叉概率法(又称为交叉影响法)是1968年由海沃德(Hayward)和戈尔登(T. J. Cordon)在德尔菲法和主观概率法基础上首次提出的。这种方法是主观估计每种新事物在未来出现的概率以及新事物之间相互影响的概率，对事物发展前景进行预测的方法。

交叉概率法的基本思想是：很多事件的发生或发展对其他事件将产生各种各样的影响，根据各事件之间的相互影响研究事件发生的概率，并用以修正专家的主观概率，从而对事物的发展做出较客观的评价。

交叉概率法研究一系列事件 $E_i(i=1,2,\cdots,n)$ 及其概率 $P_i(i=1,2,\cdots,n)$ 之间的相互关系。若其中的一个事件 $E_m(1\leqslant m\leqslant n)$ 发生，即发生概率 $P_m=1$ 时，求 E_m 对于其余事件 $E_i(i=1,2,\cdots,n;i\neq m)$ 的影响，也就是求 $P_i(i=1,2,\cdots,n;i\neq m)$ 的变化，其中包括有无影响、正影响还是负影响以及影响的程度。该方法的步骤为：

(1) 确定各事件之间的影响关系。

(2) 专家调查，评定影响程度。

(3) 计算某事件发生时对其他事件发生概率的影响。

（4）分析其他事件对该事件的影响。

（5）确定修正后的主观概率。

例如：现以美国能源评价预测分析来说明交叉概率法的使用。经简化，影响美国能源政策的因素有：E_1——用煤炭代替石油，其概率 $P_1=0.3$；E_2——降低国内石油价格，其概率 $P_2=0.4$；E_3——控制空气、水源的质量标准，其概率 $P_3=0.3$。这些因素之间的关系见表 7-3。

表 7-3　　各因素之间关系

事件	事件发生概率	对其他事件的影响		
		E_1	E_2	E_3
E_1	0.3	—	↑	↑
E_2	0.4	↓	—	—
E_3	0.3	↓	↓	—

表 7-3 中，向上的箭头表示正方向的交叉影响，它表明该事件的发生将促进另一事件发生的概率；箭头向下则表明负的影响，说明该事件发生将抑制或消除另一事件发生的概率；“—”号表示两事件无明显关系或相互间没有影响。

根据上表列出的矩阵，可求出其中各因素相互影响程度数值，用以修正发生概率，做出预测。

E_i 事件发生后，其余事件发生的概率可按下式调整：

$$P_j' = P_j + KS(1-P_j) \tag{7-5}$$

式中　P_j——E_i 事件发生前，t 时间 E_j 事件发生的概率。

P_j'——E_i 事件发生后，t 时间 E_j 发生的概率。

K——E_i 发生对 E_j 的影响方向。若 E_i 对 E_j 的影响为正，则取 $K=1$；若 E_i 对 E_j 影响为负则取 $K=-1$，若无影响取 $K=0$。

S——E_i 发生对 E_j 的影响程度，$0<S<1$，随影响程度由小到大，S 取值由 0 到 1 逐渐加大。

事件 E_i 发生后，E_j 发生概率的调整如图 7-3 所示。

四、类推法

事物发展有各自的规律性，但其间又有许多相似之处。人们把先发生的事件称为先导事件，后发生的事件称为迟发事件。当发现它们之间有某些相似之处，就可以利用先导事件的发展过程和特征，来类推迟发事件的发展过程和特征，起到预测的作用。类推法包括：随机类推和形式类推。随机类推来源于直观，处于感性认识阶段，只能看作是进行类推的一个起点，而不是科学的方法。形式类推是指当发现了两个事件有某些相似之处时，就尽力探求其他的相似性。因此，在预测工作中大多采用形式类推。

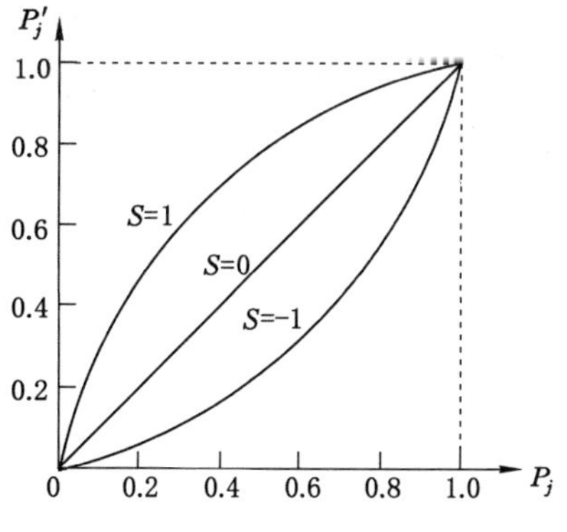

图 7-3　概率调整图

1. 使用类推法进行预测的步骤如下：

(1) 选择先导事件。例如需要预测事件 B,可选择另一事件 A,要求事件 A 与事件 B 具有相同或相似的发展规律,发展规律已知并领先于事件 B。通常称事件 B 为迟发事件,事件 A 为先导事件。

(2) 依据时间序列统计分析先导事件的数据,找出先导事件的发展规律、关键特征,并绘制发展趋势图。

(3) 分析先导事件与迟发事件发展规律的相似程度,判断是否可以进行类推预测。若差异显著则必须重新选择先导事件。

(4) 根据先导事件的发展现律,类推迟发事件的未来情形。

2. 先导模型

类推法预测的关键是选择先导事件。不同类型的预测目标应使用不同类型的先导模型,常见的先导模型主要有以下 3 种：

(1) 历史上发生过的同类事件。例如,用蒸汽机车类推内燃机车的演变过程时,蒸汽机车就是历史上已经发生过的事件,即先导事件。

(2) 国外或外地发生过的同类事件。例如,用国外小轿车的发展速度类推我国小轿车未来的发展时,国外小轿车的发展规律就是先导事件。

(3) 其他领域内发生过的同类事件。例如,用已在航空航天工业领域中应用的新技术类推在汽车工业等其他应用领域中应用时,新技术在航空航天领域的应用就是先导事件。

第 3 节　定量预测技术

定量预测是使用一历史数据或因素变量来预测未来的数学模型。它是根据已掌握的比较完备的历史统计数据,运用一定的数学方法进行科学的加工整理,借以揭示有关变量之间的规律性联系,用于预测和推测未来发展变化情况的一类预测方法。

定量预测基本上可分为两类：一类是时序预测法,是以事故本身的历史数据的变化趋势,去寻找事故发展的演变规律,作为预测的依据,即把未来作为过去历史的延伸。时序预测法包括滑动平均法、趋势外推法、季节变动预测法、马尔可夫及灰色等预测法。另一种是因果分析法,它包括一元线性回归法及多元线性回归法等方法。

一、滑动平均法

一般情况下,可以认为未来的状况与较近时期的状况有关。根据这一假设,可采用与预测期相邻的几个数据的平均值,随着预测期向前滑动,相邻的几个数据的平均值也向前滑动作为滑动预测值。

假定未来的状况与过去 3 个月的状况关系较大,而与更早的情况联系较少,因此可用过去 3 个月的平均值作为下个月的预测值,经过平均后,可以减少偶然因素的影响。平均值可用下列公式计算：

$$\hat{x}_{t+1} = \frac{x_t + x_{t-1} + x_{t-2}}{3} \tag{7-6}$$

作为 $\hat{x}_{t+1}$ 的预测值,不仅可用 3 个月的滑动平均值来预测,也可用更多月份的滑动平均值来预测,计算公式如下：

$$\hat{x}_{t+1}=\frac{x_t+x_{t-1}+\cdots+x_{t-(t-1)}}{t} \tag{7-7}$$

式中　$\hat{x}_{t+1}$——预测值；

t——时间单位数；

x——实际数据。

也可以用连加符号把上面的公式归纳为：

$$\hat{x}_{t+1}=\frac{1}{t}\sum_{i=0}^{t-1}x_{t-i} \tag{7-8}$$

在这一方法中，对各项不同时期的实际数据是同等看待的。实际上，距离预测期较近的数据与较远的数据，它们的作用是不等的，尤其在数据变化较快的情况下更应该考虑到这一点。

为了克服上述缺点，可采用加权滑动平均法来缩小预测偏差。加权滑动平均法根据距离预测期的远近，预测对象的不同情况，给各期的数据以不同的权数，把求得的加权平均数作为预测值。例如，在计算 3 个月的加权滑动平均值时，分别以权数 3.2.1，那么预测值为：

$$\hat{x}_{t+1}=\frac{3x_t+2x_{t-1}+x_{t-2}}{6} \tag{7-9}$$

用任意几个月，给予其他权数来计算加权滑动平均值，其公式为：

$$\hat{x}_{t+1}=\frac{c_t\cdot x_t+c_{t-1}\cdot x_{t-1}+\cdots+c_{t-(t-1)}\cdot x_{t-(t-1)}}{c_t+c_{t-1}+\cdots c_{t-(t-1)}} \tag{7-10}$$

式中　c_t——各期的权数；

x_t——各期的实际数据。

把上述归纳为：

$$\hat{x}_{t+1}=\frac{\sum\limits_{t=0}^{t-1}c_{t-i}\cdot x_{t-i}}{\sum\limits_{i=0}^{t-1}c_{t-i}} \tag{7-11}$$

例如：表 7-4 列出了某矿务局 2010—2017 年采煤机械化程度(%)，利用滑动平均法和加权滑动平均法来预测 2018 年的采煤机械化程度。

表 7-4　　某矿务局采煤机械化程度及计算数据表

年份	实际机械化程度%	3 年的滑动平均值 $\hat{x}_{t+1}=\frac{x_t+x_{t-1}+x_{t-2}}{3}$	5 年滑动平均值 $\hat{x}_{t+1}=\frac{x_t+x_{t-1}+\cdots+x_{t-4}}{5}$	3 年的加权滑动平均值 $\hat{x}_{t+1}=\frac{3x_t+2x_{t-1}+x_{t-2}}{6}$
10	61.35			
11	69.45			
12	70.44			
13	73.88	67.08		68.82
14	79.00	71.26		72.00
15	81.00	74.44	70.82	75.87
16	88.06	77.96	74.75	79.15
17	91.00	82.69	78.48	84.20
18		86.69	82.59	88.35

从表中可以看出，应用 3 种滑动平均对实际采煤机械化程度的变化的反映是各不相同的。由于 3 年的加权滑动平均更强调近期的作用，它对机械化程度的变化反映较快，预测值符合实际。5 年的滑动平均对机械化程度的变化反映较为迟缓，但它反映的数值较为平滑、波动少，可以看出机械化程度的变化趋势。

二、趋势外推法

在一个时间序列中，特别是某些社会、经济系统中的渐变发展过程，往往可能存在某种长期趋势，用适当的方法测定这个趋势，给它选择一个合适的趋势曲线方程，以作为外推预测的依据，这是趋势预测的基本方法之一。

趋势预测是基于如下两个假设基础之上的：第一，影响预测对象过去发展的因素，在很大程度上也将决定其未来的发展；第二，预测对象的发展过程不是突变，而是渐变过程。

利用趋势预测法，关键要解决两个问题：一是找到合适的趋势曲线方程；二是确定趋势曲线方程中参数。下面将着重讨论几种常见的趋势曲线方程及其参数的确定。

1. 趋势直线预测模型

趋势直线预测模型是趋势预测模型中经常使用的一种预测模型。也就是说，即根据系统行为的历史和现在的统计数据建立趋势直线，以此预测系统的未来行为。

趋势直线预测模型为：

$$\hat{y} = a + bx \tag{7-12}$$

式中 a——趋势直线模型中的待定参数，$x=0$ 时的 $\hat{y}$ 值；

b——趋势直线模型中的待定参数，表示趋势直线的斜率。

若取时间数列的中点为原点，利用最小二乘法可得：

$$a = \frac{\sum y}{N} \tag{7-13}$$

$$b = \frac{\sum xy}{\sum x^2} \tag{7-14}$$

式中 y——时间序列数据的实际值；

N——数列的项数。

例如：已知某矿井的供风量近 11 年来的数据如表 7-5 所列，试建立趋势直线预测模型并预测 2013 年的供风量。

根据表 7-5 中的数据可得：

$$a = \frac{\sum y}{N} = \frac{22\ 417}{11} = 2\ 037.91$$

$$b = \frac{\sum xy}{\sum x^2} = \frac{15\ 937}{110} = 144.88$$

则趋势直线预测模型为：

$$\hat{y} = 2\ 037.91 + 144.88x$$

利用该模型预测 2013 年的供风量为：

$$\hat{y} = 2\ 037.91 + 144.88 \times 6 = 2\ 907.19$$

表 7-5　　某矿井 2002—2012 年的供风量及相关计算表

年份	x	y	xy	x^2	$\hat{y}$
2002	−5	1 345	−6 725	25	1 313.51
2003	−4	1 682	−6 728	16	1 458.39
2004	−3	1 577	−4 731	9	1 603.27
2005	−2	1 425	−2 850	4	1 748.15
2006	−1	1 677	−1 677	1	1 893.03
2007	0	2 306	0	0	2 037.91
2008	1	2 419	2 419	1	2 182.79
2009	2	2 133	4 266	4	2 327.67
2010	3	2 379	7 137	9	2 472.55
2011	4	2 544	10 176	16	2 617.43
2012	5	2 930	14 650	25	2 762.31
$\sum$	0	22 417	15 937	110	

2. 二次趋势曲线预测模型

二次趋势曲线预测模型与趋势直线预测模型不同之处在于：二次曲线的斜率是随着时间而变化的。

二次趋势曲线预测模型为：

$$\hat{y} = a + bx + cx^2 \tag{7-15}$$

若取时间数列的中点为原点，则利用最小二乘法可得：

$$\begin{cases} \sum y = Na + c\sum x^2 \\ \sum xy = b\sum x^2 \\ \sum x^2 y = a\sum x^2 + c\sum x^4 \end{cases} \tag{7-16}$$

求解上述方程组即可求出待定参数 a、b 和 c 的值。

例如：已知某矿井 2004—2012 年的年产量如表 7-6 所列，试建立二次趋势曲线预测模型并预测 2013 年的产量。

表 7-6　　某矿井 2004—2012 年的煤炭产量及相关计算表

年份	x	y	xy	x^2	x^2y	x^4	$\hat{y}$
2004	−4	39	−156	16	624	256	20.83
2005	−3	50	−150	9	450	81	57.11
2006	−2	67	−134	4	268	16	88.31
2007	−1	97	−97	1	97	1	114.43
2008	0	143	0	0	0	0	135.47
2009	1	177	177	1	177	1	151.43
2010	2	177	354	4	708	16	162.31
2011	3	152	456	9	1 368	81	168.11
2012	4	165	660	16	2 640	256	168.83
$\sum$	0	1 067	1 110	60	6 332	708	

将表 7-6 中的数据代入式(7-16)得：

$$\begin{cases} 1\ 067 = 9a + 60c \\ 1\ 110 = 60b \\ 6\ 332 = 60a + 708c \end{cases}$$

解上述方程组，得：

$$a = 135.47, b = 18.5, c = -2.54$$

则二次趋势曲线预测模型为：

$$\hat{y} = 135.47 + 18.5x - 2.54x^2$$

根据此模型，该矿井 2013 年的产量预测为：

$$\hat{y} = 135.47 + 18.5 \times 5 - 2.54 \times 5^2 = 164.47$$

3. 三次趋势曲线预测模型

三次趋势曲线预测模型是将二次趋势预测模型的次数提高一次，增加预测模型的一个常数则可使趋势曲线多一个弯度。二次趋势曲线只有一个弯度，而三次趋势曲线则有两个弯度。有时统计数据需要有两个弯度的曲线，才能更接近实际。

三次趋势曲线的预测模型为：

$$\hat{y} = a + bx + cx^2 + dx^3 \tag{7-17}$$

若取时间数列的中点为原点，则利用最小二乘法可得：

$$\begin{cases} \sum y = Na + c\sum x^2 \\ \sum xy = b\sum x^2 + d\sum x^4 \\ \sum x^2 y = a\sum x^2 + c\sum x^4 \\ \sum x^3 y = b\sum x^4 + d\sum x^6 \end{cases} \tag{7-18}$$

解上述方程组，即可确定待定参数 a、b、c 和 d 的值。

例如：若以上例表 7-6 中的数据为例，试建立三次趋势曲线预测模型并预测该矿井 2013 年的产量。

表 7-7 某矿井 2004—2012 年的年产量及相关计算表

年份	x	y	xy	x^2	x^2y	x^3y	x^4	x^6	$\hat{y}$
2004	−4	39	−156	16	624	−2 496	256	4 096	36.63
2005	−3	50	−150	9	450	−1 350	81	729	32.69
2006	−2	67	−134	4	268	−536	16	64	73.89
2007	−1	97	−97	1	97	−97	1	1	104.43
2008	0	143	0	0	0	0	0	0	135.47
2009	1	177	177	1	177	177	1	1	161.43
2010	2	177	354	4	708	1 416	16	64	176.73
2011	3	152	456	9	1 368	4 104	81	729	175.79
2012	4	165	660	16	2 640	10 560	256	4 096	153.03
$\sum$	0	1 067	1 110	60	6 332	11 778	708	9 780	

将表 7-7 中的数据代入式(7-18)中得：

$$\begin{cases}1\ 067 = 9a + 60c \\ 1\ 110 = 60b + 708d \\ 6\ 332 = 60a + 708c \\ 11\ 778 = 708b + 9\ 780d\end{cases}$$

解上述方程组,得:

$$a=135.47, b=29.43, c=-2.54, d=-0.93$$

则三次趋势曲线预测模型为:

$$\hat{y} = 135.47 + 29.43x - 2.54x^2 - 0.93x^3$$

根据此模型,该矿井 2013 年的产量预测为:

$$\hat{y} = 135.47 + 29.43 \times 5 - 2.54 \times 5^2 - 0.93 \times 5^3 = 102.87$$

4. 修正指数曲线预测模型

修正指数曲线预测模型是通常指数曲线的数学方程:

$$y = ab^x$$

增加一个常数项 K,即:

$$y = K + ab^x$$

上式称为修正指数曲线。

此曲线可说明一种常见的成长现象,即初期迅速成长,随后逐渐降低其成长率,终至接近高限(渐近线)。就指数曲线 $y=ab^x$ 而言,当 $a>0$ 且 $0<b\leqslant 1$ 时,则成长率会随着 x(年份)值的增加而降低。y 值逐渐降至于零为极限,若加上一正的常数项 K,成为 $y=K+ab^x$,则 y 的值就以 K 为极限。当 $a<0$ 且 $0<b\leqslant 1$ 时,则 y 的值将随着 x 的增加而增加。因为当 x 值较小时,从 K 值减去之值较大,而 x 值越大,则所减去之值就越小,终至于零,也即 $(K+ab^x)$ 之值,终至等于 K。因此,K 又成为 y 之高限。换言之,$y=K$ 为曲线 $y=K+ab^x$ 的渐近线,如图 7-4 所示。一般来说,修正指数曲线的 3 个常数中 K 表示渐近线常数,a 是 $x=0$ 时 y 的值与渐进线常数 K 之差,b 为相邻一次差的比率。因此,需要有 3 个方程来求解 3 个常数 K、a 和 b。

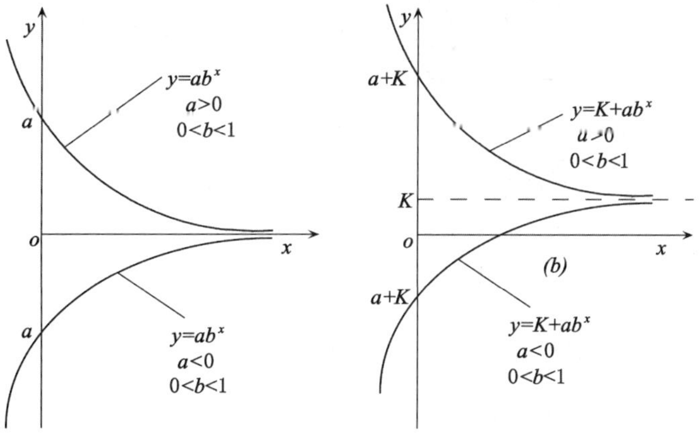

图 7-4　指数曲线和修正指数曲线

(a) 指数曲线;(b) 修正指数曲线

下面以具体实例来说明如何求解修正指数曲线预测模型中的 3 个常数 a、b 和 K。

例如:已知某矿井 2006—2017 年的年产量资料如表 7-8 所列,试建立修正指数曲线预测模型。

表 7-8　　某矿井 2006—2017 年煤炭产量数据表

年份	x	y	$\hat{y}$
2006	0	135	135.4
2007	1	145	144.8
2008	2	153	152.9
2009	3	160	159.8
$\sum_1 y$		593	
2010	4	166	165.80
2011	5	171	170.90
2012	6	175	175.27
2013	7	179	179.02
$\sum_2 y$		691	
2014	8	182	182.24
2015	9	185	185.00
2016	10	187	187.36
2017	11	190	189.39
$\sum_3 y$		744	

将数据按年份分成相等的 3 部分，并求其局部总和 $\sum_1 y$，$\sum_2 y$ 和 $\sum_3 y$ 。

$$\sum_1 y = K + ab^0 + K + ab^1 + K + ab^2 + K + ab^3 = 4K + a + ab + ab^2 + ab^3$$

$$\sum_2 y = K + ab^4 + K + ab^5 + K + ab^6 + K + ab^7 = 4K + ab^4 + ab^5 + ab^6 + ab^7$$

$$\sum_3 y = K + ab^8 + K + ab^9 + K + ab^{10} + K + ab^{11} = 4K + ab^8 + ab^9 + ab^{10} + ab^{11}$$

解上述 3 个方程：

$$\frac{\sum_3 y - \sum_2 y}{\sum_2 y - \sum_1 y} = \frac{ab^4(b^4 - 1)}{a(b^4 - 1)} = b^4$$

所以：

$$b = \sqrt[4]{\frac{\sum_3 y - \sum_2 y}{\sum_2 y - \sum_1 y}} = \sqrt[4]{\frac{744 - 691}{691 - 593}} = 0.857\ 6$$

将 b 代入 $\sum_2 y - \sum_1 y$ 可求出：

$$a = (\sum_2 y - \sum_1 y)\frac{b - 1}{(b^4 - 1)^2} = (691 - 593)\ \frac{0.857\ 6 - 1}{(0.857\ 6^4 - 1)^2} = -66.21$$

将 a，b 的值代入 $\sum_1 y$，即可求出：

$$K = \frac{1}{4}\left[\sum_1 y - a(b^2 + 1)(b + 1)\right] = \frac{1}{4}\left[\sum_1 y - a\left(\frac{b^4 - 1}{b - 1}\right)\right] = 201.61$$

则修正指数曲线预测模型为：

$$\hat{y} = 201.61 - 66.21 \times 0.857\ 6^x$$

根据上述求解过程，修正指数曲线预测模型的 3 个常数的计算式为：

$$b=\sqrt[n]{\frac{\sum_3 y-\sum_2 y}{\sum_2 y-\sum_1 y}} \tag{7-19}$$

$$a=(\sum_2 y-\sum_1 y)\frac{b-1}{(b^n-1)^2} \tag{7-20}$$

$$K=\frac{1}{n}\left[\sum_1 y-a\left(\frac{b^n-1}{b-1}\right)\right] \tag{7-21}$$

式中　n——分组数据中的数据个数。

5. 戈伯资(Gompertz)曲线预测模型

戈伯资曲线是生长曲线的一种，用于描述事物发生、发展、成熟和衰亡的过程。社会和经济系统中的很多现象是符合戈伯资曲线的。例如，一个新产品从试制到成熟的过程，投放市场的初期增长较慢，随着时间的推移，增长速度加快，发展到某一时刻后，增长速度开始减慢，一直达到市场饱和。戈伯资曲线如图 7-5所示。

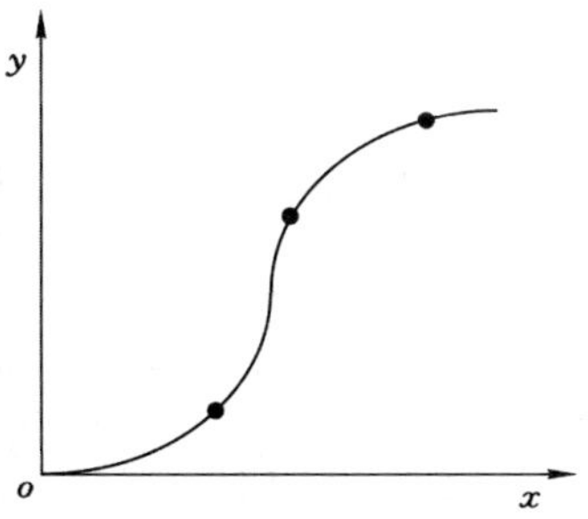

图 7-5　戈伯资曲线图

戈伯资曲线预测模型为：

$$\hat{y}=Ka^{b^x}$$

为了便于计算，将上述预测模型改写为对数形式，即对两边同时取对数：

$$\lg\hat{y}=\lg K+(\lg a)b^x$$

若以 $\hat{y}$ 代替 $\lg\hat{y}$，K 代替 $\lg K$，a 代替 $\lg a$，则上式与修正指数曲线模型相同。因此该模型的参数可以参照修正指数曲线的参数的求解方法求出：

$$b=\sqrt[n]{\frac{\sum_3 \lg y-\sum_2 \lg y}{\sum_2 \lg y-\sum_1 \lg y}} \tag{7-22}$$

$$\lg a=(\sum_2 \lg y-\sum_1 \lg y)\frac{b-1}{(b^n-1)^2} \tag{7-23}$$

$$\lg K=\frac{1}{n}\left[\sum_1 \lg y-\left(\frac{b^n-1}{b-1}\right)\lg a\right] \tag{7-24}$$

例如：已知某车间 2002—2013 年的产量数据如表 7-9 所列，试建立戈伯资曲线预测模型。

表 7-9　　某车间 2002—2013 年产量数据及计算结果

年份	x	y	$\lg y$	$\hat{y}$
2002	0	160	2.204 12	107.29
2003	1	192	2.283 30	183.33
2004	2	250	2.397 94	279.92
2005	3	280	2.447 16	391.05
$\sum_1 \lg y$			9.332 52	

续表 7-9

年份	x	y	$\lg y$	$\hat{y}$
2006	4	510	2.707 57	509.26
2007	5	600	2.778 15	627.42
2008	6	772	2.887 62	739.86
2009	7	843	2.925 83	842.77
$\sum_2 \lg y$			11.299 17	
2010	8	956	2.980 46	934.09
2011	9	1 062	3.026 12	1 013.18
2012	10	1 091	3.037 82	1 080.37
2013	11	1 048	3.020 36	1 136.58
$\sum_3 \lg y$			12.064 76	

将表 7-9 中的数据代入式(7-22)～式(7-24)，得：

$$b = \sqrt[4]{0.389\ 29} = 0.79$$

$$\lg a = (11.299\ 17 - 9.332\ 52)\frac{0.79-1}{(0.79^4-1)^2} = -1.108\ 09$$

$$\lg K = \frac{1}{4}\left[9.332\ 52 - \left(\frac{0.79^4-1}{0.79-1}\right)\times(-1.107\ 89)\right] = 3.138\ 47$$

所以 $a=0.078$，$K=1\ 375.53$，则戈伯资曲线预测模型为：

$$\hat{y} = 1\ 375.53 \times 0.078^{0.79x}$$

将不同的 x 值代入该预测模型，即可计算出不同年份的产量预测值，见表 7-9 最后一列。

6. 趋势曲线预测模型的选择

由于预测曲线具有多样性，因此，能否正确地选择趋势预测模型，对预测任务的成败是至关重要的。

为了获得与预测对象发展趋势一致的趋势预测模型，不仅要分析预测对象历史演变的特点，即测试历史数据的特点，而且更重要的是要分析其未来的发展趋势。由此看来，选择趋势预测模型时，一方面要从客观上分析其过去序列的特点，另一方面又要从主观上判断其未来趋势。前者主要可由已有的样本数据分析得到，而后者却要依据预测人员的经验和判断，体现了预测的科学性和艺术性的统一。

从数列的形态而言，在选择预测模型时，应考虑以下一些因素：

(1) 若数列的一次差(即数列的后一项与前一项之差)为常数或基本上是常数(即变化不大)，则应采用趋势直线预测模型进行预测。

例如，有一数列：40，50，60，71，80，92，101，110，120，…

其一次差为：10，10，11，9，12，9，10，…

则对此数列宜采用趋势直线预测模型进行预测。

(2) 若数列的二次差(即对数列的一次差数列再进行一次差)为常数或基本上是常数，则应采用二次趋势曲线预测模型进行预测。

例如，有一数列：12，47，78，103，124，140，…

其一次差为：35，31，25，21，16，…

其二次差为：－4，－6，－4，－5，…

则对此数列宜采用二次趋势曲线预测模型进行预测。

(3) 若数列的三次差(即对数列的二次差数列再进行一次差)为常数或基本上是常数，则应采用三次趋势曲线预测模型进行预测。

例如，有一数列：45，49，56，68，87，115，155，208，…

其一次差为：4，7，12，19，28，40，53，…

其二次差为：3，5，7，9，12，13，…

其三次差为：2，2，2，3，1，…

则对此数列宜采用三次趋势曲线预测模型进行预测。

(4) 若数列的一次差变动的百分率为一常数或基本上是常数，则应采用修正指数曲线预测模型进行预测。

例如，有一数列：126，136，143，148，151.5，154，…

其一次差为：10，7，5，3.5，2.5，…

其一次差数列的后一项与前一项之比基本上为 70%。所以，对此数列宜采用修正指数曲线预测模型进行预测。

(5) 若数列的对数一次差变动的百分率为一常数或基本上是常数，则应采用戈伯资曲线预测模型进行预测。

利用趋势预测模型进行实际预测时，数列的形态不是很容易就能确定的。一般可以建立几种不同的趋势模型，然后逐个进行分析比较，最终选择一个具有最小偏差的预测模型，实施预测。

三、马尔柯夫预测法

马尔柯夫预测模型是根据俄国数学家马尔柯夫(A. Markov)的随机过程理论提出来的，它主要是通过研究系统对象的状态转移概率来进行预测的。作为一种预测技术，马尔柯夫预测模型已广泛应用于各个领域。

1. 马尔柯夫预测原理

1) 马尔柯夫过程

马尔柯大预测是从状态及状态转换的概念出发的。若对研究对象考虑一系列随机试验，其中每次试验的结果如果出现在有限个两两互斥的事件集 $E=\{E_l,E_2,\cdots,E_n\}$ 中，且仅出现其中一个，则称事件 $E_i\in E$ 为系统的状态。若事件 E_i 出现，则称系统处在状态 E_i，即状态是研究对象随机试验样本空间的一个划分。例如，机器设备在 $t=t_0$ 时刻，处于正常运行状态，那在任何 $t_1>t_0$ 时刻可能转变成故障而不能运转，也可能继续保持正常运行。令 E_l 表示正常状态，E_2 表示故障状态。同样，若在 t_0 时刻设备为故障状态，而 $t_1>t_0$ 时，设备可能已修复好，变为正常运行，也可能未能修复，继续处于故障状态。

在 20 世纪初，马尔柯夫经过多次试验研究发现，现实中有这样一类随机过程，在系统状态转移过程中，系统将来的状态只与现在的状态有关，而与过去的状态无关。这种性质叫作无后效性，符合这种性质的状态转移过程，称为马尔柯夫过程(Markov process)。

2) 马尔柯夫链

如果马尔柯夫过程的状态和时间参数都是离散的，则这样的过程称为马尔柯夫链。这里“链”的含义是指，只有在顺序相邻的两个随机变量之间具有相关关系。因而只要表达这两个随机变量之间的联合分布或条件分布，就足以说明该随机过程的性质和特征，从而避免了对过程中所有随机变量相关性的分析。但是，这种简化并不妨碍对实际生活中各类问题的描述和研究：例如，对于某地区每年的气候按一定的指标可分为旱、涝两种状态，这样根据多年记录的气候资料就可形成一个以年为时间单位，每一时间只出现旱、涝两种状态之一的时间离散、状态离散的随机时间序列，即马尔柯夫链。当然在实际问题中，时间可以以年、月、日等为单位，状态也可能有多种形式，对于本例，也可以按一定的指标将每年的气候划分为轻旱、旱、大旱、正常、轻涝、涝、大涝等 7 种状态。

在马尔柯夫链中，一个重要的概念就是状态的转移。如果过程由一个特定的状态变化到另一个特定的状态，就说过程实现了状态转移。例如，机器的故障和正常有两种状态，则状态的转移就有四种情形，如图 7-6 所示。显然，在这种状态转移过程中，第 t_n 时刻的状态只与第 t_{n-1} 时刻的状态有关，而与 t_{n-1} 时刻以前的状态转移无关。

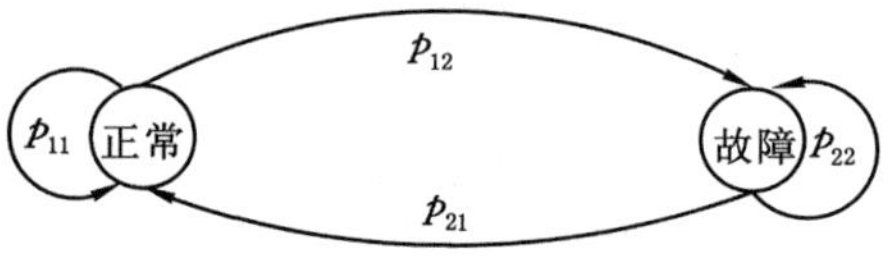

图 7-6　正常故障状态转移图

3）状态转移概率矩阵及其基本性质

既然状态的转移是一种随机现象，那么为了对状态转移过程进行定量描述，必须引入状态转移概率的概念。假设系统有 n 个状态，所谓状态转移概率，是指由状态 i 转移到状态 j 的概率，记为 p_{ij}。p_{ij} 只与 i 和 j 有关，即只与转移前后的状态有关，这个概率也称为马尔柯夫链的一步转移概率。如图 7-6 中，若令正常状态为 1，故障状态为 2，则由正常转为故障的概率可记为 p_{12}，正常转为正常的概率可记为 p_{11}。故障状态转移为正常的概率可记为 p_{21}，故障转移为故障的概率可记为 p_{22}。一步状态转移概率可以用矩阵表示为：

$$\boldsymbol{P}=\begin{bmatrix} p_{11} & p_{12} \\ p_{21} & p_{22} \end{bmatrix} \tag{7-25}$$

则矩阵 **P** 称为一步状态转移概率矩阵，简称概率矩阵。

若系统有 n 个状态，则一步状态转移概率矩阵可表示为：

$$\boldsymbol{P}=\begin{bmatrix} p_{11} & p_{12} & \cdots & p_{1n} \\ p_{21} & p_{22} & \cdots & p_{2n} \\ \vdots & \vdots & & \vdots \\ p_{n1} & p_{n2} & \cdots & p_{nn} \end{bmatrix} \tag{7-26}$$

其中：$0\leqslant p_{ij}\leqslant 1, i,j=1,2,\cdots,n$，且 $\sum\limits_{j=1}^{n} p_{ij}=1$。第 i 行的向量 $\boldsymbol{p}_i=(p_{i1},p_{i2},\cdots,p_{in})$ 称为概率向量。

概率矩阵具有如下一些特点：

（1）若矩阵 **A** 和 **B** 都是概率矩阵，则 **A** 和 **B** 的乘积也是概率矩阵。同样，**A** 的 n 次幂 $\boldsymbol{A}^n$ 也是概率矩阵。

（2）若概率矩阵 **P** 的 m 次幂 $\boldsymbol{P}^m$ 的所有元素皆为正，则该概率矩阵 **P** 称为正规概率矩阵（此处 $m\geqslant 2$）。

（3）当任一非零向量 $\boldsymbol{u}=(u_1,u_2,\cdots,u_n)$ 左乘某一方阵 **A** 后，其结果仍为 **u**，即不改变 **u** 中各元素的值，则称 **u** 为 **A** 的固定向量（或不动点）：

$$\boldsymbol{uA}=\boldsymbol{u} \tag{7-27}$$

(4) 正规概率矩阵具有如下性质：

① 正规概率矩阵 $\boldsymbol{P}$ 有一个固定概率向量 $\boldsymbol{u}$，且 $\boldsymbol{u}$ 的所有元素皆为正，此向量叫作特征向量。

② 正规概率矩阵 $\boldsymbol{P}$ 的各次幂序列 $\boldsymbol{P},\boldsymbol{P}^2,\boldsymbol{P}^3,\cdots$，趋近于某一方阵 $\boldsymbol{U}$，且 $\boldsymbol{U}$ 的每一行均为其固定概率向量 $\boldsymbol{u}$。

③ 若 $\boldsymbol{T}$ 为任一概率向量，则向量序列 $\boldsymbol{TP},\boldsymbol{TP}^2,\boldsymbol{TP}^3,\cdots$，将趋近于 $\boldsymbol{P}$ 的固定概率向量 $\boldsymbol{u}$。

(5) 若某事物状态转移概率可以表达为正规概率矩阵，则该马尔柯夫链就是正规的，通过若干步转移，最终会达到某种稳定状态，即其后再转移一次、二次、……，结果也不再变化，这时稳定状态可以用行向量 $\boldsymbol{u}$ 来表示：

$$\boldsymbol{u}=(u_1,u_2,\cdots,u_n),\sum u_i=1$$

行向量 $\boldsymbol{u}$ 即为此正规概率转移矩阵的固定概率向量。

例如：某事物的状态转移概率矩阵为一正规概率矩阵，

$$\boldsymbol{P}=\begin{bmatrix}0.5 & 0.25 & 0.25\\ 0.5 & 0 & 0.5\\ 0.25 & 0.25 & 0.5\end{bmatrix}$$

则若干步转移后达到稳定状态时的特征向量 $\boldsymbol{u}=(u_1,u_2,u_3)$，可如下求解：

$$\begin{cases}[u_1 \quad u_2 \quad u_3]\begin{bmatrix}0.5 & 0.25 & 0.25\\ 0.5 & 0 & 0.5\\ 0.25 & 0.25 & 0.5\end{bmatrix}=[u_1 \quad u_2 \quad u_3]\\ u_1+u_2+u_3=1\end{cases}$$

解此方程组可得：$\boldsymbol{u}=(0.4,0.2,0.4)$。

(6) 事物经过 k 步由状态 i 转移至状态 j 的概率称为 k 步转移概率，记为 $p_{ij}^{(k)}$，其概率矩阵记为：

$$\boldsymbol{P}^{(k)}=\begin{bmatrix}p_{11}^{(k)} & p_{12}^{(k)} & \cdots & p_{1n}^{(k)}\\ p_{21}^{(k)} & p_{22}^{(k)} & \cdots & p_{2n}^{(k)}\\ \vdots & \vdots & & \vdots\\ p_{n1}^{(k)} & p_{n2}^{(k)} & \cdots & p_{nn}^{(k)}\end{bmatrix} \tag{7-28}$$

称为 k 步转移概率矩阵。

在数学上可以证明：

$$\boldsymbol{P}^{(k)}=\boldsymbol{P}^k \tag{7-29}$$

即 k 步转移概率矩阵为一步转移概率矩阵的 k 次幂。

2. 实例应用

例如：某单位对 1 250 名接触矽尘人员进行健康检查时，发现职工的健康状况分布见表 7-10。

表 7-10　　本年度接尘职工健康状况

健康状况	健康	疑似矽肺	矽肺
代表符号	$s_1^{(0)}$	$s_2^{(0)}$	$s_3^{(0)}$
人数	1 000	200	50

根据统计资料，前年到去年各种健康人员的变化情况如下：

健康人员继续保持健康者剩70%，有20%变为疑似矽肺，10%的人被定为矽肺，即：

$$p_{11}=0.70, p_{12}=0.20, p_{13}=0.10$$

原有疑似矽肺者一般不可能恢复为健康者，仍保持原状者为80%，有20%被正式定为矽肺，即：

$$p_{21}=0, p_{22}=0.8, p_{23}=0.2$$

矽肺患者一般不可能恢复为健康或返回疑似矽肺，即：

$$p_{31}=0, p_{32}=0, p_{33}=1$$

状态转移概率矩阵为：

$$\boldsymbol{P}=\begin{bmatrix}0.7 & 0.2 & 0.1\\ 0 & 0.8 & 0.2\\ 0 & 0 & 1\end{bmatrix}$$

试预测来年接尘人员的健康状况。

解：一次转移向量：

$$\boldsymbol{s}^{(1)}=\boldsymbol{s}^{(0)}\boldsymbol{P}=[s_1^{(0)}, s_2^{(0)}, s_2^{(0)}]\begin{bmatrix}p_{11} & p_{12} & p_{13}\\ p_{21} & p_{22} & p_{23}\\ p_{31} & p_{32} & p_{33}\end{bmatrix}=[1000\quad 200\quad 50]\begin{bmatrix}0.7 & 0.2 & 0.1\\ 0 & 0.8 & 0.2\\ 0 & 0 & 1\end{bmatrix}$$

一年后健康者人数 $s_1^{(1)}$ 为：

$$\boldsymbol{s}_1^{(1)}=[s_1^{(0)}, s_2^{(0)}, s_3^{(0)}]\begin{bmatrix}p_{11}\\ p_{21}\\ p_{31}\end{bmatrix}=[1\,000\quad 200\quad 50]\begin{bmatrix}0.7\\ 0\\ 0\end{bmatrix}$$

$$=1\,000\times 0.7+200\times 0+50\times 0=700$$

一年后疑似矽肺人数 $s_2^{(1)}$ 为：

$$\boldsymbol{s}_2^{(1)}=[s_1^{(0)}, s_2^{(0)}, s_3^{(0)}]\begin{bmatrix}p_{12}\\ p_{22}\\ p_{32}\end{bmatrix}=[1\,000\quad 200\quad 50]\begin{bmatrix}0.2\\ 0.8\\ 0\end{bmatrix}$$

$$=1\,000\times 0.2+200\times 0.8+50\times 0=360$$

一年后矽肺患者人数 $s_3^{(1)}$ 为：

$$\boldsymbol{s}_3^{(1)}=[s_1^{(0)}, s_2^{(0)}, s_3^{(0)}]\begin{bmatrix}p_{13}\\ p_{23}\\ p_{33}\end{bmatrix}=[1\,000\quad 200\quad 50]\begin{bmatrix}0.1\\ 0.2\\ 1\end{bmatrix}$$

$$=1\,000\times 0.1+200\times 0.2+50\times 1=190$$

预测结果表明，该单位矽肺发展速度快，必须立即加强防尘工作和医疗卫生工作。

四、灰色预测法

灰色系统理论是我国学者邓聚龙教授于1982年创立的。对于掌握信息的完备程度，人们常用颜色进行简单、形象的描述。例如，把内部信息已知的系统称为白色系统；把信息未知的或非确知的系统，称为黑色系统；而把信息不完全确知的系统，也就是系统中既含有已知的信息、又含有未知的或非确知的信息，称为灰色系统(grey system)。灰色系统理论的任务就是挖掘、发现有用的信息，充分利用和发挥现有信息的作用，以分析和完善系统的结构，预测系统的未来，改进系统的功能。

灰色系统将一切随机变量看作是在一定范围内的灰色量，将随机过程看作是在一定范围内变化的与时间有关的灰色过程。对灰色量不是从统计规律的角度通过大样本量进行研究，而是用数据处理的方法（数据生成），将杂乱无章的原始数据整理成规律较强的生成数列，再做研究。

将灰色系统理论用于安全生产事故预测，一般选用GM(1,1)模型，是一阶的一个变量的微分方程模型。

1. 灰色预测建模方法

设原始离散数列 $x^{(0)} = \{x^{(0)}(1), x^{(0)}(2), ..., x^{(0)}(n)\}$，其中 n 为数列的长度，对其进行一次累加生成处理：

$$x^{(1)}(i) = \sum_{k=1}^{i} x^{(0)}(k), \qquad i = 1,2,\cdots,n \tag{7-30}$$

生成新的数列 $x^{(1)} = \{x^{(1)}(1), x^{(1)}(2), ..., x^{(1)}(n)\}$ 为基础建立灰色的生成模型：

$$\frac{\mathrm{d}x^{(1)}}{\mathrm{d}t} + ax^{(1)} = u \tag{7-31}$$

称为一阶灰色微分方程，记为GM(1,1)。其中：a 为发展灰数；u 为内生控制灰数。

构造数据矩阵 $\boldsymbol{B}, \boldsymbol{Y}_n$，其中：

$$\boldsymbol{B} = \begin{bmatrix} -\dfrac{x^{(1)}(1) + x^{(1)}(2)}{2} & 1 \\ -\dfrac{x^{(1)}(2) + x^{(1)}(3)}{2} & 1 \\ \vdots & \\ -\dfrac{x^{(1)}(n-1) + x^{(1)}(n)}{2} & 1 \end{bmatrix} \tag{7-32}$$

$$\boldsymbol{Y}_n = [x^{(0)}(2), x^{(0)}(3), \cdots, x^{(0)}(n)]^{\mathrm{T}}$$

设 $\hat{\boldsymbol{\alpha}}$ 为待估参数向量，$\hat{\boldsymbol{\alpha}} = \begin{bmatrix} \boldsymbol{a} \\ \boldsymbol{u} \end{bmatrix}$，可利用最小二乘法求解。解得：

$$\hat{\boldsymbol{\alpha}} = (\boldsymbol{B}^{\mathrm{T}}\boldsymbol{B})^{-1}\boldsymbol{B}^{\mathrm{T}}\boldsymbol{Y}_n \tag{7-33}$$

求解微分方程，即可得预测模型：

$$\hat{x}^{(1)}(k+1) = \left[x^{(0)}(1) - \frac{u}{a}\right]\mathrm{e}^{-ak} + \frac{u}{a} \qquad k = 0,1,2,\cdots,n \tag{7-34}$$

对 $\hat{x}^{(1)}(k)$ 求导还原得到：

$$\hat{x}^{(0)}(k+1) = -a\left(x^{(0)}(1) - \frac{u}{a}\right)\mathrm{e}^{-ak} \approx -(1 - \mathrm{e}^{a})\left(x^{(0)}(1) - \frac{u}{a}\right)\mathrm{e}^{-ak} \tag{7-35}$$

利用上式即可进行预测。为了保证预测的准确率，通常对模型精度进行检验。

2. 模型精度检验

模型精度通常用“后验差检验法”进行检验：

1）相对误差

$$q(i) = \varepsilon^{(0)}(i)/x^{(0)}(i) \tag{7-36}$$

其中，$\varepsilon^{(0)}(i)$ 为原始数列值与预测值的差值，即残差。

$$\varepsilon^{(0)}(i)=x^{(0)}(i)-\hat{x}^{(0)}(i) \tag{7-37}$$

2）后验差比值 C

后验差比值 C 是残差均方差 S_e 与数据均方差 S_x 之比，即

$$C=\frac{S_e}{S_x} \tag{7-38}$$

显然，残差的方差 S_e^2 越小，预测精度越高，但其数值大小与原始数据的大小有关。因此，取它们的比值作为统一的衡量标准。

残差均值：

$$\bar{\varepsilon}^{(0)}=\frac{1}{n}\sum_{i=1}^{n}\varepsilon_1{}^{(0)}(i) \tag{7-39}$$

残差方差：

$$S_e^2=\frac{1}{n}\sum_{i=1}^{n}[\varepsilon^{(0)}(i)-\bar{\varepsilon}]^2 \tag{7-40}$$

原始数据均值：

$$\bar{x}=\frac{1}{n}\sum_{i=1}^{n}x_1{}^{(0)} \tag{7-41}$$

原始数据方差：

$$S_x^2=\frac{1}{n}\sum_{i=1}^{n}[x^{(0)}(i)-\bar{x}^{(0)}]^2 \tag{7-42}$$

式中：$\bar{\varepsilon}$ 为残差均值；$\bar{x}^{(0)}$ 为原始数据的平均值；其他符号意义同上。

3）小误差概率 P

$$P=\{|\varepsilon^{(0)}(i)-\bar{\varepsilon}|<0.6745S_x\} \tag{7-43}$$

精确预测一般要求 C 越小越好，一般应使 $C<0.35$，最大不超过 0.65；小误差频率 P 越大越好，一般要求 $P>0.95$，不得小于 0.7。预测精度通常分为 4 个，各预测精度的标准见表 7-11。

表 7-11　预测精度等级划分表

预测精度	P	C	预测精度	P	C
好	>0.95	<0.35	勉强	>0.70	<0.50
合格	>0.80	<0.45	不合格	≤0.70	≥0.65

3. 应用举例

根据以上建模原理和步骤，以某企业某年 3～7 月份的轻伤事故情况为例进行预测，预测 8 月份轻伤人数见表 7-12。

表 7-12　某企业轻伤事故人次

月份	3	4	5	6	7
轻伤人次	29	33	34	35	37

预测过程如下：

(1) 由上表可知该企业安全事故的原始数列为：

$$x^{(0)} = \{x^{(0)}(1), x^{(0)}(2), x^{(0)}(3), x^{(0)}(4), x^{(0)}(5)\} = \{29, 33, 34, 35, 37\}$$

（2）做一次累加得：

$$x^{(1)} = \{x^{(1)}(1), x^{(1)}(2), x^{(1)}(3), x^{(1)}(4), x^{(1)}(5)\} = \{29, 62, 96, 131, 168\}$$

（3）构造矩阵 $\boldsymbol{B}, \boldsymbol{Y}_n$：

$$\boldsymbol{B} = \begin{bmatrix} -\frac{29+62}{2} & 1 \\ -\frac{62+96}{2} & 1 \\ -\frac{96+131}{2} & 1 \\ -\frac{131+168}{2} & 1 \end{bmatrix} = \begin{bmatrix} -47.5 & 1 \\ -79 & 1 \\ -113.5 & 1 \\ -149.5 & 1 \end{bmatrix}$$

$$\boldsymbol{Y}_n = [33 \quad 34 \quad 35 \quad 37]^{\mathrm{T}}$$

（4）求参数向量 $\hat{\boldsymbol{\alpha}}$：

$$\hat{\boldsymbol{\alpha}} = \begin{bmatrix} \boldsymbol{a} \\ \boldsymbol{u} \end{bmatrix} = (\boldsymbol{B}^{\mathrm{T}}\boldsymbol{B})^{-1}\boldsymbol{B}^{\mathrm{T}}\boldsymbol{Y}_n = \begin{bmatrix} -0.0\,386\,148\,777 \\ 31.009\,107\,35 \end{bmatrix}$$

（5）求预测模型：

$$\hat{x}^{(0)}(k+1) = -(1-\mathrm{e}^{a})(x^{(0)}(1) - \frac{u}{a})\mathrm{e}^{-ak} = 32.128\,9\mathrm{e}^{0.038\,6k}$$

（6）精度检验：

$$\bar{\varepsilon}^{(0)} = 0.022\,5, \bar{x} = 33.6, S_{\mathrm{e}}^2 = 0.065\,42, S_{\mathrm{x}}^2 = 7.15, C = S_{\mathrm{e}}/S_{\mathrm{x}} = 0.096$$

小误差概率 P 的计算：

$P\{|\varepsilon^{(0)}(i) - \bar{\varepsilon}| < 0.674\,5S_{\mathrm{x}}\} = P\{|\varepsilon^{(0)}(i) - 0.022\,5| < 1.804\,8\} = 1 > 0.95$。所以，由预测精度等级标准可知此预测模型精度等级为好。

表 7-13　　预测值和误差

序号	$x^{(0)}$ 原始值	$\hat{x}^{(0)}$ 预测值	$\varepsilon^{(0)}(i)$ 残差	相对误差/%
1	29	29	0	0
2	33	32.74	0.26	0.79
3	34	34.04	−0.04	0.12
4	35	35.37	−0.37	1.05
5	37	36.76	0.24	0.65

采用前述式子，可以对下一月份（8 月份）的轻伤事故进行预测。对于下一月份，序号 $k=5$。可得：

$$\hat{x}^{(0)}(6) = 38.22$$

根据预测，如果不能采取更有效的事故预防措施，下一月份的轻伤事故人次将是 38。

一般灰色预测模型均需经过检验合格后才能使用。若按建立的 GM(1,1)模型经检验后精度不合格，我们可以考虑用残差建立 GM(1,1)模型，对原模型进行修正，其具体方法可参考有关书籍。

另外，距离现在时间越近的数据，对预测未来的意义和重要性越大，而越远的数据意义和重要性越小，因此可采用新陈代谢模型进行预测。其方法是：每次求出一个预测值，加入到原始数据中，并把最老的一期数据去掉，以构成新的原始数据序列，再建模、预测，直到求出所需要的预测值。

五、一元线性回归预测法

所谓回归预测，亦称为回归分析，就是依据相关关系的具体形态，选择一个合适的数学模型，来近似地表达变量间的平均变化关系。

回归预测，是指在相关分析的基础上，把变量之间的具体变动关系模型化，求出关系方程式，就是找出一个能够反映变量间变化关系的函数关系式，并据此进行估计和推算。通过回归预测，可以将相关变量之间不确定、不规则的数量关系一般化、规范化。从而可以根据自变量的某一个给定值预测出因变量的可能值（或估计值）。

1. 一元线性回归法

它是根据自变量（x）与因变量（y）的相互关系，用自变量的变动来推测因变量变动的方向和程度，其基本方程式为：

$$y = a + bx \tag{7-44}$$

式中 a，b——回归系数。

进行一元线性回归，首先应收集事故数据，并在以自变量为横坐标的坐标系中画出各个相对应的点，根据图中个点的变化情况，就可以大致看出事故变化的某种趋势，然后进行计算，求出回归直线。

回归系数 a、b 是根据统计数据通过以下方程组来决定的。

$$\begin{cases} \sum_{i=1}^{n} y_i = a \cdot n + b \cdot \sum_{i=1}^{n} x_i \\ \sum_{i=1}^{n} x_i y_i = a \cdot \sum_{i=1}^{n} x_i + b \cdot \sum_{i=1}^{n} x_i^{\ 2} \end{cases} \tag{7-45}$$

式中 x——自变量，为时间序号；

y——因变量，为事故数据；

n——事故数据总数。

解上述方程组得：

$$\begin{cases} a = \dfrac{\sum_{i=1}^{n} x_i \cdot \sum_{i=1}^{n} x_i y_i - \sum_{i=1}^{n} x_i^{\ 2} \cdot \sum_{i=1}^{n} y_i}{(\sum_{i=1}^{n} x_i)^2 - n \cdot \sum_{i=1}^{n} x_i^{\ 2}} \\ b = \dfrac{\sum_{i=1}^{n} x_i \cdot \sum_{i=1}^{n} y_i - n \cdot \sum_{i=1}^{n} x_i y_i}{(\sum_{i=1}^{n} x_i)^2 - n \cdot \sum_{i=1}^{n} x_i^{\ 2}} \end{cases} \tag{7-46}$$

a 和 b 确定之后就可以在坐标系中画出。

为了解回归直线对实际数据变化趋势的符合程度的大小，还应求出相关系数 r。其计算公式如下：

$$r = \frac{L_{xy}}{\sqrt{L_{xx} \cdot L_{yy}}} \tag{7-47}$$

式中：

$$L_{xx} = \sum_{i=1}^{n} (x_i - \bar{x})^2 = \sum_{i=1}^{n} x_i^2 - \frac{1}{n}(\sum_{i=1}^{n} x_i)^2$$

$$L_{yy} = \sum_{i=1}^{n} (y_i - \bar{y})^2 = \sum_{i=1}^{n} y_i^2 - \frac{1}{n}(\sum_{i=1}^{n} y_i)^2 \tag{7-49}$$

$$L_{xy} = \sum_{i=1}^{n} (x_i - \bar{x})(y_i - \bar{y}) = \sum_{i=1}^{n} x_i y_i - \frac{1}{n} \cdot \sum_{i=1}^{n} x_i \cdot \sum_{i=1}^{n} y_i$$

2. 一元线性回归法举例

表 7-14 所列为某企业 1998—2005 工伤事故死亡人数的统计数据，试用一元线性回归方法建立起预测方程。

表 7-14　　工伤事故死亡人数的统计数据

年份	时间顺序 x	死亡人数 y	x^2	$x \cdot y$	y^2
1998	1	21	1	21	441
1999	2	19	4	38	361
2000	3	23	9	69	529
2001	4	7	16	28	49
2002	5	11	25	55	121
2003	6	16	36	96	256
2004	7	13	49	91	169
2005	8	6	64	48	36
合计	$\sum_{i=1}^{n} x_i = 36$	$\sum_{i=1}^{n} y_i = 116$	$\sum_{i=1}^{n} x_i^{\ 2} = 204$	$\sum_{i=1}^{n} x_i y_i = 446$	$\sum_{i=1}^{n} y_i^{\ 2} = 1\,962$

解　将表中数据代入上述方程组(7-47)便可求出 a 和 b 的值，即：

$$\begin{cases} a = \dfrac{\sum_{i=1}^{n} x_i \cdot \sum_{i=1}^{n} x_i y_i - \sum_{i=1}^{n} x_i^{\ 2} \cdot \sum_{i=1}^{n} y_i}{(\sum_{i=1}^{n} x_i)^2 - n \cdot \sum_{i=1}^{n} x_i^{\ 2}} = \dfrac{36 \times 446 - 204 \times 116}{36^2 - 8 \times 204} = 22.64 \\ b = \dfrac{\sum_{i=1}^{n} x_i \cdot \sum_{i=1}^{n} y_i - n \cdot \sum_{i=1}^{n} x_i y_i}{(\sum_{i=1}^{n} x_i)^2 - n \cdot \sum_{i=1}^{n} x_i^{\ 2}} = \dfrac{36 \times 116 - 8 \times 446}{36^2 - 8 \times 204} = -1.81 \end{cases}$$

故回归直线的方程为：

$$y = 22.64 - 1.81x$$

在坐标系中画出回归直线，如图 7-7 所示。

将表中相关数据代入式(7-47)和式(7-48)，得：

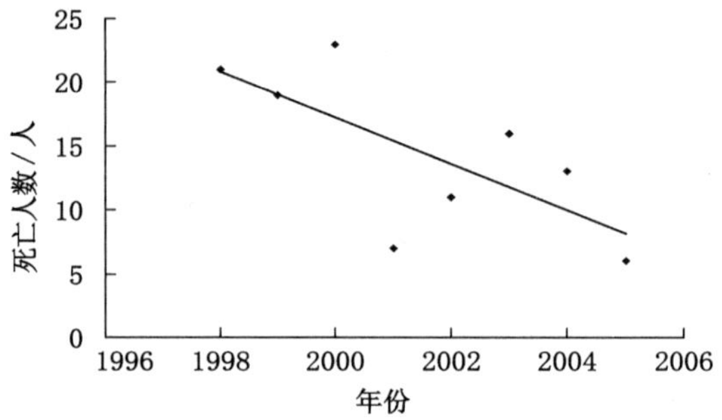

图 7-7　一元线性回归直线

$$L_{xx}=\sum_{i=1}^{n}(x_i-\bar{x})^2=\sum_{i=1}^{n}x_i^2-\frac{1}{n}(\sum_{i=1}^{n}x_i)^2=204-\frac{1}{8}\times 36^2=42$$

$$L_{yy}=\sum_{i=1}^{n}(y_i-\bar{y})^2=\sum_{i=1}^{n}y_i^2-\frac{1}{n}(\sum_{i=1}^{n}y_i)^2=1962-\frac{1}{8}\times 116^2=280$$

$$L_{xy}=\sum_{i=1}^{n}(x_i-\bar{x})(y_i-\bar{y})=\sum_{i=1}^{n}x_iy_i-\frac{1}{n}\cdot\sum_{i=1}^{n}x_i\cdot\sum_{i=1}^{n}y_i=446-\frac{1}{8}\times 36\times 116=-76$$

故：

$$r=\frac{L_{xy}}{\sqrt{L_{xx}\cdot L_{yy}}}=\frac{-76}{\sqrt{42\times 280}}=-0.7$$

$|r|=0.7>0.6$，说明回归直线与实际数据的变化趋势相符合，达到预测要求。

所以，可根据所建立的回归直线预测方程对以后的工伤人数趋势进行预测。

七、多元线性回归预测法

在预测中，当预测对象 y 受到多个因素 $x_1,x_2,\cdots,x_m$ 影响时，如果各个影响因素 $x_j(j=1,2,\cdots,m)$ 与 y 的相关关系可以同时近似地线性表示，这时则可以建立多元线性回归模型来进行分析和预测。

假定因变量 y 与自变量 $x_j(j=1,2,\cdots,m)$ 之间的关系可表示为：

$$y_i=b_0+b_1x_{1i}+b_2x_{2i}+\cdots+b_mx_{mi}+\varepsilon_i \tag{7-49}$$

$$i=1,2,\cdots,n \quad (样本序号)$$

式中　$b_0,b_j(j=1,2,\cdots,m)$——模型回归系数；

ε_i——除自变量 $x_j(j=1,2,\cdots,m)$ 的影响之外对 y_i 产生影响的随机变量，即随机误差。

该结论基于以下的假设：

随机误差 ε_i 的期望值为零，$E(\varepsilon_i)=0(i=1,2,\cdots,n)$；

方差的期望值为一常数 σ^2，$E(\varepsilon_i^2)=\sigma^2(i=1,2,\cdots,n)$；

各随机误差项是互不相关的，即协方差的数学期望值为零，$E(\varepsilon_i,\varepsilon_j)=0(i,j=1,2,\cdots,n,i\neq j)$。

当以上假设得到满足时，式(7-49)便称为多元线性回归预测模型，这时可写成：

$$\hat{y}_i=b_0+b_1x_{1i}+b_2x_{2i}+\cdots+b_m\cdot x_{mi} \quad (i=1,2,\cdots,n) \tag{7-50}$$

与一元线性回归预测模型一样，多元线性回归预测模型建立时也采用最小二乘法估计模型参数,但具体估计时有 2 种算法。

1. 多元线性回归预测模型的一般算法

1) 建立模型

改写式(7-49),得:

$$\varepsilon_i = y_i - \hat{y}_i \qquad (i = 1,2,\cdots,n)$$

方差和 Q 为:

$$\begin{aligned} Q &= \sum_{i=1}^{n} \varepsilon_i^2 = \sum_{i=2}^{n} (y_i - \hat{y}_i)^2 \\ &= \sum_{i=1}^{n} (y_i - b_0 - b_1 x_{1i} - b_2 x_{2i} - \cdots - b_m x_{mi})^2 \end{aligned}$$

根据最小二乘法原理,欲估计参数 $b_i (i = 1,2,\cdots,m)$,要满足条件:

$$\begin{cases} \dfrac{\partial Q}{\partial b_0} = -2\sum (y_i - b_0 - b_1 x_{1i} - b_2 x_{2i} - \cdots - b_m x_{mi}) = 0 \\ \dfrac{\partial Q}{\partial b_1} = -2x_{1i}\sum (y_i - b_0 - b_1 x_{1i} - b_2 x_{2i} - \cdots - b_m x_{mi}) = 0 \\ \vdots \\ \dfrac{\partial Q}{\partial b_m} = -2x_{mi}\sum (y_i - b_0 - b_1 x_{1i} - b_2 x_{2i} - \cdots - b_m x_{mi}) = 0 \end{cases}$$

整理上式可得到:

$$\begin{cases} nb_0 + b_1 \sum x_{1,i} + b_2 \sum x_{2i} + \cdots + b_m \sum x_{mi} = \sum y_i \\ b_0 \sum x_{1i} + b_1 \sum x_{1t}^2 + b_2 \sum x_{1i} x_{2i} + \cdots + b_m \sum x_{1i} x_{mi} = \sum x_{1i} y_i \\ \vdots \\ b_0 \sum x_{mi} + b_1 \sum x_{mi} x_{1i} + b_2 \sum x_{mi} x_{2i} + \cdots + b_m \sum x_{mi}^2 = \sum x_{mi} y_i \end{cases}$$

而对于各变量的样本平均值,其误差平方和为:

$$\begin{cases} s_{jk} = s_{kj} = \sum\limits_{i=1}^{n} (x_{ji} - \bar{x}_j)(x_{ki} - \bar{x}_k) \\ s_{jy} = s_{yj} = \sum\limits_{i=1}^{n} (x_{ji} - \bar{x}_j)(y_i - \bar{y}) \qquad (j,k = 1,2,\cdots,m) \\ s_{yy} = \sum\limits_{i=1}^{n} (y_i - \bar{y})^2 \end{cases} \tag{7-51}$$

式中:$\bar{x}_j = \dfrac{1}{n}\sum\limits_{i=1}^{n} x_{ji}$;$\bar{y} = \dfrac{1}{n}\sum\limits_{i=1}^{n} y_i$。

利用式(7-50),将方程组(7-51)可改写为

$$\begin{cases} b_1 s_{11} + b_2 s_{12} + \cdots + b_m s_{1m} = s_{1y} \\ b_2 s_{21} + b_2 s_{22} + \cdots + b_m s_{2m} = s_{2y} \\ \vdots \\ b_1 s_{m1} + b_2 s_{m2} + \cdots + b_m s_{mm} = s_{my} \end{cases} \tag{7-52}$$

以及

$$b_0 = \bar{y} - b_1 \bar{x}_1 - b_2 \bar{x}_2 - \cdots - b_m \bar{x}_m \tag{7-53}$$

方程组(7-52)称为正规方程组或规范方程式。解该方程组，则得到回归系数 $b_0, b_1, b_2, \cdots, b_m$。也就是说，用最小二乘法原理估计的多元线性预测模型(7-50)的回归系数。从原理上讲，按上述解法，对任意多个自变量的线性回归模型都可估计参数，但由于变量较多时计算工作量大，当自变量大于 3 个时，手工计算已很困难，宜用矩阵解法在计算机上计算。

如二元线性回归预测模型，有正规方程为：

$$\begin{cases} s_{11}b_1 + s_{12}b_2 = s_{1y} \\ s_{21}b_1 + b_{22}b_2 = s_{2y} \end{cases}$$

解该方程组，有：

$$b_1 = \frac{\begin{vmatrix} s_{1y} & s_{12} \\ s_{2y} & s_{22} \end{vmatrix}}{\begin{vmatrix} s_{11} & s_{12} \\ s_{21} & s_{22} \end{vmatrix}} = \frac{s_{1y}s_{22} - s_{2y}s_{12}}{s_{11}s_{22} - s_{21}s_{12}} \tag{7-54}$$

同理：

$$b_2 = \frac{s_{2y}s_{11} - s_{1y}s_{21}}{s_{11}s_{22} - s_{21}s_{12}} \tag{7-55}$$

$$b_0 = \bar{y} - b_1\bar{x}_1 - b_2\bar{x}_2 \tag{7-56}$$

式中：

$$\begin{cases} s_{11} = \sum(x_{1i} - \bar{x}_1)^2 = \sum x_{1i}^2 - \frac{1}{n}(\sum x_{1i})^2 \\ s_{12} = s_{21} = \sum(x_{1i} - \bar{x}_1)(x_{2i} - \bar{x}_2) \\ \quad = \sum x_{1i}x_{2i} - \frac{1}{n} \cdot \sum x_{1i} \cdot \sum x_{2i} \\ s_{22} = \sum(x_{2i} - \bar{x}_2)^2 = \sum x_{2i}^2 - \frac{1}{n}(\sum x_{2i})^2 \\ s_{1y} = \sum(x_{1i} - \bar{x}_1)(y_i - \bar{y}) \\ \quad = \sum x_{1i}y_i - \frac{1}{n}\sum x_{1i}\sum y_i \\ s_{2y} = \sum(x_{2i} - \bar{x}_2)(y_i - \bar{y}) \\ \quad = \sum x_{2i}y_i - \frac{1}{n}\sum x_{2i}\sum y_i \end{cases} \tag{7-57}$$

2) 统计检验

(1) 剩余标准差计算：

$$s = \sqrt{\frac{\sum (y_i - \hat{y}_i)^2}{n - m - 1}} \tag{7-58}$$

式中　m——自变量个数。

(2) 相关系数检验：

$$R^2 = 1 - \frac{\sum (y_i - \hat{y}_i)^2}{\sum (y_i - \bar{y})^2} \tag{7-59}$$

(3) F 检验：

$$F=\frac{\sum(\hat{y}_i-\bar{y})^2}{m\cdot s^2} \tag{7-60}$$

(4) t 检验。t 检验是通过对回归系数 $b_i(i=1,2,\cdots,m)$ 的逐一检验，以判断 $x_i(i=1,2,\cdots,m)$ 是否因系数 b_i 为零而必须予以删除。

$$t_{bi}=\frac{b_i}{s_{bi}} \tag{7-61}$$

然后设定显著性水平 a，查 t 分布表，取自由度 $v=n-m-1$，得到 t 检验值 $t_{a/2}$。

当 $t_{bi}\geqslant t_{a/2}$ 时，检验通过。

当 $t_{bi}<t_{a/2}$ 时，说明所选自变量 x_i 对 y 影响不显著，或者自变量间存在多重共线性，应该予以剔除或作某种处理。

设 s_{bi} 为回归系数的标准差。s_{bi} 按下列公式计算：

$$s_{bi}=\sqrt{c_{ii}}\cdot \mathbf{s}(i=0,1,2,\cdots,m) \tag{7-62}$$

式中　c_{ii} ——正规方程系数矩阵 $\boldsymbol{\varepsilon}$ 的逆矩阵 $\boldsymbol{c}$ 中的 i 行 i 列元素。

按照伴随矩阵求逆矩阵的方法，其逆矩阵：

$$\boldsymbol{c}=\boldsymbol{s}^{-1}=\frac{1}{|\boldsymbol{s}|}\begin{bmatrix} s_{22} & -s_{12} \\ -s_{21} & s_{11}\end{bmatrix}$$

因为：$|\boldsymbol{s}|=s_{11}s_{22}-s_{21}s_{22}$

所以：

$$\boldsymbol{c}=\begin{bmatrix} \dfrac{s_{22}}{s_{11}s_{22}-s_{21}s_{12}} & \dfrac{-s_{12}}{s_{11}s_{22}-s_{21}s_{12}} \\ \dfrac{-s_{21}}{s_{11}s_{12}-s_{21}s_{12}} & \dfrac{s_{11}}{s_{11}s_{22}-s_{21}s_{12}}\end{bmatrix} \tag{7-63}$$

在多元线性回归预测中，F 检验是判断全部自变量的整体作用与因变量的线性关系是否显著，而 t 检验则是检验每一个自变量与因变量的线性关系是否显著。所以，在多元线性回归预测中，t 检验比 F 检验更有必要。因为根据 t 检验的结果，可以判断那些对因变量线性关系不显著的自变量，从而予以剔除，重新建立回归模型。

(5) 剩余项的独立性检验(DW 检验)

多元线性回归 DW 检验公式如下：

$$\mathrm{DW}=\frac{\sum_{i=2}^{n}(\varepsilon_i-\varepsilon_{i-1})^2}{\sum_{i=1}^{n}\varepsilon_i^2} \tag{7-64}$$

在实际应用中，可从 DW 检验表中查得相应的临界值，上界 d_u 和下界 d_l。

(6) 预测区间的确定

按照正态分布理论，当置信度为 95%时，预测区间为：

$$\begin{cases}\hat{y}_H=\hat{y}_0+2s & (\text{上限})\\ \hat{y}_L=\hat{y}_0-2s & (\text{下限})\end{cases} \tag{7-65}$$

对于某组自变量的取值为 $x_{10},x_{20},\cdots,x_{m0}$，代入上式，则可求得该预测区间为$(\hat{y}_L,\hat{y}_H)$。

2. 多元线性回归方程的矩阵解法

1) 建立预测模型

当已知 n 组自变量 $x_j(j=1,2,\cdots,m)$ 和因变量 y 的观测值时，式(7-49)可用矩阵形式写成：

$$\boldsymbol{Y}=\boldsymbol{XB}+\boldsymbol{U} \tag{7-66}$$

式中：

$$\boldsymbol{Y}=\begin{bmatrix} y_1 \\ y_2 \\ \vdots \\ y_n \end{bmatrix} \qquad \boldsymbol{X}=\begin{bmatrix} 1 & x_{11} & x_{21}\cdots x_{m1} \\ 1 & x_{12} & x_{22}\cdots x_{m2} \\ \vdots & \vdots & \vdots \quad\quad \vdots \\ 1 & x_{1n} & x_{2n}\cdots x_{mn} \end{bmatrix}$$

$$\boldsymbol{B}=\begin{bmatrix} b_0 \\ b_1 \\ b_2 \\ \vdots \\ b_m \end{bmatrix} \qquad \boldsymbol{U}=\begin{bmatrix} \varepsilon_1 \\ \varepsilon_2 \\ \vdots \\ \varepsilon_n \end{bmatrix}$$

$\boldsymbol{Y}$ 为因变量列向量，即 y 的 n 个数，$\boldsymbol{X}$ 为自变量矩阵，即 m 个自变量与 y 对应的 n 组数据，$\boldsymbol{B}$ 为回归系数向量，而 $\boldsymbol{U}$ 为随机误差向量。取随机误差向量 $\boldsymbol{U}=0$，有 $\boldsymbol{Y}=\boldsymbol{XB}$，因为在 $\boldsymbol{X}$ 矩阵中，一般 $n\neq m$，因而 $\boldsymbol{X}$ 无法求逆，为了求解 $\boldsymbol{B}$，两边同时左乘 $\boldsymbol{X}$ 的转置矩阵 $\boldsymbol{X}^{\mathrm{T}}$ 得：

$$\boldsymbol{X}^{\mathrm{T}}\boldsymbol{Y}=\boldsymbol{X}^{\mathrm{T}}\boldsymbol{XB}$$

而 $\boldsymbol{X}^{\mathrm{T}}\boldsymbol{X}$ 为方阵，可求逆，这时可得：

$$\boldsymbol{B}=(\boldsymbol{X}^{\mathrm{T}}\boldsymbol{X})^{-1}\boldsymbol{X}^{\mathrm{T}}\boldsymbol{Y}$$

即有多元线性回归预测模型系数估计公式：

$$\boldsymbol{B}=\begin{bmatrix} b_0 \\ b_1 \\ b_2 \\ \vdots \\ b_m \end{bmatrix}=(\boldsymbol{X}^{\mathrm{T}}\boldsymbol{X})^{-1}\boldsymbol{X}^{\mathrm{T}}\boldsymbol{Y} \tag{7-67}$$

2）多元线性回归模型的统计检验

(1) 标准误差检验。多元线性回归预测模型标准差检验有因变量标准差 s 检验和各回归系数标准差 s_{bi} 检验。

① 因变量标准差 s 检验：

$$s=\sqrt{\frac{\boldsymbol{Y}^{\mathrm{T}}\boldsymbol{Y}-\boldsymbol{B}^{\mathrm{T}}\boldsymbol{X}^{\mathrm{T}}\boldsymbol{Y}}{n-m-1}}$$
$$=\sqrt{\frac{\sum y_i^2-(b_0\sum y_i+b_1\sum x_{1i}y_i+b_2\sum x_{2i}y_i)}{n-m-1}} \tag{7-68}$$

式中　m——自变量个数；

n——样本数。

② 各个回归系数标准差 $s_{bi}(i=1,2,\cdots,m)$ 检验计算公式见式(7-62)。其中，c_{ii} 为 $(\boldsymbol{X}^{\mathrm{T}}\boldsymbol{X})^{-1}$ 矩阵中主对角线上的第 i 项。

(2) 相关系数检验。多元线性回归预测模型的相关系数计算公式为：

$$R=\sqrt{\frac{\boldsymbol{B}^{\mathrm{T}}\boldsymbol{X}^{\mathrm{T}}\boldsymbol{Y}-n\bar{y}^2}{\boldsymbol{Y}^{\mathrm{T}}\boldsymbol{Y}-n\bar{y}^2}} \tag{7-69}$$

(3) F 检验。多元线性回归预测模型的总体效果检验采用 F 检验，计算公式为：

$$F=\frac{\boldsymbol{B}^{\mathrm{T}}\boldsymbol{X}^{\mathrm{T}}\boldsymbol{Y}}{ms^{2}} \tag{7-70}$$

式中　m——自变量个数。

在利用式(7-70)计算出 F 值后，确定显著性水平 a，查 F 检验表，得 a 显著水平下，当自由度 $v=n-m-1$ 时的 F 检验值 F_a。当 $F \geqslant F_a$ 时，检验通过，模型有效；反之，则模型无效。

经过对回归预测模型进行检验，判断为有显著的线性关系后，在预测模型中代入预先确定的自变量值，即可求得因变量在对应点上的预测值。

3. 多重共线性

多重共线性是指自变量之间又存在线性关系，或接近线性关系。应用最小二乘法估计参数的一个重要条件就是自变量之间为这完全的线性相关。如果完全相关，则 $(\boldsymbol{X}^{\mathrm{T}}\boldsymbol{X})^{-1}$ 不存在，最小二乘法就失效了。一般情况下，自变量之间都有某种程度的相关。如经济系统中的工业产值、农业产值、运输、建筑业产值、固定资产、职工人数等。如果相关程度比较低，则其影响可以忽略。但当存在高度的相关性(有严重的多重共线性)时，会产生如下后果：

(1) 参数估计的精度降低，某些回归系数的标准偏差 s_{bi} 很大，不能正确反映自变量与因变量之间的关联程度，使参数估计值很不可靠。

(2) 回归系数的估计值可能对某几组观察值特别敏感，这些观察值一旦变动，对参数估计值影响很大。

(3) 回归系数可能出现与事理意义不符的符号。

(4) 可能将有用的变量排除掉。

由于多重共线性的影响，可能会导致预测失败，因而要想办法消除。消除时，首先要进行判断，是否在自变量之间存在较严重的相关性。如果存在，然后采用一定的方法进行处理。

判断的方法有两种。其中一种是通过计算自变量之间的相关系数来判断。

根据自变量 x_i 和 x_j 的观察值，计算二者之间的相关系数 r_{ij}：

$$r_{ij}=\frac{\sum_{i=1}^{n} x_{ti}\cdot x_{ti}}{\sqrt{\sum_{t=1}^{n} x_{ti}^{2}}\cdot\sqrt{\sum_{t=1}^{n} x_{tj}^{2}}} \tag{7-71}$$

显然，当 $r_{ij}=1$ 时，x_i 与 x_j 完全相关，即会出现完全的多重共线性；当 $r_{ij}=0$ 时，x_i 与 x_j 完全不相关；一般 $0<r_{ij}<1$。美国计量经济学家克莱茵认为，只有当 $r_{ij}^2>R^2$(R^2 为回归模型复相关系数)时，共线性才是严重的，应予以消除。

第二种判断方法是利用不包含某个变量的复相关系数 R_j^2 来判断。复相关系数按式(7-59)计算。

设共有 m 个自变量，有回归方程：

$$y=f(x_1,x_2,\cdots,x_m)$$

为了判断多重共线性，分别构造不含某个变量 x_j 的 m 个回归方程，即：

$$y_j=f_j(x_1,x_2,\cdots,x_{j-1},x_{j+1},\cdots,x_m)$$
$$(j=1,2,\cdots,m)$$

并对每个方程估计出复相关系数 $R_1^2,R_2^2,\cdots,R_m^2$。R_j^2 值越大，则所对应的自变量 x_j 与其他解释变量发生多重共线性越严重。

以上两种方法前者是用相关系数来判断，可判断在一定置信水平下的多重共线性，但当变量较多时，判断不可靠。后者意义明确，但计算工作量大。

多重共线性可以采用以下方法消除。

(1) 剔除不必要的解释变量。即从一组高度相关的自变量中剔除某个变量，该变量可以是回归系数最小的，或者 t 检验值最小的，或系数符号与经济意义不符的，然后重新估计参数，建立预测模型，这是最常用的方法。

(2) 改变自变量的定义形式。如将观察值累加生成，或将两个自变量合并形成一个新的变量，或用新的变量代替具有多重共线性的变量。

(3) 增加观察值，避免或减少多重共线性。

(4)寻找新的解释变量。

(5) 采用逐步回归法估计参数，减少多重共线性的影响。

第 4 节　其他预测方法

一、情景分析法

情景分析法(scenario analysis)普遍适用于对缺少历史统计资料或趋势面临转折的事件进行预测。情景分析法目前发展很快，在事故预测方面常结合其他定量方法，根据情景分析得到最有可能发生的情景方案对其进行调整优化，将会使预测的结果更加合理。常见的事故情景分析的技术有事件树、事故树、Petri 网等。Petri 网能对事故发展提供较好的时间描述，而事件树侧重于分析事件的因素，事故树侧重于梳理出影响事故发生的主要事件。目前研究的热点是管理者智力模型的伸展、组织学习的引发和加速过程等。

通过对模糊环境的分解，情景分析法能够有效处理组织在战略层面学习的 4 种隐藏瓶颈。

(1) 情景分析通过向决策者们呈现偏离的影像和分享经验的机会来提高他们对未知事物的发掘，并以此来激励决策者们不同智力模型间的融合，克服了内在的感知迟钝。

(2) 情景分析向决策者们展示未来发展情景，并实现战略选择的结果，由此人为地缩短了阻碍战略学习的反馈延迟，加速了组织的学习进度。

(3) 情景分析能有效地处理团队间的高度一致和高度分歧两种情况，避免公司组织中由于群体思想的危险和个人意见分歧而导致研究瘫痪。

(4) 德尔菲方法侧重于如何获取专家较为一致的经验判断，而情景分析法则承认专家的不一致性，并力求找到这种不一致性存在的合理解释；另外，还更多地考虑了影响组织发展的关键事件之间的相互影响。

二、人工神经网络

人工神经网络(artificial neural networks，ANNs)是一类模拟生物神经系统结构，由大量的处理单元组成的非线性自适应动态系统，它具有学习、记忆、计算以及智能处理等功能，在不同程度和层次上模仿大脑的信息处理机理。它具有表示任意非线性关系、非局域性、非定常性、非凸性和学习等的特点，给解决很多具有复杂的不确定性和时变性的实际问题提供了新思想和新方法。神经网络把结构和算法统一为一体，可以看作是硬件与软件的结合体，对神经网络的研究在国际上已经形成一种热潮，其研究成果已在模式识别、自动控制、图象处理、语言识别等许多方面得到广泛的应用。

目前比较典型的神经网络模型有 BP(back error propagation，误差反向传递）和 H(Hopfield，霍费尔）动态神经网络模型。相关的组合预测模型有时间序列神经网络模型、灰色神经网络模型等。时间序列往往包含线性部分和非线性部分，反映了确定性趋势和随机变化趋势，用时间序列方法和灰色预测法只是模拟了线性部分，容易忽视非线性部分，用神经网络来模拟由 ARIMA 等模型计算得到的残差，或者用原始数据序列和灰色短期预测结果的数据序列一并作为 BP 网络预测的样本数据，再进行外推预测，可以解决这一问题。分别对线性和非线性部分建模，提高了整体预测的效果。在应用 BP 网络模型前，还可以利用灰色理论进行关联分析、优势分析找出最有效的变量。BP 网络用于函数逼近时，权值的调节采用是负梯度下降法，这种调节权值的方法有它的局限性，存在收敛速度慢和局部极小等缺点。而径向基函数神经网络(radial basis function neural network，RBFNN)具有很强的非线性映照能力和良好的插补性能，在逼近能力、分类能力和学习速度等方面均优于 BP 网络。而径向基神经网络能够发觉数据中的微妙模式，但是如果输入数据变化，偏离一贯的模式，结果将产生偏差。通过除去确定性小的因素的 RBF 输出，将这二者结合起来，可以提高时间序列预测的整体精确性和可靠度。

目前，ANN 的发展还存在着一些问题，概括起来有：

(1) 应用研究多，理论、实现研究少。

(2) 模型原理、学习算法突破性进展少。

(3) 应用多属于验证性应用，独特型少。

(4) 重视神经网络视的并行互联结构以及自适应处理能力，忽视神经网络作为智能体系结构方案的发展方向。

三、贝叶斯网络

贝叶斯网络(Bayesian network，BN)是一种概率网络，它是基于概率推理的图形化网络，而贝叶斯公式则是这个概率网络的基础。BN 是变量间概率关系的图形化描述，提供了一种将知识直觉的图解可视化的方法，同时又是一种概率推理技术，使用概率理论来处理在描述不同知识成分之间的因条件相关而产生的不确定性。

一个贝叶斯网络是一个有向无环图(directed acyclic graph，DAG)，由代表变量节点及连接这些节点有向边构成。节点代表随机变量，节点间的有向边代表了节点间的互相关系(由父节点指向其子节点)，用条件概率进行表达关系强度，没有父节点的用先验概率进行信息表达。节点变量可以是任何问题的抽象，如测试值、观测现象、意见征询等。适用于表达和分析不确定性和概率性的事件，应用于有条件地依赖多种控制因素的决策，可以从不完全、不精确或不确定的知识或信息中做出推理。

在贝叶斯网络的应用中，系统常常存在反馈和与时间相关等现象，但传统的贝叶斯网络不具有时间语义，无法表达变量内部以及变量之间的时间限制关系，因此对贝叶斯网络进行适当的时间扩展是有必要的。过去研究用到的方法，比如在网络中增加一些代表时间区间的节点，或者将节点的条件概率视为时间的函数，往往需要有关概率随时间变化的外生知识而且需要明确网络中每个节点在不同时刻的取值，增加了网络的大小和复杂性。

一般情况下，贝叶斯网的构造有 3 种不同的方式：

（1）由领域专家确定贝叶斯网的变量（也称为影响因子）节点，然后通过专家的知识来确定贝叶斯网络的结构，并指定它的分布参数。这种方式构造的贝叶斯网完全在专家的指导下进行，由于人类获得知识的有限性，导致构建的网络与实践中积累下的数据具有很大的偏差。

（2）由领域专家确定贝叶斯网络的节点，通过大量的训练数据，来学习贝叶斯网的结构和参数。这种方式完全是一种数据驱动的方法，具有很强的适应性，而且随着人工智能、数据挖掘和机器学习的不断发展，使得这种方法成为可能。如何从数据中学习贝叶斯网的结构和参数，已经成为贝叶斯网络研究的热点。

（3）由领域专家确定贝叶斯网络的节点，通过专家的知识来指定网络的结构，而通过机器学习的方法从数据中学习网络的参数。这种方式实际上是前两种方式的折衷，当领域中变量之间的关系较明显的情况下，这种方法能大大提高学习的效率。

使用贝叶斯网络必须知道各个状态之间相关的概率。得到这些参数的过程叫作训练。和训练马尔柯夫模型一样，训练贝叶斯网络要用一些已知的数据。相比马尔柯夫链，贝叶斯网络的训练比较复杂。从理论上讲，它是一个 NP-complete 问题，即现阶段没有可以在多项式时间内完成的算法。但是，对于某些应用，这个训练过程可以简化，并在计算上高效实现。

现实中的问题日趋复杂，导致贝叶斯网络的规模日趋庞大，建模难度不断增加。通过将网络分解为多个模块进行局部求解，能够较好的解决这个问题，因此产生了多模块的贝叶斯网络。

四、预测方法对比

各预测方法都有自己的优点及局限性，且预测方法大多针对各自行业部门，因此采用与自身相适应的预测方法和提高预测精度是事故预测的关键。系统安全是一个动态随机的非线性过程，应将定性与定量、线性与非线性、静态与动态预测方法相结合，进行组合预测才有可能实现最优预测部分。预测方法对比见表 7-15。

表 7-15　　部分预测方法对比

预测方法	预测范围	适用情况	特点
定性分析法（德尔菲法、交叉概率法及类推法等）	短中长期	缺少历史统计资料或趋势面临转折的事件	（1）适用范围很广，不受任何假设条件的限制，只要是对未来的分析，均可使用。 （2）注重于事物发展在性质方面的预测，具有较大的灵活性，易于充分发挥人的主观能动作用，且简单的迅速，省时省费用。但在一定程度上受到人的知识、经验和能力大小的限制。 （3）缺乏对数量的精确描述。 （4）能及时发现未来可能出现的难题，便于采取行动消除或减轻它们的影响
时间序列法（滑动平均法、趋势外推法和季节变动预测法等）	短期	因变量随时间而变化	（1）不同于回归模型，是根据预测对象过去的变化规律来预测其未来的变化，即认为时间序列中每一时刻的数值都是事物内部状态的过去变化与外部所有因子共同作用的结果，至于影响因素的具体种类和数量以及如何产生作用并不重要。 （2）对时间序列的 4 种变动因素有侧重地进行预处理，从而派生出具体预测方法。 （3）每一种模型往往只强调了系统的一个侧面，缺乏对系统演化较全面的描述，在中长期预测实践中会产生较大偏差

续表 7-15

预测方法	预测范围	适用情况	特点
马尔可夫链状预测法	短中长期	数据在时间轴上离散状态，随机波动性较大	需满足马尔可夫特性，即系统将来所处的状态只与现在系统状态有关，而与系统过去的状态无关，这种特性称为无后效性。因此应用范围有一定的局限，容易忽略其他概率的影响
灰色预测法	短中期	既含有已知信息又含有不确定信息的灰色系统	(1) 灰色建模理论应用数据生成手段，弱化了系统的随机性，使紊乱的原始序列呈现某种规律，规律不明显的变得较为明显，建模后能进行残差辨识。即使只有较少的历史数据，任意随机分布，也能得到较好的预测精度。 (2) 引入灰导数和背景值的概念，虽然简化了计算，但由于利用了不是对应于同一点的函数值和导数值去辨识微分方程中的参数，导致误差较大
回归预测法	短中期	样本量大且分布规律、随机不确定性小	(1) 技术比较成熟，预测过程简单，但条件假定严格。 (2) 将预测对象的影响因素分解，考察各因素的变化情况，从而估计预测对象未来的数量状态，具有一定的局限性。 (3) 回归模型误差较大，外推特性差
神经网络	短中长期	存在非线性关系和不确性	(1) 通过对实例训练自动获取知识，不需要分析和整理，对难以用数学方法建立精确模型的问题能够进行有效建模。 (2) 具有表示任意非线性关系和自组织、自学习的能力。 (3) 推理路线固定不灵活，隐藏节点层的感知器在系统中不能解释
贝叶斯网络	短中长期	存在非线性关系和不确性	(1) 贝叶斯网络本身是一种不定性因果关联模型。 (2) 具有强大的不确定性问题处理能力。 (3) 能有效地进行多源信息表达与融合。 (4) 允许学习变量间的因果关系。贝叶斯网络与贝叶斯统计相结合能够充分利用领域知识和样本数据的信息。

复习思考题

1. 预测的基本原理是什么？
2. 预测的程序有哪些？
3. 某产品的生产需要甲、乙两种原料，产品利润以及甲、乙两种原料的市场供给等数据如下表所列，试采用灰色预测法预测 2015 年甲的供应量为 400 t，乙的供应量为 500 t 时的产品利润。

年份	2010	2011	2012	2013	2014
i	1	2	3	4	5
产品利润/万元	4 383	7 625	10 500	11 316	17 818
甲原料/t	83	131	180	195	306
乙原料/t	146	212	233	259	404

本章参考文献

[1] 邓聚龙.灰色预测与决策[M].武汉:华中理工大学出版社,1988.
[2] 景国勋,施式亮.系统安全评价与预测[M].徐州:中国矿业大学出版社,2009.
[3] Clifton A Ericson. Hazard Analysis Techniques for System Safety[M].John Wiley & Sons,Inc. Hoboken,New Jersey,2005.
[4] 陈宝智.系统安全评价与预测[M].2版.北京:冶金工业出版社,2011.
[5] 张景林,崔国璋.安全系统工程[M].北京:煤炭工业出版社,2002.
[6] 刘铁民,张兴凯,刘功智.安全评价方法应用指南[M].北京:化学工业出版社,2005.
[7] 曹庆贵.安全评价[M].北京:机械工业出版社,2017.
[8] 林伯泉,周延,刘贞堂.安全系统工程[M].徐州:中国矿业大学出版社,2005.
[9] 郑小平.事故预测理论与方法[M].北京:清华大学出版社,2009.
[10] 邓奇根,高建良,刘明举,等.安全系统工程(双语)[M].徐州:中国矿业大学出版社,2011.
[11] 罗云,吕海燕,白福利. 事故分析预测与管理[M].北京:化学工业出版社,2006.

第 8 章 事故应急救援

从风险理论的角度来看，降低和控制风险的策略是有效降低事件、事故发生的可能性，这就需要采取预测、监测、控制等预防性措施，同时还需要减轻事件、事故的严重度，这就需要采取应急救援措施。

第 1 节　事故应急救援预案的编制

一、事故应急救援预案编制的目的

事故应急救援预案是为了提高对突发事故的处理能力，根据实际情况预计未来可能发生的事故，预先制定的事故应急救援对策，它是在事故中为保护人员和设备的安全而制定的行动计划。编制应急救援预案的目的是要迅速、有效地将事故损失减少到最低。应急措施能否有效的实施，很大程度上取决于预案与实际情况是否符合。总言之，应急救援预案的最终目标是：将紧急事故局部化，并尽可能地消除，防止事故扩大到附近的其他设施，最大程度地保护人员、财产的安全。

二、事故应急救援预案编制的准备工作

企业管理部门负责制定事故应急预案，并为事故预防有关的机构和人员提供应急手册，详细说明危险源或者事故隐患的情况、有关单位的职责、主要控制措施、风险分析报告等。为了便于应急处理事故，应急预案中应附有一张标明工厂、办公地点、重要设施、医疗急救、避难场所、疏散路线、指挥中心的详图，同时列出相关协助单位及信息，并对工厂警报系统和报警信号的类别加以说明。企业在制定应急预案时，应考虑下面几方面的工作：

(1) 全面分析本单位危险因素、可能发生的事故类型及事故的危害程度。

(2) 排查事故隐患的种类、数量和分布情况，并在隐患治理的基础之上，预测可能发生的事故类型及其危害程度。

(3) 确定事故危险源，进行风险评估。

(4) 针对事故危险源和存在的问题，确定相应的防范措施。

(5) 客观地评价本单位的应急能力。

(6) 充分借鉴国内外同行业事故教训及应急工作经验。

(7) 明确制定本单位应急救援预案涉及的相关法律、法规。

三、事故应急救援预案编制的依据

现场应急救援预案由企业管理部门准备，并应包括重大事故潜在后果的评估。应急救援预案制订的依据为危险评估即事故后果分析，包括：

(1) 对潜在事故的描绘(比如压力容器爆炸、管道破裂、安全阀失灵、火灾等)。

(2) 对泄露物质数量的预测(有毒、易燃、爆炸)。

(3) 对泄露物质扩散的计算(气体或蒸发液体)。

(4) 有害效应的评估(毒、热辐射、爆炸波)。

四、事故应急救援预案编制的相关要求

(1) 符合有关法律、法规、规章和标准的规定。

(2) 结合本地区、本部门、本单位的安全生产实际情况。

(3) 结合本地区、本部门、本单位的危险性分析情况。

(4) 应急组织和人员的责任分工明确,并有具体的落实措施。

(5) 有明确、具体的事故预防措施和应急程序,并与其应急能力相适应。

(6) 有明确的应急保障措施,并能满足本地区、本部门、本单位的应急工作要求。

(7) 预案基本要素齐全、完整,预案附件提供的信息准确。

(8) 预案内容与相关应急预案相互衔接。

五、事故应急救援预案的编制程序

(1) 编制应急预案应当成立编制工作小组,由本单位有关负责人任组长,吸收与应急预案有关的职能部门和单位的人员以及有现场处置经验的人员参加。

(2) 编制应急预案前,编制单位应当进行事故风险评估和应急资源调查。

事故风险评估是指针对不同事故种类及特点,识别存在的危险危害因素,分析事故可能产生的直接后果以及次生、衍生后果,评估各种后果的危害程度和影响范围,提出防范和控制事故风险措施的过程。

应急资源调查是指全面调查本地区、本单位第一时间可以调用的应急资源状况和合作区域内可以请求援助的应急资源状况,并结合事故风险评估结论制定应急措施的过程。

(3) 生产经营单位应当根据有关法律法规、规章制度和相关标准,结合本单位组织管理体系、生产规模和可能发生的事故特点,确立本单位的应急预案体系,编制相应的应急预案,并体现自救互救和先期处置等特点。

(4) 应急预案编制完成后,应进行评审。地方各级安全生产监督管理部门应当组织有关专家对本部门编制的部门应急预案进行审定;必要时可以召开听证会,听取社会有关方面的意见。参加应急预案评审的人员应当包括有关安全生产及应急管理方面的专家。

(5) 生产经营单位的应急预案经评审或者论证后,由本单位主要负责人签署公布,并及时发放到本单位有关部门、岗位和相关应急救援队伍。

六、应急救援预案的体系构成

应急预案应形成体系,针对各级各类可能发生的事故和所有危险源应制定专项应急预案和现场处置方案,并明确事前、事发、事中、事后的各个过程中相关部门和有关人员的职责。因此,完整的应急预案体系应包括综合应急预案、专项应急预案和现场处置方案。对于生产规模小、危险因素少的生产经营单位,综合应急预案和专项应急预案可以合并编写。

1. 综合应急预案

综合应急预案是指生产经营单位为应对各种生产安全事故而制定的综合性工作方案,是本单位应对生产安全事故的总体工作程序、措施和应急预案体系的总纲。

2. 专项应急预案

专项应急预案是指生产经营单位为应对某一种或者多种类型生产安全事故，或者针对重要生产设施、重大危险源、重大活动防止生产安全事故而制定的专项性工作方案。

3. 现场处置方案

现场处置方案是指生产经营单位根据不同生产安全事故类型，针对具体场所、装置或者设施所制定的应急处置措施。现场处置方案应具体、简单、针对性强。现场处置方案应根据风险评估及危险性控制措施逐一编制，做到事故相关人员应知应会，熟练掌握，并通过应急演练，做到迅速反应、正确处置。

七、应急救援预案的类型

应急预案的类型有以下四类：

1. 应急行动指南或检查表

针对已辨识的危险制定应采取的特定的应急行动。指南简要描述应急行动必须遵从的基本程序，如发生情况向谁报告，报告什么信息，采取哪些应急措施。这种应急预案主要起提示作用，对相关人员要进行培训，有时将这种预案作为其他类型应急预案的补充。

2. 应急响应预案

针对现场每项设施和场所可能发生的事故情况，编制的应急响应预案。应急响应预案要包括所有可能的危险状况，明确有关人员在紧急状况下的职责。这类预案仅说明处理紧急事务的必需的行动，不包括事前要求（如培训、演练等）和事后措施。

3. 互助应急预案

相邻企业为在事故应急处理中共享资源，相互帮助制订的应急预案。这类预案适合于资源有限的中、小企业以及高风险的大企业，需要高效的协调管理。

4. 应急管理预案

应急管理预案是综合性的事故应急预案，这类预案详细描述事故前、事故过程中和事故后何人做何事、什么时候做、如何做。这类预案要明确制订每一项职责的具体实施程序。应急管理预案包括事故应急的 4 个逻辑步骤：预防、预备、响应、恢复。

八、事故应急救援预案的主要内容

1. 综合应急预案

一个完整的应急预案应包括总则、组织指挥体系及职责、预警和预防机制、应急响应、后期处置、保障措施以及附则、附录等内容。

1）总则

说明编制预案的目的、工作原则、编制依据、适用范围等。

2）组织指挥体系及职责

明确各组织机构的职责、权利和义务，以突发事故应急响应全过程为主线，明确事故发生、报警、响应、结束、善后处理处置等环节的主管部门与协作部门；以应急准备及保障机构为支线，明确各参与部门的职责。

3）预警和预防机制

包括信息监测与报告，预警预防行动，预警支持系统，预警级别及发布（建议分为 4 级预警）。

4）应急响应

包括分级响应程序(原则上按一般、较大、重大、特别重大4级启动相应预案),信息共享和处理,通信、指挥和协调,紧急处置,应急人员的安全防护,群众的安全防护,社会力量动员与参与,事故调查分析、检测与后果评估,新闻报道,应急结束11个要素。

5)后期处置

包括善后处置、社会救助、保险、事故调查报告和经验教训总结及改进建议。

6)保障措施

包括通信与信息保障,应急支援与装备保障,技术储备与保障,宣传、培训和演习,监督检查等。

7)附则

包括有关术语、定义,预案管理与更新,国际沟通与协作,奖励与责任,编制与解释部门,预案实施或生效时间等。

8)附录

包括相关的应急预案、预案总体目录、分预案目录、各种规范化格式文本,相关机构和人员通讯录等。

2. 专项应急预案

1)事故类型和危害程度分析

在危险源评估的基础上,对其可能发生的事故类型和可能发生的季节及事故严重程度进行确定。

2)应急处置基本原则

明确处置安全生产事故应当遵循的基本原则。

3)组织机构及职责

(1)应急组织体系。明确应急组织形式,构成单位或人员,并尽可能以结构图的形式表示出来。

(2)指挥机构及职责。根据事故类型,明确应急救援指挥机构总指挥、副总指挥以及各成员单位或人员的具体职责。应急救援指挥机构可以设置相应的应急救援工作小组,明确各小组的工作任务及主要负责人职责。

4)预防与预警。

(1)危险源监控。明确本单位对危险源监测监控的方式、方法,以及采取的预防措施。

(2)预警行动。明确具体事故预警的条件、方式、方法和信息的发布程序。

5)信息报告程序

主要包括:

(1)确定报警系统及程序。

(2)确定现场报警方式,如电话、警报器等。

(3)确定24 h与相关部门的通信方式。

(4)明确相互认可的通告、报警形式和内容。

(5)明确应急反应人员向外求援的方式。

6)应急处置

(1)响应分级。针对事故危害程度、影响范围和单位控制事态的能力,将事故分为不同的等级。按照分级负责的原则,明确应急响应级别。

(2)响应程序。根据事故的大小和发展态势,明确应急指挥、应急行动、资源调配、应急避险、扩大应急等响应程序。

(3) 处置措施。针对本单位事故类别和可能发生的事故特点、危险性，制定的应急处置措施(如煤矿瓦斯爆炸、冒顶片帮、火灾、透水等事故应急处置措施，危险化学品火灾、爆炸、中毒等事故应急处置措施)。

7) 应急物资与装备保障

明确应急处置所需的物资与装备数量、管理和维护、正确使用等。

3. 现场处置方案

1) 风险分析

(1) 本岗位可能发生的潜在事件、突发事故类型。

(2) 最容易发生事故的区域、地点、装置部位或工艺过程的名称。

(3) 导致事故发生的途径和事故可能造成的危害程度。

(4) 事故前可能出现的征兆。

2) 应急职责

(1) 基层单位应急自救组织形式及人员构成情况(最好用图表的形式)。

(2) 应急自救组织机构、人员的具体职责应同单位或车间、班组人员工作职责紧密结合，明确相关岗位和人员的应急工作职责。

3) 应急处置

(1) 事故应急处置程序。根据可能发生的事故类别及现场情况，明确事故报警、各项应急措施启动、应急救护人员的引导、事故扩大及同企业应急预案的衔接的程序。(可用图表加必要的文字说明的形式)

(2) 现场应急处置措施。针对可能发生的火灾、爆炸、中毒、危险化学品泄漏、高处坠落、坍塌、洪水、机动车辆伤害等，从操作措施、工艺流程、现场处置、事故控制、人员救护、消防、现场恢复等方面制定明确的应急处置措施。(注：现场恢复应考虑预防次生灾害事件的措施，如应制定防止现场洗消发生环境污染事故的措施)

(3) 报警电话及报告的基本要求和内容。

4) 注意事项

(1) 佩戴个人防护器具方面的注意事项。

(2) 使用抢险救援器材方面的注意事项。

(3) 采取救援对策或措施方面的注意事项。

(4) 现场自救和互救注意事项。

(5) 现场应急处置能力确认和人员安全防护等事项。

(6) 应急救援结束后的注意事项。

(7) 其他需要特别警示的事项。

九、事故应急救援预案的管理

应急预案的管理实行属地为主、分级负责、分类指导、综合协调、动态管理的原则。

1. 评审

地方各级安全生产监督管理部门应当组织有关专家对本部门编制的部门应急预案进行审定；必要时可以召开听证会，听取社会有关方面的意见；矿山、金属冶炼、建筑施工企业和易燃易爆物品、危险化学品的生产、经营(带储存设施的，下同)、储存企业，以及使用危险化学品达到国家规定数量的化工企业，烟花爆竹生产、批发经营企业和中型规模以上的其他生产经营单位，应当对本单位编制的应急预案进行评审，并形成书面评审纪要。

参加应急预案评审的人员应当包括有关安全生产及应急管理方面的专家；评审人员与所评审应急预案的生产经营单位有利害关系的，应当回避；应急预案的评审或者论证应当注重基本要素的完整性、组织体系的合理性、应急处置程序和措施的针对性、应急保障措施的可行性、应急预案的衔接性等内容；生产经营单位的应急预案经评审或者论证后，由本单位主要负责人签署公布，并及时发放到本单位有关部门、岗位和相关应急救援队伍。

2. 备案

地方各级安全生产监督管理部门的应急预案，应当报同级人民政府备案，并抄送上一级安全生产监督管理部门。其他负有安全生产监督管理职责的部门的应急预案，应当抄送同级安全生产监督管理部门。

生产经营单位应当在应急预案公布之日起20个工作日内，按照分级属地原则，向安全生产监督管理部门和有关部门进行告知性备案。煤矿企业的应急预案还应当抄送所在地的煤矿安全监察机构。

对于实行安全生产许可的生产经营单位，已经进行应急预案备案的，在申请安全生产许可证时，可以不提供相应的应急预案，仅提供应急预案备案登记表。各级安全生产监督管理部门应当建立应急预案备案登记建档制度，指导、督促生产经营单位做好应急预案的备案登记工作。

3. 实施

各级安全生产监督管理部门应当将本部门应急预案的培训纳入安全生产培训工作计划，并组织实施本行政区域内重点生产经营单位的应急预案培训工作。

生产经营单位应当组织开展本单位的应急预案、应急知识、自救互救和避险逃生技能的培训活动，使有关人员了解应急预案内容，熟悉应急职责、应急处置程序和措施。

应急培训的时间、地点、内容、师资、参加人员和考核结果等情况应当如实记入本单位的安全生产教育和培训档案。

生产经营单位应当制订本单位的应急预案演练计划，根据本单位的事故风险特点，每年至少组织一次综合应急预案演练或者专项应急预案演练，每半年至少组织一次现场处置方案演练。应急预案演练结束后，应急预案演练组织单位应当对应急预案演练效果进行评估，撰写应急预案演练评估报告，分析存在的问题，并对应急预案提出修订意见。应急预案编制单位应当建立应急预案定期评估制度，对预案内容的针对性和实用性进行分析，并对应急预案是否需要修订作出结论。

矿山、金属冶炼、建筑施工企业和易燃易爆物品、危险化学品等危险物品的生产、经营、储存企业、使用危险化学品达到国家规定数量的化工企业、烟花爆竹生产、批发经营企业和中型规模以上的其他生产经营单位，应当每三年进行一次应急预案评估。

有下列情形之一的，应急预案应当及时修订并归档：

(1) 依据的法律、法规、规章、标准及上位预案中的有关规定发生重大变化的。

(2) 应急指挥机构及其职责发生调整的。

(3) 面临的事故风险发生重大变化的。

(4) 重要应急资源发生重大变化的。

(5) 预案中的其他重要信息发生变化的。

(6) 在应急演练和事故应急救援中发现问题需要修订的。

(7) 编制单位认为应当修订的其他情况。

4. 监督管理

各级安全生产监督管理部门和煤矿安全监察机构应当将生产经营单位应急预案工作纳入年度监督检查计划,明确检查的重点内容和标准,并按照计划开展执法检查。

地方各级安全生产监督管理部门应当每年对应急预案的监督管理工作情况进行总结,并报上一级安全生产监督管理部门。

对于在应急预案管理工作中做出显著成绩的单位和人员,安全生产监督管理部门、生产经营单位可以给予表彰和奖励。

5. 法律责任

依照《安全生产法》第九十四条的规定:生产经营单位未按照规定制定生产安全事故应急救援预案或者未定期组织演练的,可以处5万元以下罚款;逾期未改正的,责令停产停业整顿,并处5万元以上10万元以下罚款,对直接负责的主管人员和其他直接责任人员处1万元以上2万元以下的罚款。

根据国家安全监督管理总局《安全生产事故应急预案管理办法》规定,生产经营单位有下列情形之一的,由县级以上安全生产监督管理部门责令限期改正,可以处1万元以上3万元以下罚款:

(1) 在应急预案编制前未按照规定开展风险评估和应急资源调查。

(2) 未按照规定开展应急预案评审或者论证的。

(3) 未按照规定进行应急预案备案的。

(4) 事故风险可能影响周边单位、人员的,未将事故风险的性质、影响范围和应急防范措施告知周边单位和人员的。

(5) 未按照规定开展应急预案评估的。

(6) 未按照规定进行应急预案修订并重新备案的。

(7) 未落实应急预案规定的应急物资及装备的。

第2节　事故的应急救援体系建设

一、应急救援系统的运作机制

应急救援系统运作的基本原则:

1. 以人为本,安全第一原则

把保障人民群众生命财产安全,最大限度地预防和减少突发事件所造成的损失作为首要任务。

2. 统一领导,分级负责原则

在本单位领导统一组织下,发挥各职能部门作用,逐级落实安全生产责任,建立完善的突发事件应急管理机制。

3. 依靠科学,依法规范原则

科学技术是第一生产力,利用现代科学技术,发挥专业技术人员作用,依照行业安全生产法规,规范应急救援工作。

4. 预防为主，平战结合原则

认真贯彻“安全第一、预防为主、综合治理”的基本方针，坚持突发事件应急与预防工作相结合，重点做好预防、预测、预警、预报和常态下风险评估、应急准备、应急队伍建设、应急演练等项工作。确保应急预案的科学性、权威性、规范性和可操作性。

总之，应急救援工作应在法律法规的指导下有序进行。

二、事故应急救援的基本原则

事故应急救援工作是在预防为主的前提下，贯彻统一指挥、分级负责、区域为主、单位自救和社会救援相结合的原则。其中预防工作是事故应急救援工作的基础，除了平时做好事故的预防工作，避免或减少事故的发生外，落实好救援工作的各项准备措施，做到预先有准备，一旦发生事故就能及时实施救援。重大事故所具有的发生突然、扩散迅速、危害范围广的特点，也决定了救援行动必须达到迅速、准确和有效。因此，救援工作只能实行统一指挥下的分级负责制，以区域为主，并根据事故的发展情况，采取单位自救和社会救援相结合的形式，充分发挥事故单位及地区的优势和作用。

事故应急救援又是一项涉及面广、专业性强的工作，靠某一个部门难以完成，必须把各方面的力量组织起来，形成统一的救援指挥部，在指挥部的统一指挥下，安全、救护、公安、消防、环保、卫生、质检等部门密切配合，协同作战，迅速、有效地组织和实施应急救援，尽可能地避免和减少损失。

三、事故应急救援的相关法律法规要求

近年来我国政府相继颁布的一系列法律法规，如《突发事件应对法》《安全生产法》《危险化学品安全管理条例》《关于特大安全事故行政责任追究的规定》《特种设备安全监察条例》等，对危险化学品、特大安全事故、重大危险源等应急救援工作提出了相应的规定和要求。

《安全生产法》第十八条规定：生产经营单位的主要负责人具有组织制定并实施本单位的生产安全事故应急救援预案的职责。第三十七条规定：生产经营单位对重大危险源应当登记建档，进行定期检测、评估、监控，并制定应急预案，告知从业人员和相关人员在紧急情况下应当采取的应急措施。第七十七条规定：县级以上地方各级人民政府应当组织有关部门制定本行政区域内生产安全事故应急救援预案，建立应急救援体系。

《危险化学品安全管理条例》第六十九条规定：“县级以上地方人民政府安全生产监督管理部门应当会同工业和信息化、环境保护、公安、卫生、交通运输、铁路、质量监督检验检疫等部门，根据本地区实际情况，制定危险化学品事故应急预案，报本级人民政府批准。”第七十条规定：“危险化学品单位应当制定本单位危险化学品事故应急预案，配备应急救援人员和必要的应急救援器材、设备，并定期组织应急救援演练。危险化学品单位应当将其危险化学品事故应急预案报所在地区的市级人民政府安全生产监督管理部门备案。”

在《关于特大安全事故行政责任追究的规定》第七条规定：“市（地、州）、县（市、区）人民政府必须制定本地区特大安全事故应急处理预案。”

国务院《特种设备安全监察条例》第六十五条规定：“特种设备安全监督管理部门应当制定特种设备应急预案。特种设备使用单位应当制定事故应急专项预案，并定期进行事故应急演练。”

国务院《使用有毒物品作业场所劳动保护条例》规定：“从事使用高毒物品作业的用人单位，应当配备应急救援人员和必要的应急救援器材、设备，制定事故应急救援预案，并根据实

际情况变化对应急预案适时进行修订，定期组织演练。事故应急救援预案和演练记录应当报当地卫生行政部门、安全生产监督管理部门和公安部门备案。”

《中华人民共和国职业病防治法》规定：“用人单位应当建立、健全职业病危害事故应急救援预案”。

《中华人民共和国消防法》规定：“县级以上地方人民政府应当组织有关部门针对本行政区域内的火灾特点制定应急预案，建立应急反应和处置机制，为火灾扑救和应急救援工作提供人员、装备等保障。”

四、重大事故应急救援体系的构成

重大事故的应急救援行动往往涉及多个部门，因此应预先明确在应急救援中承担相应任务的组织机构及其职责。比较典型的事故应急救援系统的机构构成包括：

1. 应急救援中心

应急救援中心是整个应急救援系统的重心，主要负责协调事故应急救援期间各个机构的运作，统筹安排整个应急救援行动，为现场应急救援提供各种信息支持；必要时迅速召集各应急机构和有关部门的高级代表到应急中心，实施场外应急力量、救援装备、物品等的迅速调度和增援，保证行动快速、有序、有效地进行。其建设至关重要，应该形成一个完善的体系，其中包括以下部分：

(1) 足够的内外线电话和无线通讯设备。

(2) 危险物质数据库：危险物品名称、数量、存放地点及其物理化学性质。

(3) 救援物资数据库：应急救援物资和设备名称、数量、型号大小、存放地点、负责人及调动方式。

(4) 设施示意：救援设备存放点、消防系统、污水和排水系统、设施接口。

(5) 风速、风向和气温等测量仪器。

(6) 个人防护和其他救护设备。

(7) 厂内职工名单表。

(8) 关键岗位人员名单，如承包商和参观者等。

(9) 地方政府和紧急机构地址和联系方式。

(10) 应急与事故处理法规标准手册。

另外，应尽量将应急救援中心设在风险最小的地方。如果应急救援中心在区域上还具有一定的风险，就有必要建立后备应急救援中心，以确保应急救援指挥系统功能的有效实施。

2. 应急救援专家组

专家咨询组由权威的工程技术与应急管理两部分专家组成，通常只在市一级以上建立。应急救援专家组在应急准备和应急救援中起着重要的参谋作用。包括对城市潜在重大危险的评估、应急资源的配备、事态及发展趋势的预测、应急力量的重新调整和部署、个人防护、公众疏散、抢险、监测、清消、现场恢复等行动提出决策性的建议。

安全事故发生后，专家咨询组的主要职责有 3 条：一是对事故危害的现状及发展趋势做出估计；二是对修改应急预案的必要性进行判断，对力量重新调整与部署提出具体建议；三是对重大防护措施，如公众撤离等决策提供技术依据。在安全事故应急救援行动中，对安全事故危害进行预测，为救援的决策提供依据和方案。而平时应急救援专家应做好调查和研究，当好领导参谋。

3. 医疗救治

在造成人身伤亡的重特大安全事故后，应急医疗救援队应尽快地赶赴事故地点，设立现场医疗急救站，对伤员进行现场分类和急救处理，并及时向医院转送。作为专业的医疗救护人员，要能够对现场救援人员进行医学救护指导以及为现场救援指挥部提供医学咨询。应急医疗救援队平时应加强技术培训和急救准备。救援队通常由医院、急救中心和军队医院等组成，并在市或区卫生部门领导下开展应急救援活动。

比如对于化学事故医疗救护而言，1 000 人以上的企业，要设立救护站；1 000 人以下的企业可成立救护队；有毒的车间应成立救护组等。其主要职责是：进入事故发生区或中毒危害区，抢救中毒伤员或其他种类的伤员；指导危害区内公众进行自救、互救活动；集中清点、输送、收治伤员。为了对中毒伤员进行正确的抢救，在医疗救治队伍中，可吸收部分熟悉伤毒急救的防化技术员参与。

4. 消防与抢险

主要由消防队、专业抢险队、有关工程建设单位的工程抢险队、军队防化兵和工程兵等组成。相当部分安全事故的救援，如矿山、消防、化学事故等，需要建立对各种安全事故具有快速处置的专业应急救援队伍。在应急救援行动中，各救援队伍应在做好自身防护的基础上，快速实施救援。凡是具有安全事故隐患的企业，均应建立本单位的应急救援组织机构，明确救援执行部门和专用电话，制订救援协作网，疏通纵横关系，以提高应急救援行动中协同作战的能力。在没有设置应急救援机构的区域，一旦发生事故，当地政府主要领导应组织安监、公安、消防、卫生、环保、交通等部门成立紧急救援指挥部实施救援。

5. 监测组织

主要由环保监测站、卫生防疫站、军队防化侦察分队、气象部门等组成，主要负责迅速测定事故的危害区域范围及危害性质，监测空气、水、食、物、设备(施)的污染情况，以及气象监测等。

6. 公众疏散组织

主要由公安、民政部门和街道居民组织协调组成。必要时可吸收工厂、学校中的骨干力量参加，或请求军队支援。主要负责根据现场指挥部发布的警报和防护措施，指导部分高层住宅居民实施隐蔽；引导必须撤离的居民有秩序地撤至安全区或安置区，组织好特殊人群的疏散安置工作；引导受污染的人员前往洗消去污点；维护安全区或安置区内的秩序和治安。

7. 警戒与治安组织

通常由公安部门、武警、军队、联防等组成。主要负责对危害区外围的交通路口实施定向、定时封锁，阻止事故危害区外的公众进入；指挥、调度撤出危害区的人员和使车辆顺利地通过通道，及时疏散交通阻塞；对重要目标实施保护，维护社会治安，打击“趁火打劫者”。保护国家和居民财产免受危害，维护安全区域或安置区内撤出公众的安全，稳定人心和社会秩序。

8. 洗消去污组织

主要由消防队伍、环保队伍、军队防化部队组成。其主要职责有：开设洗消站(点)，对受污染的人员或设备、器材等进行消毒；组织地面洗消实施地面消毒，开辟通道或对建筑物表面进行消毒，临时组成喷雾分队降低有毒有害物的空气浓度，减少扩散范围。

9. 后勤保障组织

主要涉及计划部门、交通部门、电力、通信、市政、民政部门、物资供应企业等，主要负责应急救援所需的各种设施、设备、物资以及生活、医药等的后勤保障。

10. 应急救援技术支持体系

现代安全事故的应急救援必须以技术作为保障，简言之，由几个部分组成：

1）信息技术支持体系。要建立重大安全事故危险源及应急救援方法的数据库。如化学事故防范就建立了由国家化学品登记注册中心和各省（市）地方登记办公室组成的危险化学品等级网络，并结合国家实行危险化学品登记制度，建立包括危险化学品生产，储存、经营、运输企业动态信息的数据库，为国家和地方的化学事故应急救援准备和救援行动提供了信息支持。要建立安全事故应急咨询热线服务，为安全事故预防预警和应急救援提供技术信息支持。

2）现场救援技术支持体系。加强应急救援队伍与应急装备建设，促进各种救援力量的有效整合。完善国内消防特勤队伍的建设，购置并完善先进的灭火车辆、交通运输车辆、侦检设备、防护器材与通信设备等。

3）专家库系统。要根据地域分布，聘请包括安全、消防、卫生、环保等在内的各类专家，定期进行考核和资格认证，保证其面对安全事故应急咨询时的权威性和时效性，必要时就近专家可赴现场指导应急救援工作。

11. 信息发布中心

主要由宣传部门、新闻媒体、广播电视等组成。负责事故和救援信息的统一发布，以及及时准确地向公众发布有关保护措施的紧急公告等。

五、安全事故应急救援系统建设的目标和程序

1. 应急救援系统的建设目标

安全事故应急救援系统是承担安全事故应急救援的执行主体，为此，要使建立的系统能够在事故发生时，进入有效的整体运行状态，高效地完成应急救援任务，实现减轻事故危害与损失的目的。

安全事故应急救援系统一般进行模块化设计，通过对系统内部各方面组织的设计和建设，实现应急机构的快速反应、整体行动和信息共享。为此，应急救援系统的目标是尽可能提高应急救援的速度，缩短救援作业的时间，降低事故灾害造成的人员伤亡和财产损失。同时，还要求应急救援系统能够在应急救援行动中进行动态调整，实现应急救援的最优化。为此，在该系统建设中，应尽可能注意各机构的能力和资源的优势互补，强调应急救援现场的统一指挥，步调一致。另外，行动迅速，训练有素的救援人员和必备的救援设备也是保障应急救援系统有效运转的重要条件。

2. 应急系统工作程序

安全事故应急救援有明确的工作程序，一旦在生产范围内发生事故，即立即启动应急救援预案。该工作的基本流程如下：

当事故发生时，报警者应立即向上级指挥中心报告。企业内部较低级别的安全事故，由企业最高管理者负责直接指挥处理。若事故严重度升级可将指挥责任移交给上一级指挥中心，这样事故就上升为二级事故。指挥中心根据事故状况向部分或全体应急救援人员发出通知，然后向参与应急救援的合作单位，包括应急救援技术服务机构和专家咨询，以便从技术上就事故的后果及应采取的措施提供建议。应急人员在现场由他们各自的现场指挥者领导，并由指挥中心对全部活动进行管理和协调。对于确属需要社区救援的二级事故，其救援工作将在更广的范围内开展，并根据情况进一步升级应急处置级别，启动更高级别的应急预案。

六、安全事故应急救援系统的职责

安全事故应急救援系统的主要职责包括下述几个方面：

(1) 立即组织营救受害人员，组织撤离或者采取其他措施保护危害区域内的其他人员。抢救受害人员是应急救援的首要任务，在应急救援行动中，快速、有序、有效地实施现场急救与安全转送伤员是降低伤亡率，减少事故损失的关键。指导群众防护，组织群众撤离。由于重大事故发生突然、扩散迅速、涉及范围广、危害大，应及时指导和组织群众采取各种措施进行自身防护，并迅速撤离出危险区或可能受到危害的区域。在撤离过程中，应积极组织群众开展自救和互救工作。

(2) 迅速控制危险源，并对事故造成的危害进行检验、监测，测定事故的危害区域、危害性质及危害程度。及时控制造成事故的危险源是应急救援工作的重要任务，只有及时控制住危险源，防止事故的继续扩展，才能及时有效地进行救援。特别对发生在城市或人口稠密地区的化学事故，应尽快组织工程抢险队与事故单位技术人员一起及时控制事故继续扩展。

(3) 做好现场清洁，消除危害后果。针对事故对人体、动植物、土壤、水源、空气造成的现实危害和可能的危害，迅速采取封闭、隔离、洗消等措施。对事故外溢的有毒有害物质和可能对人和环境继续造成危害的物质，应及时组织人员予以清除，消除危害后果，防止对人的继续危害和对环境的污染。对危险化学品事故造成的危害进行监测、处置，直至符合国家环境保护标准。

(4) 查清事故原因，评估危害程度。事故发生后应及时调查事故的发生原因和事故性质，评估出事故的危害范围和危险程度，查明人员伤亡情况，做好事故调查。

七、安全事故应急救援系统的基本任务

安全事故应急救援工作在应急预案的指导下，需要完成以下工作：

1. 决策与指挥任务

当重大安全事故发生后，根据接收的预警信号，按照不同的应急响应级别，各级安委会办公室立即根据事故灾难的情况开展应急救援组织协调工作。包括通知有关部门及其应急机构，调动专业救援队伍并规范事故级别，通知事发地毗邻省(区、市)政府应急救援指挥机构，相关机构按照各自应急预案提供增援或保障。有关应急队伍在现场应急救援指挥部统一指挥下，密切配合，共同实施抢险救援和紧急处置行动。

成立现场应急救援指挥部，现场应急救援指挥部负责现场应急救援的指挥。现场应急救援指挥部成立前，事发单位和先期到达的应急救援队伍必须迅速、有效地实施先期处置，事故灾难发生地政府负责协调，全力控制事故灾难的发展态势，防止次生、衍生和耦合事故(事件)发生，果断控制或切断事故灾害链。

2. 事故紧急处置任务

按照安全应急处置属地化管理的原则，事故现场处置主要依托本行政区域内的应急处置力量。事故灾难发生后，发生事故的单位和当地政府按照应急预案迅速采取措施。主要的应急救援任务将由训练有素的应急救援队伍来完成，其他部门与机构则提供必要的救援物资与装备。在安全事故紧急处置过程中要根据事态发展变化情况，安排增加救援人员和救援器材，保障整个工作的有序进行。当出现急剧恶化的特殊险情时，现场应急救援指挥部在充分考虑专家和有关方面意见的基础上，依法及时采取紧急处置措施。

3. 医疗卫生救助任务

安全事故的发生总是伴随着人员伤亡现象的发生，因此及时抢救伤员，保障事故发生地

人们的生命安全是应急救援工作中的首要任务。为此，事发地卫生行政主管部门要负责组织开展紧急医疗救护和现场卫生处置工作。一方面要出动紧急救援医疗队；另一方面，可根据地方人民政府的请求，由更高级别的医疗管理机构及时协调有关专业医疗救护机构和专科医院派出的医疗专家、提供特种药品和特种救治装备进行支持。此外，事故灾难发生地疾病控制中心要根据事故类型，按照专业规程进行现场防疫工作。

4. 应急人员的安全防护任务

对于危险化学品泄漏、火灾等危险事故的应急救援，在实施快速救援的同时，必须按照相应的应急救援规程，做好现场应急救援人员的安全防护工作。例如化学事故中配置好足够数量的防毒面具，火灾事故中灭火人员必须配备消防服等。总之，应根据事故救援需要携带相应的专业防护装备，采取符合要求的安全防护措施，严格执行应急救援人员进入和离开事故现场的相关规定，确保应急救援人员的人身安全。因此，在生产事故高发的企业和相关单位，必须建立好应急救援安全防护服装、器材的储备及库存和使用管理工作，并定期对安全设施的完好性进行检查，并保证在事件发生时及时送达应急救援队使用。

5. 群众的安全防护任务

一部分安全事故不仅对生产现场造成很大的破坏，而且还对周边居民及环境产生很大影响。例如，2006 年重庆开县天然气井喷事故，其喷发的危险有毒气体直接危害事故现场几平方千米内的人畜安全，故应急救援指挥部组织了上万名居民的紧急撤离工作。

一般而言，群众的安全防护任务由应急救援指挥部协同地方政府负责组织群众的安全防护工作，其主要工作内容如下：

(1) 企业应当与当地政府、社区建立应急互动机制，确定保护群众安全需要采取的防护措施。

(2) 决定应急状态下群众疏散、转移和安置的方式、范围、路线、程序。

(3) 指定有关部门负责实施疏散、转移。

(4) 启用应急避难场所。

(5) 开展医疗防疫和疾病控制工作。

(6) 负责治安管理。

6. 社会力量的动员与参与

涉及面较广的重大安全事故，不仅要利用本企业或本地区专业应急救援队伍进行事故救援，而且要在更广的区域防范事故的危险扩散。这时，专业应急救援人员往往是不够的，一般要调动本行政区域的社会力量参与应急救援工作，包括其他企事业单位或其他地区的应急救援队以及社区内自发性的群众救援力量。需要注意的是，社会力量参与救援要服从统一指挥，一般从事外围的或辅助性的应急救援工作。

第 3 节　事故应急救援过程中的管理

一、安全事故应急救援的基本形式

安全事故应急救援的形式根据事故波及范围及其危害程度，可采取单位自救和社会救援两种形式。

1. 事故发生单位自救

事故发生单位自救是安全事故应急救援最基本、最重要的救援形式。这是因为事故发生单位最了解事故的现场情况,即使事故危害已经扩大到事故单位以外区域,事故发生单位仍需全力组织自救,特别是尽快控制危险源。在这种救援形式中,往往要求企业成立应急救援专业队伍,一旦发生事故,能够在最短时间内提供应急救援。

例如,目前受到高度重视的危险化学品生产、使用、储存、运输等单位都必须成立应急救援专业队伍,负责事故时的应急救援。而且生产单位对本企业产品必须提供应急服务,一旦产品在国内外任何地方发生事故,通过提供的应急电话能及时与生产厂家取得联系,获取应急处理信息或得到其应急救援人员的帮助。

2. 社会救援

当事故发生到一定程度,这时单凭企业自身力量已无法解决,这时要在应急救援指挥中心的领导下,启动社会救援系统。例如,国家危险化学品事故应急救援系统,不仅包括中央级别的危险化学品事故应急救援指挥中心,而且还按区域组建了化学事故应急急救中心,至于何时启动则完全由安全事故的等级来确定。如前所述,当危险化学品事故在达到Ⅱ级时,要在 24 h 内提供危险化学品事故应急救援信息咨询,同时派专家赴现场指导救援。而当达到Ⅲ级事故时,则在Ⅱ级基础上,出动应急救援队伍和装备参与现场救援。由此可见,只有建立更为完善的应急救援网络,才能使应急响应时间更短,从而使事故危害得到更有效的控制。

二、安全事故应急救援管理的一般过程

安全事故应急救援过程一般分为预防、准备、响应、处置、恢复 5 个阶段。为此,要在不同阶段对应采取相应的管理方法。在预防和准备阶段,其工作重点是加强对危险源的有效监控,通过严格的生产安全管理制度,防范安全事故的发生。对狭义的应急管理而言,应急救援往往主要是指后 3 个阶段的管理。

1. 安全事故的应急响应

安全事故的应急响应是指事故应急救援管理部门能够在尽可能短的时间内根据事故的性质与危害等级及时采取具有针对性的应急救援措施。

1) 事故应急响应与分级处置方法

(1) 分级处置方法定义。要进行科学的安全事故应急管理,必须进行合理的安全事故风险分级。安全事故风险分级的目的是为了针对不同的风险,给出事故应急救援的响应级别,并采取相应的风险减轻和控制措施。一般情况下,事故风险级别与事故应急救援响应级别相对应。

(2) 事故风险分级影响因素。当接到事故警报后,应急救援指挥机构会根据事故现场所反馈的信息,对事故发生的可能性和严重程度做出判断,即进行事故风险评价。目前,在各种安全事故的应急救援预案中,也都根据事故发生的严重程度,进行了相应的事故风险分级,并给出了重大事故应急救援的响应级别。一般而言,事故发生严重程度可以用定性风险评价方法和定量风险评价方法给出。在进行风险评价时,事故发生的严重程度与 3 个因素有关,即:事故伤害范围;事故伤害人数;人员影响区域。

2) 应急救援力量动员与事故风险分级

重大安全事故应急救援预案一般应给出针对安全事故的响应级别,而响应级别需要有对应的响应协调指挥机构和人员。按照人员伤害范围、人员伤亡情况、人员影响区域和事故

应急救援响应级别，进行事故风险分级。

总体预案按照不同的责任主体，把全国应急预案体系设计为6个层次。其中，国家总体预案是管总的，是全国应急预案体系的总纲，适用于跨省级行政区域，或超出事发地省级人民政府处置能力的，或者需要由国务院负责处置的特别重大突发公共事件的应对工作；专项应急预案主要是国务院及其有关部门为应对某一类型或某几类型突发公共事件而制定的应急预案，由主管部门牵头会同相关部门组织实施；部门应急预案由制定部门负责实施；地方应急预案指的是省市(地)、县及其基层政权组织的应急预案，明确各地政府是处置发生在当地突发公共事件的责任主体；企事业单位应急预案则确立了企事业单位是其内部发生的突发事件的责任主体。

各类突发公共事件按照其性质、严重程度、可控性和影响范围等因素，一般分为4级：Ⅰ级(特别重大)、Ⅱ级(重大)、Ⅲ级(较大)和Ⅳ级(一般)。

2. 安全事故的应急处置

在安全事故应急救援管理过程中，要保证实现应急救援的目标，实现对遭受事故灾难的受害者实施紧急救援，就必须具备较强的应急处理能力，为此要保证实现对救援队伍、救援手段(包含救援设备、救援物资与救援方法)、救援管理制度体系的3个到位。

1) 应急救援队伍

应急救援队伍是进入事故现场，进行事故应急救援与处置的主体，分为专业队伍与志愿者队伍两类。对于如危险化学品事故等恶性安全事故，事故初期，如不及时控制小事故将会演变成大灾难，将会给生命和财产造成巨大损失。因此，必须建立有常备的专业应急救援队伍，而且还要有相应的救援队伍值守制度，确保事故发生时，能够及时控制危害源，抢救受害人员，指导群众防护和组织撤离，清除危害后果。

2) 应急救援的条件和手段

安全事故应急救援除了需要救援人员这一主体因素外，救援器材与救援物资也是保证应急处置有效性的重要物质基础，而应急救援手段则是救援设备与人能否有效发挥作用的工作指南，包括科学合理的救援技术与高效规范的应急救援管理方法。为此，要注意做到以下两点：

(1) 救援物资储备与供应的及时充分。要通过对所在地区重大危险源的充分调研，明确潜在安全事故可能发生的规模，从而制定科学合理的应急资源储备规划，并明确应急指挥中心管理下的实物储备以及相应物质生产与供应单位的商品储备，以及周边地区可能提供的物资调配情况。从而对现有的应急救援资源进行动态调整和优化。而且从整个国家的应急管理看，还要有选择、分区域地建立若干个应急救援储备库，配备必要的现代化装备。

另外，仅有物资与装备的储备还是不够的，还需要强化整个应急资源的信息化管理，做好应急物资、装备储存、维护与调配，并合理管理与调度运输工具，使救援物资得到最及时和充分的供应。

(2) 加强应急人员的技能训练，提高事故救援能力。在目前出现的一些安全事故的应急处置中，应急救援队出击不可谓不及时，但是，一些地方和企业处置突发事故不当，致使灾难扩大；由此可见，必须通过各种途径加强应急救援人员的技能培训，并逐步实现各类安全事故应急救援工作能力评估，推出相应的职业资格培训与考核，如现在推行的安全工程师职业资格等。

3) 应急救援管理制度体系的完善

对于安全事故应急救援而言,仅有物质方面的条件还是不够的,必须要在应急管理的软件建设上同样达到相应的水平,这样才能够真正有效保障应急救援工作取得良好的效果。对应急救援管理的制度体系而言,主要是完善以下几个方面的制度:

(1) 完善应急救援的指挥体系。应急救援的指挥是整个应急管理工作的中枢神经,对应急救援工作的反应效率、救助效果起到十分重要的作用。因此,必须要从制度上确立应急救援指挥中心的领导地位。并建立一套行之有效的预警、协商、决策及事后总结评估制度,从而使救援能力与指挥水平不断提高。

(2) 完善事故应急救援预案体系。根据国际上事故应急管理的经验与我国应急管理工作实践,建立与完善事故应急预案体系具有十分重要的作用。其中,煤矿、冶金、化工、水运和供电等部门都要把生产安全事故应急预案编制作为应急管理工作的头等大事抓紧抓好。只有在各生产部门和重大危险源所在单位建立一套行之有效的应急预案体系,才能确保应急救援成为一项科学的管理活动。

(3) 完善应急救援协调机制。在众多重大应急事故中,仅靠事故发生单位和事故所在地区自身的应急救援往往是不够的。这就需要其他单位或其他地区参与救援。只有这样才能调动一切力量,取得对重大安全事故的快速有效的控制,从而减少人员伤亡和财产的损失。应急协调主要包括以下几个方面:救援人员参与的协调;救援物资与装备调用的协调;应急救援知识与技能的共享;应急救援培训与演练的协调。

(4) 完善应急救援的信息管理与决策支持体系。要在各行业建立全国性的应急救援信息网络,提供科学、准确、快捷的应急救援信息服务,为各类安全事故救援处置提供咨询服务。例如,建立并维护全国危险化学品登记管理数据库和动态统计分析信息系统。

三、应急救援保障体系

在安全事故应急救援的综合体系中,除了应急救援指挥系统的正确决策与领导,应急救援队伍的全体救援人员的工作热情与效率外,还需要一些物质与技术上的综合保障,这样才能使整个应急救援工作取得成效。

概括而言,应急救援保障体系应包括以下 7 个方面的内容:

1. 救援装备保障

从目前我国应急救援的总体水平来看,在应急救援指挥系统建设、救援预案建设方面确实取得了很好的成果,但是在应对一些危险行业的安全事故时依然表现出救援装备水平比较落后,无法胜任未来更为复杂的安全事故威胁的情况。为此,必须要加强对应急装备技术的研究,保证各专业应急救援队伍和企业根据实际情况和需要配备必要的应急救援装备;同时还要建立应急救援装备管理信息系统,确保专业应急救援指挥机构能够根据不同事故的需要,综合调度各类应急救援设备。

最后,要根据所掌握的本专业特种救援装备情况,使各类专业救援队伍按规程配备救援装备。在增加救援装备配备的同时,还要注重对救援装备的日常维护保养,并适时更新装备。

2. 交通运输保障

交通运输保障是实现应急救援快速性的关键。要保证各种运输工具,尤其是运输救援队伍与物资的车辆性能好,调用及时。当发生特别重大安全生产事故灾难后,国务院安委会办公室或有关部门会根据救援需要及时协调民航、交通和铁路等行政主管部门提供交通运输保障。地方人民政府有关部门也会对事故现场进行道路交通管制,根据需要开设应急救援特别通道，道路受损时也迅速组织抢修，确保救灾物资、器材和人员运送及时到位，满足应急处置工作需要。

3. 医疗卫生保障

当安全事故发生时，往往会造成人员伤亡，因此及时快速抢救受伤人员，应该成为应急救援的首要任务。各地县级以上人民政府应当加强急救医疗服务网络的建设，配备相应的医疗救治药物、技术、设备和人员，使专业的医疗救援队能够召之即来，来之能战，不断提高医疗卫生机构应对安全生产事故灾难的救治能力。

4. 救援物资保障

由于救援物资是应对各种安全事故的重要物质基础，所以国务院有关部门和县级以上人民政府及其有关部门、企业，应当建立应急救援材料、救援抢险器材、救治药品和医疗器械等的储备制度，储备必要的应急物资和装备。

在大的地区要建立应急救援物资的储备库，各重大危险源所在单位也要储备直接针对本单位可能突发安全事故的救援物资；并且各专业应急救援机构还应根据实际情况，负责监督应急物资的实物储备以及掌握应急物资的生产加工能力储备情况。

5. 救援资金保障

生产经营单位应当做好事故应急救援必要的资金准备。安全生产事故灾难应急救援资金首先由事故责任单位承担，事故责任单位暂时无力承担的，由当地政府协调解决。国家处置安全生产事故灾难所需经费按照《财政应急保障预案》的规定解决。

6. 社会动员保障

对于影响面较大的安全事故，除了专业的应急救援队伍之外，还需要动员社会力量的参与。因此，地方各级人民政府可根据需要动员和组织社会力量参与安全生产事故灾难的应急救援。国务院安委会办公室协调调用事发地以外的有关社会应急力量参与增援时，地方人民政府要为其提供各种必要保障。

7. 技术储备与保障

由于化工、电力、矿山等行业的安全事故具有专业性强，救援技术要求较高等特点；因此，各级安全事故应急救援指挥机构要督促成立安全生产事故灾难应急救援专家组，为应急救援提供技术支持和保障。另外，还可充分利用安全生产技术支撑体系的专家和机构，研究安全生产应急救援重大问题，开发各类急需的应急技术和装备。

第4节 企业常见事故应急处置

本节参照《企业职工伤亡事故分类标准》(GB 6441—86)中的20类事故类型以及7类职业危险有害因素，进行归纳分类，重点阐述了各类事故特征及其应急处置。各类事故的应急处置主要针对企业层面的应急救援技术及防控要点。其中，将机械伤害、触电、火灾、中毒与窒息、淹溺、灼烫、坍塌、火药爆炸、粉尘爆炸、高处坠落、物体打击、高温中暑、低温冻伤归为企业常见事故；将锅炉爆炸、起重伤害、压力容器爆炸、场(厂)内机动车辆伤害、电梯事故归为特种设备事故；将放炮、透水、瓦斯爆炸、冒顶片帮、辐射伤害归为其他类型事故。

一、机械伤害事故

1. 机械伤害事故特征

机械伤害造成的受伤部位可以遍及人体的各个部位，如头部、眼部、颈部、胸部、腰部、脊柱、四肢等，有时会造成人体多处受伤，后果非常严重。在常见伤害事故应急处置中，对受伤者的抢救非常关键，如果现场急救正确及时，不仅可以减轻伤者的痛苦，降低事故的严重程度，而且可以赢得抢救时间，挽救伤者的生命。

机械伤害主要指机械设备运动（静止）部件、工具、加工件直接与人体接触引起的夹击、碰撞、剪切、卷入、绞、碾、割、刺等形式的伤害。各类转动机械的外露传动部分（如齿轮、轴、履带等）和往复运动部分都有可能对人体造成机械伤害。在机械安全中，有一些部位是危险系数较高的部分，因而需要加强关注和防护，如齿轮部件后中齿轮的咬合处、皮带传动机械中皮带和转盘的接合处、机床操作中操作台本身的尖锐部位、风扇叶等转动物体等，都是机械行业中常见的易于发生安全事故和造成人身伤害的危险部位。

常见伤害人体的机械设备有：农业机械、重型矿山机械、工程机械、石油化工通用机械、机床、电工机械、汽车、基础机械、包装机械、环保机械、其他机械等。

2. 机械伤害事故应急处置

1）现场应急响应

(1) 现场人员应保持冷静，排除危险源，如立即停止相关作业，切断电器设备的动力电源，隔离危险物质，将受伤人员转移至安全区域。

(2) 对伤员进行检查，采取相应的临时性急救措施。检查局部有无创伤、出血、骨折、畸形等变化，根据伤者的情况，有针对性地采取人工呼吸、心脏挤压、止血、包扎、固定等临时应急措施。

(3) 迅速拨打“119”和“120”电话报警，在电话中说明确切的地点、联系方法、行驶路线；简要说明伤员的受伤情况、症状等，并询问清楚在救护车到来之前，可以采取的措施；派人到路口引导救护人员进入现场。

(4) 上报事故情况，接受上级的指令。明确事故的性质、发生的时间、发生的地点；人员受伤的程度，典型症状等，受困人情况、人数等；已采取的控制措施及其他应对措施；现场救治所需的专业人员及设备；报警单位、联系人员及通信方式等。

2）接警

应急救援调度指挥中心必须保持与事故现场的联系，并及时将现场最新情况向正赶往现场途中的指挥员通报。

3）力量调集

根据事故情况，迅速组织救援力量达到现场，出动抢险救援车等相关车辆、配备相关救援器材，调派医疗救护队等。用于机械事故救援现场中的器材，主要包括无齿锯、丙烷切割器、气动切割刀、便携式万向切割刀、液压剪扩两用刀、氧气切割器、气动破拆工具组等相关器材。若事故救援是在夜间或光线不足处，则需用车载照明灯、三角移动照明灯、移动式发电机等提供照明，保证救援现场能见度，确保救援工作顺利进行。

4）现场侦察

救援人员达到现场后，应仔细观察事故现场情况，向知情人员了解事故过程，不能盲目采取行动。应根据机械结构、原理的信息资料确定救援方式和具体措施，根据现场情况拟定救援方案。

5）设置警戒

根据救援的需要设置警戒区域，禁止非救援人员进入，以免造成二次伤害事故以及影响救援行动。

6）实施救援

机械事故往往是遇险者的肢体被机械设备卷进、夹住，应根据实际情况，采取相应的救援方法。

7）现场清理

在机械事故救援结束后，做好相关清理和善后工作。由安全生产监督管理部或其他部门组织相关单位和人员开展事故调查，并做好记录。

3. 注意事项

（1）立足自救，建立事故应急顶案。在现场出现紧急情况时，要求第一发现人应在确保自身安全的情况下切断机械的电源，切断事故源，及时将事故或紧急状态迅速通知给所有有关员工和相关人员，并及时报警。

（2）坚持"救人第一"的指导思想，正确处理救人与保护物资的关系，优先考虑救人。

（3）在机械事故救助过程中，应当在工程技术人员的指导下进行。要熟悉机械结构和原理，防止遇险者受到二次伤害。

（4）救援处置要迅速，防止伤员组织坏死或失血过多，造成生命危险。

（5）使用各种切割器具时，防止动作过大造成二次伤害，使用气体切割或金属切割时，要对遇险者肢体采取遮盖和降温措施，以防二次伤害；同时注意切割器材产生的火花引燃附近可燃物。

（6）在救援过程中应稳定好伤员情绪，做好受伤部位的保护工作，对生命垂危的人员可采取边实施医疗救护，边科学救援，防止因救援时间过长导致人员死亡或二次伤害事故。

二、触电事故

1. 触电事故特征

根据能量转移论的观点，电气危险因素是由于电能非正常转移形成的。电气事故可分为触电事故、雷击事故、静电事故、电磁辐射事故和电气装置事故等，其中以触电事故最为常见。

触电分为电击和电伤两种伤害形式。电击是电流通过人体，刺激机体组织，使肌肉产生针刺感、压迫感、打击感、痉挛、疼痛、血压异常、昏迷、心律不齐、心室颤动等造成伤害的形式。严重时会破坏人的心脏、肺部、神经系统的正常工作，形成危及生命的伤害。电伤是电流的热效应、化学效应、机械效应等对人体所造成的伤害，能够形成电伤的电流通常都比较大。伤害多见于机体的外部，往往在机体表面留下伤痕。电伤的危险程度决定了受伤面积、受伤深度、受伤部位等。电伤包括电烧伤、电烙印、皮肤金属化、机械损伤、电光性眼炎等多种伤害。

2. 触电事故应急处置

1）现场应急响应

现场人员应迅速关闭开关，切断电源，用绝缘物品挑开或切断触电者身上的电线等带电物品；对伤员进行检查，采取相应的临时性急救措施。检查局部有无创伤、出血、骨折、畸形等变化，根据伤者的情况，有针对性地采取人工呼吸、心脏挤压、止血、包扎、固定等临时应急措施；迅速拨打"119"和"120"电话报警，在电话中说明确切的地点、联系方法、行驶路线；简要说明伤员的受伤情况、症状等，并询问清楚在救护车到来之前，可以采取的措施；派人到路口引导救护人员进入现场。

2）接警

应急救援调度指挥中心必须保持与事故现场的联系，并及时将现场最新情况向正赶往现场途中的指挥员通报。

3）力量调集

根据事故情况，迅速组织救援力量到达现场，出动抢险救援车等相关车辆、配备相关救援器材，调派医疗救护队等。

4）现场侦察

不能盲目采取行动，应根据现场情况拟订救援方案。

5）设置警戒

根据救援的需要设置警戒区域，禁止非救援人员进入，以免造成二次事故，或影响救援行动。

6）实施救援

脱离电源后，应判断触电伤员的受伤情况，根据不同受伤程度采取不同的救护措施。触电伤员神志清醒，应使其就地躺平，严密观察，暂时不要站立或走动，情况稳定后方可正常活动。

轻度昏迷或呼吸微弱者，可针刺或掐人中、十宣、涌泉等穴位，并送医院救治。触电者曾一度昏迷，但已清醒过来，应使触电者安静休息，不要走动，严密观察并送医院。

触电者伤势较重，已失去知觉，但心脏跳动和呼吸还存在，应将触电者抬至空气畅通处，解开衣服，让触电者平直仰卧，并将衣服垫在身下，使其头部比肩稍低，以免妨碍呼吸，如天气寒冷要注意保暖，并迅速送住医院。如果触电者发生痉挛、呼吸困难，应立即准备对心脏停止跳动或者呼吸停止后的抢救。

对触电后无呼吸但心脏有跳动者，应立即采用口对口人工呼吸，若伤者口紧闭，可用口对鼻呼吸。对有呼吸但心脏停止跳动者，应立即进行脑外心脏挤压法进行抢救，并送往医院。

如触电者心跳和呼吸都已停止，应同时采用人工呼吸和心脏挤压法等措施交替进行抢救，并送往医院。

触电者呼吸、心跳情况的判定。触电伤员如意识丧失，应在10s内，用看、听、试的方法，判定伤员呼吸心跳情况。如果看、听、试结果，既无呼吸又无颈动脉搏动，可判定呼吸心跳停止，采用人工呼吸或心肺复苏的急救方法。

7）现场清理

在触电事故救援结束后，做好相关清理和善后工作。由安全生产监督管理部门或其他部门组织相关单位和人员开展事故调查，并做好记录。

3. 注意事项

(1) 现场急救贵在坚持。

(2) 心肺复苏应在现场就地进行。

(3) 现场电击急救，对采用肾上腺素等药物应持慎重态度，如果没有必要的诊断设备和足够的把握，不得乱用。

(4) 对电击过程中的外伤特别是致命外伤（如动脉出血等）也要采取有效的方法处理。

(5) 救护人员不可直接用手、其他金属及潮湿的物体作为救护工具，而应使用适当的绝缘工具。救护人员最好用一只手操作，以防自己触电。

(6) 防止触电者脱离电源后可能的摔伤，特别是当触电者在高处的情况下，应考虑防止坠落的措施。即使触电者在平地，也要注意触电者倒下的方向，注意防摔。救护者也应注意救护者自身的防坠落、防摔伤措施。

(7) 救护者在救护过程中特别是在杆上或高处抢救伤者时，要注意自身和被救者与附近带电体之间的安全距离，防止再次触及带电设备。电气设备、线路即使电源已断开，对未做安全措施挂上接地线的设备也应视作有电设备。救护人员登高时应随身携带必要的绝缘工具和牢固的绳索等。

(8) 如果事故发生在夜间，应设置临时照明灯，以便于抢救，避免意外事故，但不能因此延误切除电源和进行急救的时间。

三、火灾事故

1. 火灾事故特征

火灾是指在时间和空间上失去控制的燃烧所造成的灾害。按照国家标准《火灾分类》(GB/T 4968—2008)的规定，火灾根据可燃物的类型和燃烧特性，分为A、B、C、D、E、F六类。

A类火灾是指固体物质火灾。这种物质通常具有有机物质性质，一般在燃烧时能产生灼热的余烬。如木材、煤、棉、毛、麻、纸张等火灾。适用扑灭A类火灾的灭火器有水型灭火器、泡沫灭火器、干粉灭火器、卤代烷灭火器。

B类火灾是指液体或可熔化的固体物质火灾。如煤油、柴油、原油，甲醇、乙醇、沥青、石蜡等火灾。适用扑灭B类火灾的灭火器有：干粉灭火器、泡沫灭火器、卤代烷火火器。

C类火灾是指气体火灾。如煤气、天然气、甲烷、乙烷、丙烷、氢气等火灾。适用扑灭C类火灾的灭火器有：干粉灭火器、卤代烷灭火器。

D类火灾是指金属火灾。如钾、钠、镁、铝镁合金等火灾。一般用干沙掩埋的方式灭火，忌用水、泡沫及含水性物质，也不能用二氧化碳及常用的干粉灭火器。

E类火灾是指带电火灾，如物体带电燃烧的火灾。适用扑灭E类火灾的灭火器有：二氧化碳灭火器、干粉灭火器、卤代烷灭火器。

F类火灾是指烹饪器具内的烹饪物，如动植物油脂火灾。适用扑灭F类火灾的灭火器有：干粉灭火器。

火灾事故通常有如下特点：

1) 人为因素突出

绝大部分火灾事故都是责任事故，是人为过失引起的。这类火灾事故占火灾总数的90%以上，而剩下的10%属于自然因素引起的火灾，如雷击、自燃等。但在自然因素的背后，也有许多因素与人为的管理和预防有关。

2) 火灾发生次数较为频繁

火灾事故在单位时间里的发生频率，比任何其他的灾害要高，并且与广大人民群众的生产、生活紧密相连。人员越多、越集中的地方，经济越发达的地方，火灾越多。从我国近10年来的统计可知，每年都要发生火灾10多万起。特别是近几年，我国每年都要发生20多万起火灾。

3) 火灾发生区域广泛

由于人们生活现代化程度的提高，致使诱发火灾的因素大大增加，人们的生活已经离不开火、电、气。如在电气化社会中，电气火灾已成为主要的城市居民火灾类型。

4）火灾风险率与社会经济的发展速度成正比

随着科学技术高度发展、经济建设突飞猛进，生产规模迅速增大，人口和资源高度集中，造成了火灾因素普遍增多，而且失火后燃烧蔓延快，控制和扑救困难，容易形成特大和恶性火灾，造成严重的人员伤亡和经济损失。如随着建筑行业、石油化工行业的发展，高层建筑、地下建筑、石油化工火灾扑救，是目前世界公认的三大难题。

2. 火灾事故应急处置

1）现场应急响应

(1) 迅速拨打“119”电话报警，在电话中说明确切的地点、联系方法、行驶路线；如实报告火情，说明火场火势、有无被困人员；说明火场特点，如居民楼着火，说明几楼着火；工厂着火，说明有无爆炸和毒气泄漏，以及燃烧物的性质，如木材、煤气、化工原料等；留下报警人的姓名和电话；派人到路口迎候消防车，指引消防车。

(2) 现场人员应保持冷静，判断火灾类型，采取正确措施进行初期火灾的扑灭与控制。在扑救初起火灾时，必须遵循的原则有：先控制后灭火，救人第一，先重点后一般的原则；发现火灾，立即组织人员参加灭火与疏散。

(3) 抢救现场伤员，将伤员转移至安全区域，对伤员进行检查，采取相应的临时性急救措施。检查局部有无创伤、出血、骨折、畸形等变化，根据伤者的情况，有针对性地采取人工呼吸，心脏挤压、止血、包扎、固定等临时应急措施。

(4) 上报事故情况，接受上级的指令。明确事故的性质、发生的时间、发生的地点；人员受伤的程度，典型症状等，受困人情况、人数等；已采取的控制措施及其他应对措施；现场救治所需的专业人员及设备；报警单位、联系人员及通信方式等。

2）接警

应急救援调度指挥中必须保持与事故现场的联系，并及时将现场最新情况向正赶往现场途中的指挥员通报。

3）力量调集

根据事故情况，迅速组织救援力量达到现场，出动抢险救援车等相关车辆、配备相关救援器材，调派医疗救护队等。

4）现场侦察

救援人员达到现场后，应仔细观察事故现场情况，向知情人员了解事故过程，不能盲目采取行动。根据现场情况拟定救援方案。

5）设置警戒

根据救援的需要设置警戒区域，禁止非救援人员进入，以免造成二次伤害事故，以及影响救援行动。

6）实施救援

专业救援队伍前来进行专业的火势控制与人员救助。

7）现场清理

在火灾事故救援结束后，做好相关清理和善后工作。由消防部门组织相关单位和人员开展事故调查，并做好记录。

3. 注意事项

(1) 当火灾初起时,现场人员在立足自救的同时,应立即报警,即使本单位有义务、专职消防队,也要打“119”呼救求援。

(2) 明确火灾发生的原因,选用正确的应急处置措施,防止事故进一步扩大。

(3) 不得占用消防通道和消防设施。

(4) 当火情得不到控制时,应及时组织人员疏散,等待专业消防队伍到来。

四、中毒与窒息事故

1. 中毒与窒息事故特征

中毒事故是指吸入有毒气体或误食有毒食物引起的人体急性中毒的事故;窒息事故是指在空气中含氧浓度较低的作业场所内操作,人由于氧气不足而发生晕倒,甚至死亡的事故。

企业典型的中毒事故有食物中毒、煤气中毒、化学中毒。其中化学中毒包括职业中毒(急性、慢性职业中毒)、农药中毒(生产性、非生产性接触中毒)、药物中毒(滥用药物、吸毒等)。常见的化学毒物有:煤气、氯气、氨气、硫化氢、液化石油气、二氧化硫、苯、氰化氢、各类农药等。

较易发生中毒窒息事故的作业环境主要包括以下 3 种场所:

(1) 封闭或半封闭设备:如船舱、储罐、反应塔、冷藏车、沉箱及锅炉、压力容器、浮筒、管道、槽车等。

(2) 地下有限空间:如地下管道、地下室、地下仓库、地下工事、暗沟、隧道、涵洞、地坑、矿井、废井、地窖、沼气池及化粪池、下水道、沟、井、池、建筑孔桩、地下电缆沟等。

(3) 地上有限空间:如储藏室、酒糟池、发酵池、垃圾站、温室、冷库、粮仓、封闭车间、试验场所、烟道等。

由于密闭空间狭小、通风不良,空气不流通,因生产、储存、使用危险化学品或因生化反应而产生如硫化氢、二氧化碳、一氧化碳、沼气等有毒有害气体。这些有毒有害气体的密度通常比空气重,容易沉降,不断积累并充斥狭小的空间,形成较高浓度的有毒气体,创造了发生中毒事故的环境条件。如果在此类空间作业,发生急性中毒事故的可能性较高。

在有限空间内,由于通风不良,随着生物的呼吸作业(如人的呼吸)或者物质的氧化作用,密闭空间逐渐形成缺氧状态,氧浓度低于 17%时,即形成导致窒息的事故环境,当人员进入该环境时,可能发生窒息事故。

2. 中毒与窒息事故应急处置

1) 现场应急响应

(1) 发现密闭场所可能出现中毒窒息事故时,绝对不能在未采取呼吸防护措施的情况下盲目进入场所救人,现场人员应保持冷静,立即停止相关作业,通知相关人员,在保证自身安全的情况下作救援处置。

(2) 迅速拨打“119”和“120”电话报警,在电话中说明确切的地点、联系方法、行驶路线;派人到路口引导救护人员进入现场。

(3) 上报事故情况,接受上级的指令;明确事故的性质、发生的时间、发生的地点;人员受伤程度,典型症状,受困人员情况、人数等;已采取的控制措施及其他应对措施;现场救治所需的专业人员及设备;报警单位、联系人员及通讯方式等。

2) 接警

应急救援调度指挥中心必须保持与事故现场的联系，并及时将现场最新情况向正赶往现场途中的指挥员通报。

3）力量调集

根据事故情况，迅速组织救援力量到达现场，出动抢险救援车等相关车辆，配备相关救援器材，调派医疗救护队等。用于中毒窒息事故救援现场中的器材主要包括检测设备、消洗工具、防护服等相关应急工具。

4）救援作业前的检测

救援人员达到现场后，应仔细观察事故现场情况，向知情人员了解事故过程，按照先检测、后施救的原则行动。当氧气含量在 18%～23.5%，其他有毒有害气体、可燃气体、粉尘容许浓度符合国家标准的安全要求时，方可进入。在缺乏专业检测器材的情况下，可用如下的检测和防护方法：

(1) 从场外放置动物（如小鸟、白鸽、白鼠、兔子等）进入场所，观察其是否有中毒窒息反应。

(2) 对于古井之类的场所，在确保不会发生火灾爆炸的情况下，可采用点火试探的方法，如果燃烧更剧烈或者燃烧熄灭，均不能进入。

5）设置警戒

根据救援的需要设置警戒区域，禁止非救援人员进入，以免造成二次伤害事故，影响救援行动。

6）实施救援

密闭场所内严重缺氧或存在有毒气体时，必须采取充分的通风换气措施，严禁使用纯氧进行通风换气。对于因防爆、防氧化而不能采用通风换气措施或受作业环境限制不易充分通风换气的场所，救援人员必须配备并使用空气呼吸器或软管面具等隔离式呼吸保护器具。救援人员在救人过程中，尽量多人配合，利用绳索系在腰间，做好自身应急防范。

当中毒窒息者被救出密闭场所后，应立即将其抬放到通风良好的地方，解开衣服、裤袋，提供氧气。对于呼吸停止者，应做人工呼吸；对心跳停止者，应做心肺复苏；对于严重中毒者，应迅速送住医院救治。

7）应急洗消

洗消工作一般在化学毒物泄漏得到完全控制，中毒人员被抢救出来后全面展开，它是一项要求高、技术强的现场处置工作。主要对染毒人员和器材装备进行消洗，一般可用大量的、清洁的并经加热后的水进行消洗；如果泄漏毒物的毒性大，应该使用加入相应消毒剂的水进行消洗。

8）现场清理

在中毒与窒息事故救援结束后，做好相关清理和善后工作。由安全生产监督管理部门或卫生部门组织相关单位和人员开展事故调查，并做好记录。

3. 注意事项

(1) 救援人员应做好个人防护并进行相关物质检测后，才能进入危险区域实施救援。

(2) 救援人员实施作业时，严禁在易燃易爆气体或液体泄漏区域内的下水管道等地下空间顶部、井口处滞留。

(3) 离开毒区后，救援人员必须进行消洗，防止交叉感染。

(4) 要选择合适的检测仪器，验证仪器的防爆性能，并根据爆炸危险区域的分区，确定仪器防爆结构的选型、仪器的级别和组别。

(5) 在检测前,仪器要在新鲜空气处调零并调整报警浓度,检测结果要将检测读数值与安全值比较后下结论。

五、坍塌事故

1. 坍塌事故特征

坍塌是指物体在外力或重力作用下,超过自身的强度极限或因结构稳定性破坏而造成伤害、伤亡的事故,如挖沟时的土石塌方、脚手架坍塌、堆置物倒塌等,不适用于矿山冒顶片帮和车辆、起重机械、爆破引起的坍塌。坍塌事故会造成生产设备损坏,生产瘫痪,财产损失和人员伤亡。坍塌事故有如下特点:

1) 突发性强

受自然或人为因素影响,建(构)筑物可能发生倒塌,因事故的发生往往出乎人们的意料,使人们很难在事故发生前实施有效的预防措施。虽然由地震等部分因素造成的建筑物倒塌事故,能给人们一些感知,但是往往在感知的时间段内,倒塌的情形来势迅猛,使人们在尚未做出反应的情况下,已经被困于废墟之中。

2) 人员伤亡、设备设施损坏

建(构)筑物内为人员活动区域,当发生倒塌事故时,常常造成多人伤亡。还可能造成道路交通、通信、建筑内部燃气、供电等设备设施损坏。

3) 继发性突出

突发性建(构)筑物倒塌事故发生后,以其破坏后果为导因,还将诱发各种次生灾害,如火灾、危险化学品泄漏、细菌污染、放射性污染等次生灾害。尤其是化工装置等构筑物倒塌事故,极易形成连锁反应,引发有毒气(液)体泄漏和燃烧爆炸事故发生。

4) 救援难度大

一旦发生大型建(构)筑物倒塌事故,往往导致多人伤亡,并产生次生灾害,破坏基础设备设施、交通、供水、供电、通信等生命工程,使救援队伍难以到位。此外,若大规模倒塌,则很难及时判明被埋压人的数量和位置,即使判明,也难以迅速救出。

2. 坍塌事故应急处置

1) 现场应急响应

(1) 一旦发生坍塌事故,现场人员发现后,应立即大声呼喊或向上级汇报。

(2) 立即停止现场相关作业,如停止混凝土的浇灌,停止掏挖或吊装等。

(3) 现场管理人员立即组织现场作业人员疏散至安全区域,并划出危险区域,拉起警戒线,不准人员靠近。

(4) 清点人员,确定有无人员失踪、受伤,确定被埋、压人员的数量和位置,并组织抢救已救出的受伤人员。

(5) 报告坍塌部位、坍塌面积、有无伤亡、目前采取的应急措施、是否需要派救护车、消防车或警力到现场实施应急救援。

(6) 现场管理人员或部门成立临时指挥部,及时了解和掌握现场的整体情况,并向上级报告,请求增援力量;同时根据现场情况,拟定倒塌救援实施方案,对救援现场进行统一指挥和管理。在确保无二次坍塌的情况下立即组织有效的挖掘工作。

2) 接警

应急救援调度指挥中心必须保持与事故现场的联系,并及时将现场最新情况向正赶往现场途中的指挥员通报。

3）力量调集

根据事故情况，迅速组织救援力量到达现场，出动抢险救援车等相关车辆，配备相关救援器材、调派医疗救护队等。需要调集的应急装备器材有救生、探测、破拆、切割、扩张、牵引、起重、撑顶等救援器材，以及大型的铲车、吊车、推土机、挖掘机、拆除机等工程机械车辆。

4）事故现场侦查和判断

迅速查明情况，采取针对性的救援措施。包括：

(1) 倒塌部位和范围，可能涉及的受害人数。

(2) 可能受害人或现场失踪人员在坍塌事故前被人最后看到时所处的位置。

(3) 开展现场施救需要的人力和物力方面帮助，何时何处能获得这些帮助。

(4) 现场二次伤害发生的可能性，如火灾、二次坍塌、爆炸等。

5）实施救援

(1) 切断气、电和自来水源，并控制火灾爆炸。坍塌现场可能缠绕着带电的拉断的电线电缆，随时威胁着被埋压人员和施救人员；断裂的燃气管道泄漏的气体既能形成爆炸性气体混合物，又能增强现场火灾的火势；从断裂的供水管道流出的水能很快将地下室或现场低洼处的坍塌空间淹没。此外，有些电、气、水的现场控制开关也都可能被埋压在废墟里，一时难以实施关断。可通过关断现场附近的局部总阀或开关消除这些危险；同时可使用开花或喷雾扑灭事故次生的火灾，控制泄漏的可燃气体形成爆炸性气体混合物，消除现场引火源。

(2) 现场清障，开辟进出通道。迅速清理出入现场的通道，在现场附近开辟救援人员和车辆集聚空地，确保现场拥有一个急救场所和一条供救援车辆进出的通道，以便外部救援力量的顺利到达。

(3) 救助倒塌废墟表面被困者。在确定暂时无二次伤害事故发生时，应在现场侦查的同时立即开展对倒塌废墟表面上被困人员的救助，使其尽快脱险。并派专人负责对脱险人员进行清点和姓名单位登记，避免因疏忽漏记造成不必要的现场搜寻工作；如果时间和情况允许，还应细致地询问倒塌前脱险人员所处的部位，以便估计失踪人员可能被困的部位和确定后续的救援与挖掘工作。

(4) 搜寻倒塌废墟内部空隙存活者。在倒塌废墟表面受害人被救后，在现场力量充足的条件下，在施救的同时，应该立即实施对倒塌废墟内部受害人的搜寻。建(构)筑物倒塌后，在其废墟内部几乎总会存在些空隙或狭小空间，这是受害人可能生还的唯一部位。应及时分析和判断废墟中可能存在的生存空间部位，并进行生命搜寻。

(5) 清除局部倒塌物，实施局部挖掘救人。应有选择地进行局部清道和挖掘工作，以便探寻受害人和开辟便利的救援通道。它可能涉及挤压在生存空间上的倒塌物的搬移、大块楼板或墙体的挖洞、建筑钢筋或梁柱的切割、现场不稳倒塌残物的临时固定等。在此工作之前，需明确受害者被埋压部位，由有经验的人员制订初步救援方案。

6）现场清理

在确定事故现场无生存者后，才允许进行倒塌废墟的全面清理工作，使用大型机械设备。全面清理工作涉及清理任务和区域划分、清理的先后顺序、挖铲搬移废物临时集中场所的确定、装运、拉离现场前的贵重物品和可能失踪者尸体搜寻检查等。在坍塌事故救援结束后，做好相关清理和善后工作，由安全生产监督管理部门或其他部门组织相关单位和人员开展事故调查，并做好记录。

3. 注意事项

(1) 发生坍塌事故后，现场人员立即停止作业，迅速撤离危险区域，并清点人数。若有人员失踪，应了解失踪人员情况，第一时间抢救被埋人员，避免延误抢救时间。

(2) 救援作业前应评估抢险场所可能潜在的危害，避免二次坍塌造成对救援人员的伤害。

(3) 为救援人员提供有效的个人防护器具、抢险救援器具，在救援前务必佩戴好安全帽，穿戴好劳保防护用品，备好相关的抢险救援器具。

(4) 救援人员在全程救援行动中，要注意倾听遇险人员的呼喊、呻吟、敲击等声音，以便确定待救者的具体位置，实施救助行动。

(5) 在救援初期和被埋压人员仍有生还可能时，不得直接使用大型铲车、吊车、推土机等机械设备清理现场。

(6) 在实施救援时，不要很多救援人员聚在一个地点展开行动，防止造成坍塌后相对稳定的结构移位，造成二次伤害事故。

(7) 事故现场喧杂，会妨碍救援行动的开展。当采用喊话、敲击或使用生命探测仪器设备及利用搜救犬搜索埋压人员时，要尽可能保持场所相对安静，以提高搜索的灵敏度和准确性。

(8) 为尽可能抢救遇险人员的生命，抢救行动应遵循 6 项原则：一是救命为先，先救人后救物，先伤员后尸体；二是先易后难，先表层后底层；三是先救人员密集区，后救人员分散区；四是先用手扒，再用工具，先简单工具，后小型器具，再大型机械；五是先救急重伤员，后救一般伤员；六是边挖边治，边救治边转移。

(9) 在使用破拆工具进行救援时，首先要对被救者进行防护，以防止坠落物砸伤或用机械切割，防止火花飞溅伤人，减轻震动伤痛。

(10) 挖到伤员时，不可用利器刨挖，不可拉扯，以防止脊椎拉伤致残。

(11) 如果被救者被埋了 24 h 以上，并没有见到光亮，在将其救出时，要将被救者眼睛进行遮盖，以防止光亮直接刺伤眼睛。

(12) 对塌陷的地下建筑灾害事故现场，抢险救援行动要坚持“地面地下同时救援”原则，选择发生二次倒塌概率小的截面作为救援阵地，利用软梯、安全绳、9 m 或 15 m 拉梯等器物，深入到倒塌处搜救表面遇险人员。

(13) 当伴随有火灾发生时，救人、灭火应同时进行。如果救援区域含有有毒有害物质，要给被救者佩戴简易防毒面具或用湿毛巾堵住口、鼻等，防止其继续中毒。

(14) 对被营救出来的人员进行登记，对遇难者做好标记。

(15) 对清理和挖掘出的尸体进行及时消毒，妥善放置指定地点。

(16) 应急救援结束后，应派专人全面彻底检查，确认危险已经彻底消除，防止其他危险隐患存在。

六、粉尘爆炸事故

1. 粉尘爆炸事故特征

粉尘爆炸属于化学性爆炸，常指的是可燃性粉尘引起的爆炸。按照可燃性粉尘的性质可分为天然有机粉尘、自然物质粉尘、人工合成有机粉尘、金属粉尘、爆炸性物质粉尘。粉尘爆炸一旦发生，往往会造成严重的人员伤亡，并给企业带来巨大的经济损失，严重威胁工业生产安全。

常见的可爆粉尘材料包括：农林（粮食、饲料、食品、农药、肥料、木材、糖、咖啡等）、矿冶（煤炭、钢铁、金属、硫磺等）、纺织（塑料、纸张、橡胶、染料、药物等）、化工（多种化合物粉体）。常见粉尘爆炸场所有：室内（通道、地沟、厂房、仓库等）和设备内（集尘器、除尘器、混合机、输送机、筛选机、料斗、高炉、打包机等）。

由于粉尘爆炸的特点，粉尘爆炸感应期较气体爆炸长，粉尘从接触火源到发生爆炸所需的时间长达数十秒，若在此期间能迅速采取有效应急处置措施，则能防止事故的发生或减少事故造成的损失。因此，研究粉尘爆炸性质和机理对预防和控制爆炸事故具有重要的现实意义。

2. 粉尘爆炸事故应急处置

1）现场应急响应

粉尘爆炸时，常常伴随着火灾以及有毒气体。在对粉尘爆炸事故进行处置时可参考火灾事故和中毒窒息事故，但应注意以下 4 个方面：

（1）禁止使用能扬起沉积粉末形成粉尘云的灭火方法。在扑救粉尘爆炸火灾中，由于粉尘粒径较小，极易受到外力卷扬到空中，形成悬浮的粉尘云，这样会引起多次连环爆炸，十分危险。所以，在扑救粉尘爆炸火灾时，严禁使用能扬起沉积粉末形成粉尘云的灭火方法，避免形成粉尘爆炸，扩大事故危害。

（2）灭火时，必须使用雾化效果好的喷嘴。在扑救粉尘爆炸火灾中，不能使用直流水扑救，使用直流水扑救会将粉尘扬起形成粉尘云，引起粉尘爆炸。因此，应选择雾化效果好的喷嘴扑救，如使用雾化水枪或开花水枪。根据实际情况的不同，可配合使用水幕喷射系统，从而形成灭火剂的液雾幕，来控制粉尘的飞散，具有良好的效果。

（3）应根据粉尘的物理化学性质，正确选用灭火剂。在灭火中，应准确地判断燃烧粉尘的物理化学性质，根据其物理化学性质选择正确的灭火剂。如镁、铝粉等，就禁止使用二氧化碳灭火剂来进行扑救，因为它们的金属性质十分活泼，能夺取二氧化碳中的氧，发生化学反应而燃烧。又如，铝粉发生火灾不能用水和泡沫进行扑救，这是因为铝粉生产过程中泄漏的铝粉表面末被氧化，火场上正在燃烧或处于高温烘烤下的铝粉会迅速发生化学反应，放出有爆炸燃烧危险的氢气与空气混合形成爆炸性混合物。铝粉在常温下能与氯和溴进行燃烧反应，还可与卤代烷发生反应生成少量氯化铝起到催化作用，往往导致燃烧爆炸。因此，铝粉火灾也不能用四氯化碳、1211 灭火器进行扑救。

（4）若燃烧物与水接触能生成爆炸性气体，禁止用水灭火。灭火剂主要是水（包括泡沫灭火剂中的水），应用最为广泛，但在很多场合消防用水也有很多禁忌。如镁粉、铝粉、铅粉等金属粉末类火灾不可用水施救，因为这类物质着火时，可产生相当高的温度，高温可使水分子和空气中的二氧化碳分子分解，从而引起爆炸或使燃烧更加猛烈。如金属镁粉燃烧时可产生 2 500 ℃的高温，而空气中还存在大量的二氧化碳，高温就会把二氧化碳分解成氧气和碳原子，这样氧化还原反应会更加剧烈，甚至引起爆炸。

2）接警

各相关单位接到出现爆炸事故的信息后，应按照应急预案及时研究确定应对方案，并通知有关部门、单位，必要时通知当地公安部门，采取相应行动防止爆炸事故进一步扩大。

3）力量调集

根据事故情况，迅速组织救援力量到达现场，出动抢险救援车等相关车辆，配备相关救援设备设施，调派医疗救护队等。

4）现场侦察

救援人员达到现场后，应仔细观察事故现场情况，向知情人员了解事故过程，不能盲目采取行动，应根据现场情况拟定救援方案。

5）设置警戒

根据救援的需要设置警戒区域，禁止非救援人员进入，以免造成二次伤害事故，影响救援行动。

6）实施救援

若粉尘爆炸导致爆炸碎片崩人引起伤亡，其救援措施可参考物体打击事故或机械伤害事故的应急处置。

若粉尘爆炸导致的炮烟熏人窒息引起伤亡，其救援措施可参考中毒窒息事故应急处置。

若粉尘爆炸导致火灾事故，其救援措施可参考火灾事故的应急处置。

7）现场清理

在粉尘爆炸事故救援结束后，方可清理现场，清点人数，收集整理器材装备，记录被救人员、数量，检查有无受伤人员，及时做好现场移交工作。现场作业人员应配合医疗人员做好伤员的紧急救护工作，安监部门及相关部门做好现场的保护、拍照、事故调查等善后工作。

3. 事故预防

要防止粉尘爆炸事故的发生，主要在于对生产过程中产生的粉尘进行有效控制，主要控制措施可从以下四个方面进行。

1）工艺方面

(1) 输送爆炸性粉尘的金属管道如果有特殊要求，应采用惰性气体（如主要以 CO_2 和 N_2 为主的锅炉废烟气）输送，不得违章改用空气输送。如辽宁某石油化纤公司曾将设计输送塑料颗粒的动力气体由 N_2 改为空气，结果发生爆炸事故。

(2) 加工或使用爆炸性粉尘的设备应采用惰性气体取代空气。如加工煤粉的设备，为了防止煤粉在加工过程中发生爆炸，工艺上可以采用锅炉废烟气取代空气。

(3) 金属粉尘的密闭包装内应采用惰性气体取代空气。如为了防止海绵钛在运输过程中发生爆炸，工艺上将海绵钛包装的密闭铁桶内采用氩气（Ar）取代空气。

2）防雷防静电方面

(1) 输送爆炸性粉尘的金属管道、塔器、容器等机械设备，若周围无防雷设施保护，应至少设置 2 处以上的防雷接地。

(2) 防雷接地可以兼作防静电接地，但必须保持良好的电气通路，接地电阻不得大于 100 Ω。

(3) 在线分析仪表、自动控制等设施应设置专门的接地，接地电阻不得大于 4 Ω。

(4) 输送爆炸性粉尘的金属管道、塔器、容器等机械设备，均应采用金属导线进行等电位连接。

(5) 连接输送爆炸性粉尘的金属管道 4 个及以下螺栓连接的法兰，如果两法兰之间的电阻大于 0.03 Ω，应采用金属导线进行跨接。

(6) 不得采用塑料等无法导出静电电荷的非金属管道输送爆炸性粉尘。

(7) 连接输送爆炸性粉尘的金属管道拐角等处，如果有帆布等非导体连接，应采用 2 条以上金属导线进行电气连接。

(8) 输送爆炸性粉尘金属管道至少应设有 2 处以上的接地。如果管道长度较长，每个

80～100 m，应设置一处接地。管道在转弯处应设置接地。

(9) 爆炸环境内的电动机的传动皮带应采用防止产生静电的类型(皮带内采用纤细金属丝网代替化学纤维线网，并有部分金属丝能接触到接地的胶带轮，导出产生的静电电荷)。

(10) 防雷、防静电接地设施在每年的第一场春雨来临之前，应请有相应资质的检验机构进行检验，且每年至少应检验一次。

3) 电气方面

(1) 除可燃性非导电粉尘和可燃纤维的11区环境采用防尘结构(标志为DP)的粉尘防爆电气设备外，爆炸性粉尘环境10区(在正常加工、处理或清理过程中，出现或可能出现的粉尘云或粉尘层与空气混合能达到爆炸浓度的区。)及其他爆炸性粉尘环境11区(未划为10区的场所，但在异常条件下可以在该场所内出现粉尘云或粉尘层与空气混合能达到爆炸浓度的区。)均采用尘密结构(标志为DT)的粉尘防爆电气设备。

(2) 爆炸性粉尘环境电机的防火等级一般应满足IP54的要求。

(3) 加工或使用高挥发份的爆炸性粉尘，除了要考虑防止粉尘爆炸的危险因素以外，还要考虑防止挥发出来的可燃气体发生爆炸。如粉碎有烟煤粉的电动机防爆等级应满足dⅡBT1的要求。

(4) 爆炸环境内的照明灯具，也应采用带有DT标志的防爆照明灯具。

(5) 进入爆炸环境内维修、维护设备必须采用防爆行灯或手电。

4) 其他方面

(1) 进入爆炸环境内维修、维护设备，不得采用产生火花的工具(如普通钢扳子、管钳子、铁锤等)进行现场作业；若现场未备有不产生火花工具(一般为铜合金)，可以考虑采用水喷雾进行湮灭产生火花的方法，进行现场作业。

(2) 进入爆炸环境内清理沉积可燃性粉尘，不得使用铁锨等产生火花工具，而应采用木锨。

(3) 进入爆炸环境内的作业人员，应穿着防静电工作服。

(4) 进入爆炸环境内的作业人员，不得使用普通手机进行工作通讯联系，应采用防爆手机。

(5) 进入可能有惰性气体泄漏的场所、密闭容器和可能沉积CO_2(密度为空气的1.5倍，且无色无味)的有限空间的作业人员，应佩戴压缩空气呼吸器。

(6) 对于处理粉料的设备或场所，要防止泄漏而使粉尘到处飞扬，尤其应将易于产生粉尘的设备隔离设置在单独房间内，并设专门的保护罩和局部排风罩或考虑吸尘装置。

(7) 要及时清理沉积于厂房内各角落、设备、电缆和管道上的粉尘。清理前必须湿润粉尘，遇有不能用水湿润的粉尘，应该用机械除尘法，例如用抽气法定期清除粉尘，保持操作环境的清洁。

(8) 装置、管道和设备的受热表面经常是燃烧的点火源，因此设备的表面温度不允许过高。任何条件下，设备的表面温度都应稍低于粉尘层的阴燃温度。

(9) 可燃粉尘在破碎机、粉碎设备、风管和其他带搅拌装置的设备中，经常因打出的火花而引爆，因而上述设备的零件必须用不产生火花的材料制造。

复习思考题

1. 简述事故综合应急预案、专项应急预案和现场处置方案三者的主要区别?
2. 查阅文献并综述我国应急救援研究与实践工作的发展历程。
3. 请为小学、县级以上政府、河务局、县级以上卫生局(可选其中之一)分别编制校园踩踏事故、城市燃气管路泄露(爆炸)、河流污染、传染病爆发的应急救援预案。

本章参考文献

[1] 庄越,雷培德.安全事故应急管理[M].北京:中国经济出版社,2009.
[2] 刘金鸿.特大生产安全事故应急救援预案编制与实施[M].北京:煤炭工业出版社,2004.
[3] 陈海群,王凯全.危险化学品事故处理与应急预案[M].北京:中国石化出版社,2005.
[4] 孙华山.安全生产风险管理[M].北京:化学工业出版社,2006.
[5] 王凯全,邵辉.事故理论与分析技术[M].北京:化学工业出版社,2004.
[6] 北京达飞安全科技有限公司.事故应急处理预案编制指南[M].北京:中国石化出版社,2002.
[7] 罗云,吕海燕,白福利.事故分析预测与事故管理[M].北京:化学工业出版社,2006.
[8] 林柏泉,张景林.安全系统工程[M].北京:中国劳动社会保障出版社,2007.
[9] 王正平.突发化学事故应急管理体系建立探讨[J].中国公共卫生,2007(12):1501.
[10] 隋鹏程,陈宝智,隋旭.安全原理[M].北京:化学工业出版社,2005.
[11] 廖亚立.企业事故应急救援能力分析与建议[J].工业安全与环保,2007(10).
[12] 刘茂,吴宗之.应急救援概论——应急救援系统及计划[M].北京:化学工业出版社,2004.